W0206062

DELIUS KLASING

Zur Erinnerung an den 21. Oktober 2011.

Alles Liebe und Gute wünscht Fabian

Odessa

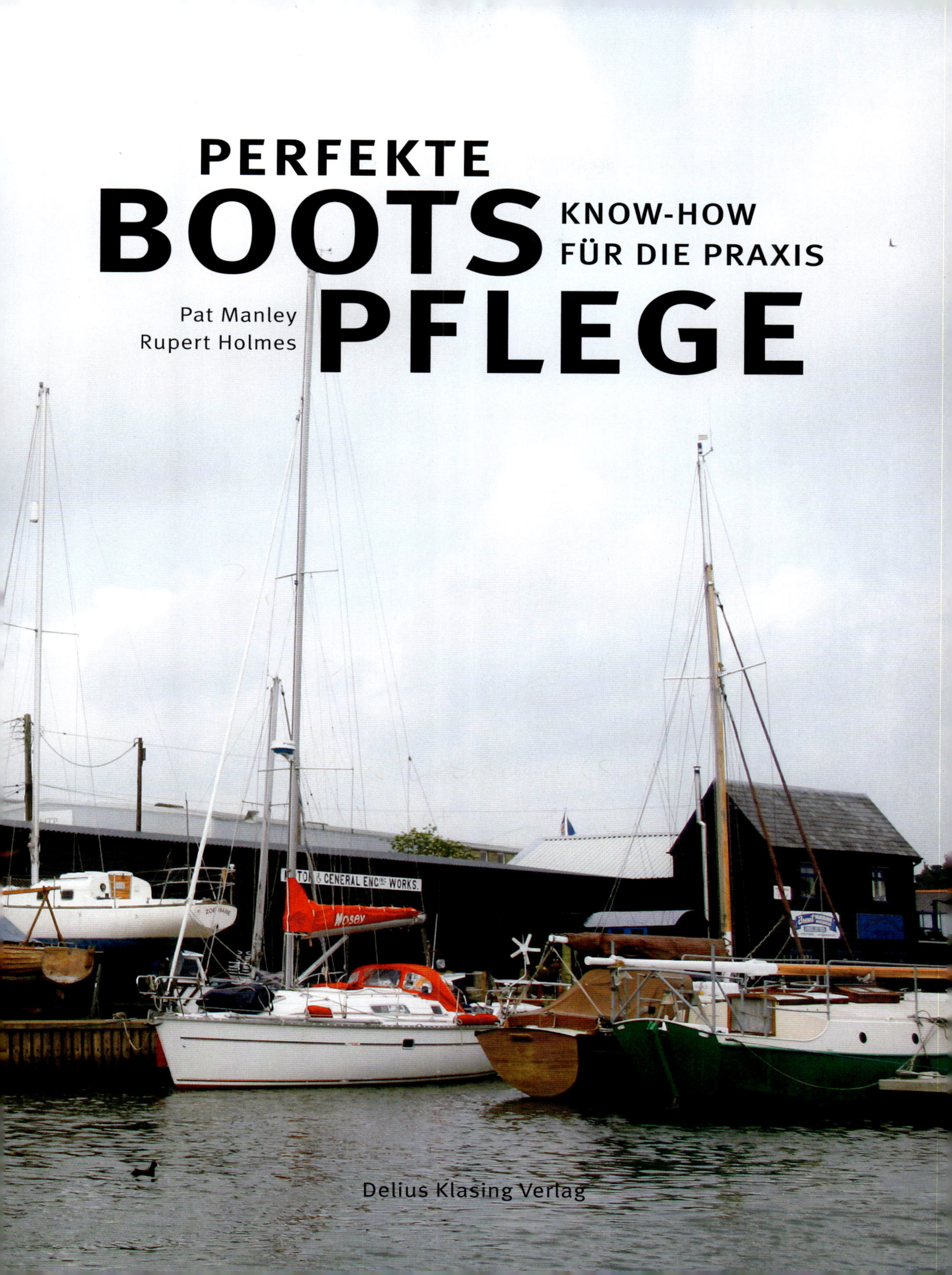

PERFEKTE BOOTSPFLEGE

KNOW-HOW FÜR DIE PRAXIS

Pat Manley
Rupert Holmes

Delius Klasing Verlag

Copyright © Adlard Coles Nautical 2011
Die englische Originalausgabe mit dem Titel »The Boat Maintenance Bible« erschien bei Adlard Coles Nautical, an imprint of A & C Black Publishers Ltd., London.

Bibliografische Information der Deutschen Nationalbibliothek
Die Deutsche Nationalbibliothek verzeichnet diese Publikation in der Deutschen Nationalbibliografie; detaillierte bibliografische Daten sind im Internet über http://dnb.d-nb.de abrufbar.

1. Auflage
ISBN 978-3-7688-3309-7
Die Rechte für die deutsche Ausgabe liegen beim Verlag Delius, Klasing & Co. KG, Bielefeld

Aus dem Englischen von:
Mathias Beilken: Kapitel »Pflege von Jollen«
Fridtjof Gunkel: Kapitel »Werkzeug und Zubehör«, »Allgemeine Bootspflege«, »Wartung von Segelyachten«
Michael Naujok: Kapitel »Rumpf- und Decksreparaturen«, »Malen und lackieren«, »Vom Hafen ins Winterlager«
Marcus Rüffert: Kapitel »Elektrik«, »Motorwartung«, »Wartung von Motorbooten«, »Außenbordmotoren«, »Sicherheitsausrüstung«
Alexander Worms: Kapitel »Mechanische Systeme«
Lektorat: Petra Krumme, Ulrike Schreiber
Herausgeber: Nic Compton, Sarah Doughty
Layout: Lisa McCormick, Alistair Plumb
Einbandgestaltung: Gabriele Engel
Satz: Bernd Pettke · Digitale Dienste, Bielefeld
Printed in China 2011

Die in diesem Buch enthaltenen Angaben, Anleitungen, Erläuterungen und Empfehlungen sind von den Autoren mit größter Sorgfalt zusammengestellt und geprüft worden. Eine Garantie für die Richtigkeit der Angaben kann aber nicht gegeben werden. Autoren und Verlag übernehmen keinerlei Haftung für Schäden und Unfälle.

Alle Rechte vorbehalten! Ohne ausdrückliche Erlaubnis des Verlages darf das Werk weder komplett noch teilweise
reproduziert, übertragen oder kopiert werden, wie z. B. manuell oder mithilfe elektronischer und mechanischer Systeme inklusive Fotokopieren, Bandaufzeichnung und Datenspeicherung.

Delius Klasing Verlag, Siekerwall 21, D - 33602 Bielefeld
Tel.: 0521/559-0, Fax: 0521/559-115
E-Mail: info@delius-klasing.de
www.delius-klasing.de

Inhalt

WESTERLY KONSORT
H.S.C.
Le Papillon
SOUTHAMPTON

Los geht's!

Man sagt, ein Boot zu besitzen sei wie unter der kalten Dusche zu stehen und Geldscheine zu zerreißen. Dem wollen wir mit diesem Buch entgegenwirken. Es zeigt Ihnen, wie Sie fast alle wichtigen Pflege- und Wartungsarbeiten ohne teure Expertenhilfe selbst erledigen können. Ganz gleich, ob es sich um ein Motorboot, eine Segelyacht, eine Jolle oder ein Dingi handelt. Wir erläutern alle relevanten Themen: Vom Putzen über Rostentfernung und Motorwartung bis zu Holzarbeiten wird alles illustriert und gut verständlich Schritt für Schritt erklärt.

Dieser Rumpf ist lokal von Osmose befallen. Man entfernt die Bläschen mit einem kleinen Bohrer und füllt die ausgetrockneten Löcher mit Gelcoat auf.

Werkzeug und Zubehör

Welche Werkzeuge benötigen Sie für die Arbeiten an Bord? Die Anleitung zeigt, was Sie wirklich brauchen und listet die Teile einzeln auf.

Allgemeine Bootspflege

Alles, was Sie wissen müssen, damit Ihr Boot immer blitzblank aussieht – von der Rumpfwäsche bis zu Bilgereinigung und Polsterpflege.

Rumpf- und Decksreparaturen

Falls Ihr Boot schon reichlich mitgenommen aussieht, gibt es einige simple Tricks, um es wieder wie neu erscheinen zu lassen. Sollte der Schaden größer sein, geben wir guten Rat, wie Sie mit Kunststoff und Holz Reparaturen ausführen.

Malen und lackieren

Hier wird gezeigt, wie GFK, Holz und Stahl wieder perfekte Oberflächen erhalten und wie Farbe mit Pinsel, Rolle oder Sprühpistole professionell aufgetragen wird.

Mechanische Systeme

Dieses Kapitel beschreibt, wie die verschiedenen Bordsysteme für Wasser, Gas und Toiletten funktionieren und wie sich die typischen Probleme beheben lassen. Außerdem wird erläutert, wie durch Wartung und Vorsorge wichtige Teile der Ausrüstung – wie zum Beispiel Ankerwinsch und Seeventile – keinen Schaden nehmen.

Zum Saisonende kommt die Yacht aus dem Wasser. Der Rumpf wird am besten sofort gereinigt.

Tragen Sie Antifouling mit der Rolle auf, das spart viel Zeit. Die meisten bewuchshemmenden Anstriche werden erst im Frühjahr aufgebracht.

Elektrik
Das Stromsystem ist keine Schwarze Magie, wie es vielfach dargestellt wird. Dieses Kapitel erklärt übliche Installationen und Arbeiten wie den Austausch von Sicherungen, die Herstellung von Verbindungen, das Ersetzen von Leuchtmitteln sowie die Installation von Solarpaneelen und Windgeneratoren.

Motorwartung
Ganz gleich, ob Sie ein Motorboot oder eine Segelyacht besitzen: Die Maschine spielt immer eine wichtige Rolle und ist meist die teuerste Komponente an Bord. Wir zeigen Motorinstallationen, erläutern typische Probleme und erklären, wie der Kraftstoffkreislauf entlüftet, der Keilriemen eingestellt und der Impeller ausgewechselt wird. Dazu gibt es einen Wartungsplan, eine Liste wichtiger Ersatzteile und eine Anleitung zur Suche und Behebung von Fehlern.

Wartung von Motorbooten
Eignern, die statt Wind ausschließlich dem Antrieb der reinen Motorkraft vertrauen, ist ein eigenes Kapitel gewidmet. Hier geht es um Trimmklappen und die verschiedenen Antriebe.

Wartung von Segelyachten
Mit Windkraft angetriebene Boote haben spezifische Komponenten wie Rigg, Segel, laufendes Gut und vieles mehr. Dieses Kapitel erklärt die Pflege und Reparatur von Masten aus Holz und Aluminium, von Rollreffsystemen, Leinen, Winschen und Segeln. Auch das sind Jobs, die durch Eigenarbeit viel Geld sparen.

Pflege von Jollen
Auch wenn das Boot klein ist, braucht es Pflege und Aufmerksamkeit. Lockere Beschläge, angebrochene Ruder und Schwerter oder defekte Trailer sind nur einige der behandelten Punkte. Und wir zeigen Ihnen, wie Sie diese allgegenwärtigen Probleme lösen: ein Loch im Schlauchboot.

Außenbordmotoren
Hier gibt es Schritt-für-Schritt-Anleitungen: wie Sie einen widerspenstigen Außenborder starten, eine Zündkerze wechseln und einen Scheerstift erneuern. Dazu: generelle Pflege des Außenborders mit Wartungsplan sowie simple Tipps für die Fehlersuche.

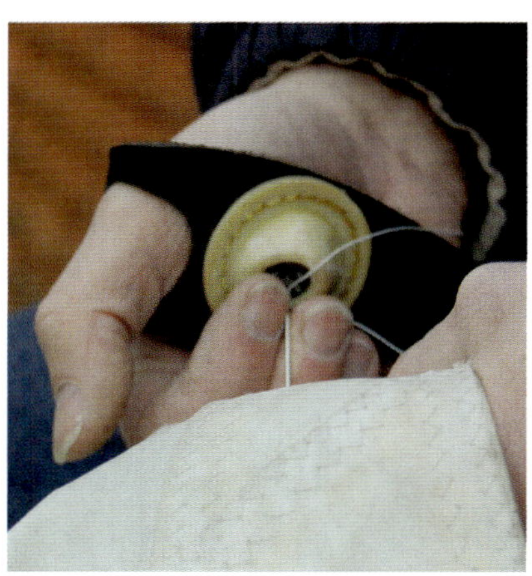

Sicherheitsausrüstung
Alles Wichtige auf einen Blick: wie Sie Rettungswesten checken, den Erste-Hilfe-Koffer aktuell halten, mit Signalmitteln umgehen, die Rettungsinsel prüfen und was bei EPIRBs zu beachten ist. Sie sollten den Hafen nicht verlassen, ohne diese Seiten gelesen zu haben.

Vom Hafen ins Winterlager
Zum Abschluss wird erklärt, wie eine Yacht eingewintert wird. So stellen Sie zum Ende der Saison und in der segelfreien Zeit sicher, dass Ihr Boot sachgerecht gelagert und fit für den nächsten Frühling ist.

Umfangreich, verlässlich und verständlich – wir hoffen, dass Ihnen mithilfe dieses Buches die Wartung und Pflege Ihres Bootes viel Freude bereiten wird. Mast- und Schotbruch!

Bei kleineren Segelreparaturen hilft ein Segelmacherhandschuh, der ähnlich wie der Fingerhut beim Schneidern funktioniert.

Werkzeug und Zubehör

1

Safety first

Für jegliche Wartungsarbeiten oder Reparaturen am Boot benötigen Sie eine Vielzahl an Werkzeugen, Zubehör und Ersatzteilen. Nutzen Sie alles mit Vorsicht und machen Sie sich zu Ihrer eigenen Sicherheit mit den Geräten und ihrer Anwendung vertraut.

Generelle Sicherheit

- Stellen Sie sicher, dass die zu bearbeitenden Teile gut fixiert sind, idealerweise in einem Schraubstock oder mit einer Schraubzwinge an einem unbeweglichen Gegenstand.

Handsägen

- Benutzen Sie für die Säge eine Führung oder befestigen Sie das Werkstück mit einer Schraubzwinge.

Werkzeuge mit scharfen Klingen

- Halten Sie beide Hände immer hinter der Klinge.
- Halten Sie die Klingen scharf – sie sind so sicherer als stumpfe.
- Arbeiten Sie von Ihrem Körper weg, nicht zu ihm hin.
- Lagern Sie scharfes Werkzeug sicher, sodass Sie sich nicht schneiden, wenn Sie es wieder suchen. Entfernen Sie scharfe Klingen, wenn möglich, direkt nach der Arbeit.

Wer komfortabel sitzt, arbeitet auch in der Höhe gut und sicher.

Werkzeuge mit stumpfen Klingen

- Stumpfe Klingen, wie beispielsweise die von Schraubendrehern, sind genauso gefährlich wie Sägen, weil Sie sich damit stechen könnten.
- Halten Sie Ihre Hände hinter der Klinge oder Spitze.
- Benutzen Sie das Werkzeug nur für den Zweck, für den es gebaut wurde – es sei denn, Sie müssen auf See improvisieren.

Elektrische Werkzeuge

- Jedes elektrische Werkzeug ist durch seine große Kraft potenziell gefährlich.
- Lesen Sie die Bedienungsanleitung, beachten Sie die Sicherheitshinweise und heben Sie die Anleitungen auf.
- Eventuell kann der Ein-/Ausschalter arretiert werden. Denken Sie aber gut nach, bevor Sie diese Funktion nutzen. Bei einem Unfall arbeitet das Gerät möglicherweise mit unerwünschten Folgen weiter.

Wenn Sie in den Mast müssen, knoten Sie den Gurt oder Bootsmannsstuhl mit dem Fall fest. Benutzen Sie zur Sicherheit ein zweites Fall als Reserve.

- Falls die Maschine ein Gitter oder eine Scheibe zum Schutz hat, benutzen sie sie damit, auch wenn das unpraktisch ist. Falls das nicht möglich ist, besorgen Sie sich ein anderes Gerät.
- Achten Sie bei netzbetriebenen Geräten darauf, dass Sie das Stromkabel nicht versehentlich durchschneiden oder sich verheddern können.
- Stellen Sie sicher, dass der Netzanschluss mit einem Personenschutzschalter ausgestattet ist, der den Strom bei Störfällen sofort unterbricht.
- Ziehen Sie den Netzstecker, bevor Sie das Werkzeug eines Gerätes einsetzen oder entfernen. Sie könnten versehentlich den Schalter betätigen.
- Wenn Sie das Gerät ausschalten, warten Sie, bis das Werkzeug zum Stillstand kommt, bevor Sie es weglegen. Hohe Umdrehungszahlen könnten das Gerät krei-

seln lassen und Schäden verursachen.

Kleber, Farbe und Chemikalien

✪ Lesen und beachten Sie die mitgelieferten Instruktionen. Tipp: Bei Verlust werden Sie auf den Websites der Hersteller meist fündig.

Arbeiten in der Höhe

Nutzen Sie Ihren gesunden Menschenverstand:

✪ Wenn Sie mit elektrischen Sägen arbeiten, muss das Kabel hinter dem Werkzeug liegen, und Schutzgitter oder -scheiben müssen gut befestigt sein.

✪ Falls Farbe spritzen oder tropfen könnte, tragen Sie einen Augenschutz. Schützen Sie zusätzlich Ihre Haut, wenn Sie mit Antifouling arbeiten.

✪ Befestigen Sie den Bootsmannsstuhl mit einem passenden Knoten und nicht mit einem Schäkel am Fall. Nutzen Sie zur Sicherheit ein zweites Fall. Wenn möglich, verwenden Sie eines, das bis zum Masttopp verläuft.

✪ Behalten Sie die Hände hinter der Säge oder dem Bohrer, und klemmen Sie ein bewegliches Werkstück mit einer Schraubzwinge oder einer Gripzange fest.

Antifouling ist Gift. Tragen Sie Schutzbekleidung und eine Atemmaske, wenn Sie die Farbe anschleifen oder neu auftragen (oben).

Tragen Sie Augen- und Gehörschutz, wenn Sie elektrische Werkzeuge benutzen, und achten Sie auf das Stromkabel (rechts).

Werkzeug für die Wartung

Sie werden an Bord ein paar Werkzeuge mitführen müssen, auch wenn Sie normalerweise einige Wartungsarbeiten ausführen lassen. Was aber sollte dabei sein? Das hängt zu einem Großteil von Ihren persönlichen Fertigkeiten ab.

Qualität

Wenn Sie kein Handwerker sind, der sein Werkzeug täglich benutzt, ist es nicht nötig, in professionelles Gerät zu investieren – das ist schlichtweg zu teuer. Für die relativ kurze Nutzungsdauer reicht günstige Qualität aus. Vermeiden sollten Sie Billigware, die beim ersten oder zweiten Gebrauch den Geist aufgibt oder sich deformiert. Für diese Regel gibt es eine Ausnahme: Wantenschneider auf einem Segelboot. Die werden zwar nicht oft verwendet, aber billige Ware beißt sich an rostfreiem Stahl die Zähne aus.

Mieten

Es ist wenig sinnvoll, teures Spezialwerkzeug zu kaufen, das später selten zum Einsatz kommt. Mieten Sie die Geräte! Dann erhalten Sie Profiqualität und dazu noch Ratschläge vom Fachmann.

Bordwerkzeug

Selbst wenn Sie zu Hause über viel Werkzeug verfügen, ist es sinnvoll,

Minimalausstattung

Diese Teile sollten Sie haben:
- Maulschlüssel in verschiedenen Größen
- Schraubendreher in verschiedenen Größen und Typen
- Zangen in verschiedenen Größen und Typen
- Gripzangen
- Seitenschneider für Kabel
- Hammer
- Messer
- Grubenlampe

Für Segelboote zusätzlich:
- Wantenschneider
- Segelgarn, Dreikantnadeln, Klebetuch
- Bügelsäge

Beschläge werden am Rigg oft mit Nieten befestigt, wofür eine kräftige Nietzange gebraucht wird.

Falls Sie keine große Lochsäge haben, können Sie diese auch ausleihen.

auch das Boot auszustatten. Schließlich wollen Sie unabhängig bleiben, wenn Sie unterwegs sind.

Pflege von Bordwerkzeug

Werkzeug ist auf Booten einer feuchten Umgebung ausgesetzt und kann bei viel Welle hin und her rutschen. Stauen Sie das Material in Kunststoffboxen und sprühen Sie es regelmäßig mit Öl ein. Das gilt insbesondere für Sägeblätter, auch wenn Sie das Öl vor deren Verwendung abwischen müssen.

Stecheisen müssen scharf sein, also investieren Sie in einen guten Schleifstein und nutzen Sie ihn regelmäßig.

Handwerkzeug oder Elektrogerät?

- **Manuelle Geräte:** Handwerkzeug wie beispielsweise Bohrer sind vielleicht altmodisch, aber sie brauchen keinen Strom für den Betrieb. Das kann bei einer unterwegs ausgeführten Reparatur von Vorteil sein.
- **Aufladbare Geräte:** Die vielleicht nützlichsten Geräte an Bord werden mit Akkus betrieben. Sinnvoll ist derselbe Akkutyp (führen Sie mindestens zwei davon mit), mit dem verschiedene Werkzeuge versorgt werden können. Diese Werkzeuge werden meist mit Kunststoffkoffern verkauft, die ebenfalls bordtauglich sind.
- **Netzbetriebene Geräte:** 230-Volt-Werkzeuge sind üblicherweise kräftiger als batteriebetriebene, und sie müssen nicht aufgeladen werden, aber sie sind nicht stromunabhängig. Für schwere Arbeiten sind sie aber unverzichtbar.

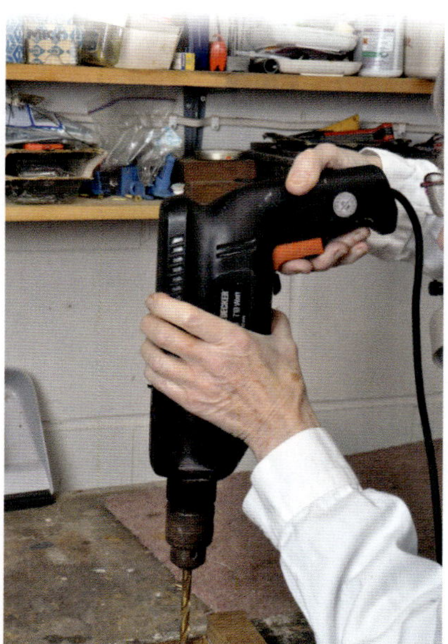
Eine 230-Volt-Bohrmaschine ist üblicherweise kräftiger als ein Akkubohrer.

Ein Akkuschrauber ist sehr hilfreich, besonders wenn Sie viel zu tun haben.

Handwerkzeug

Ein Bootseigner braucht an Bord eine Ausstattung für mechanische Arbeiten, Notbehelfe und Reparaturen. Dies gehört ebenso zur guten Seemannschaft wie die Fähigkeit, diese Werkzeuge sicher anzuwenden.

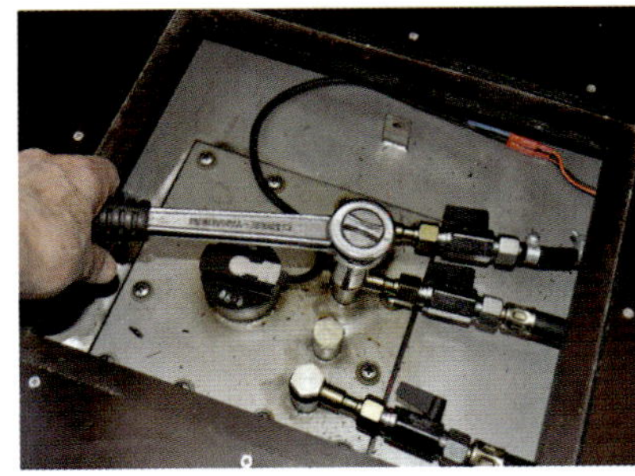

Eine Hebelknarre erzeugt viel Kraft und ermöglicht komfortables Arbeiten.

Schlüssel

- **Maulschlüssel:** Diese können seitlich um die Mutter geschoben werden, und sie greifen an nur zwei Flanken.
- **Ringschlüssel:** Sie greifen die Mutter an allen Seiten, müssen aber von oben aufgesteckt werden, wofür der Platz nicht immer ausreicht.
- **Kombischlüssel:** Maul an der einen, Ring an der anderen Seite. Das soll Geld, Gewicht und Platz sparen, hat aber einen Nachteil: Zum Lösen einer Kontermutter beispielsweise brauchen Sie einen zweiten Schlüssel.
- **Verstellbare Schlüssel:** Sinnvoll, wenn Sie keinen passenden Schlüssel an Bord haben, hält aber meistens nicht gut.
- **Steckschlüssel:** Das sind sozusagen Schlüssel mit tiefen Ringen, die mit separaten Hebelknarren bedient werden. Sie ermöglichen eine gute Kraftübertragung und sind sehr hilfreich bei schlecht erreichbaren Ecken.

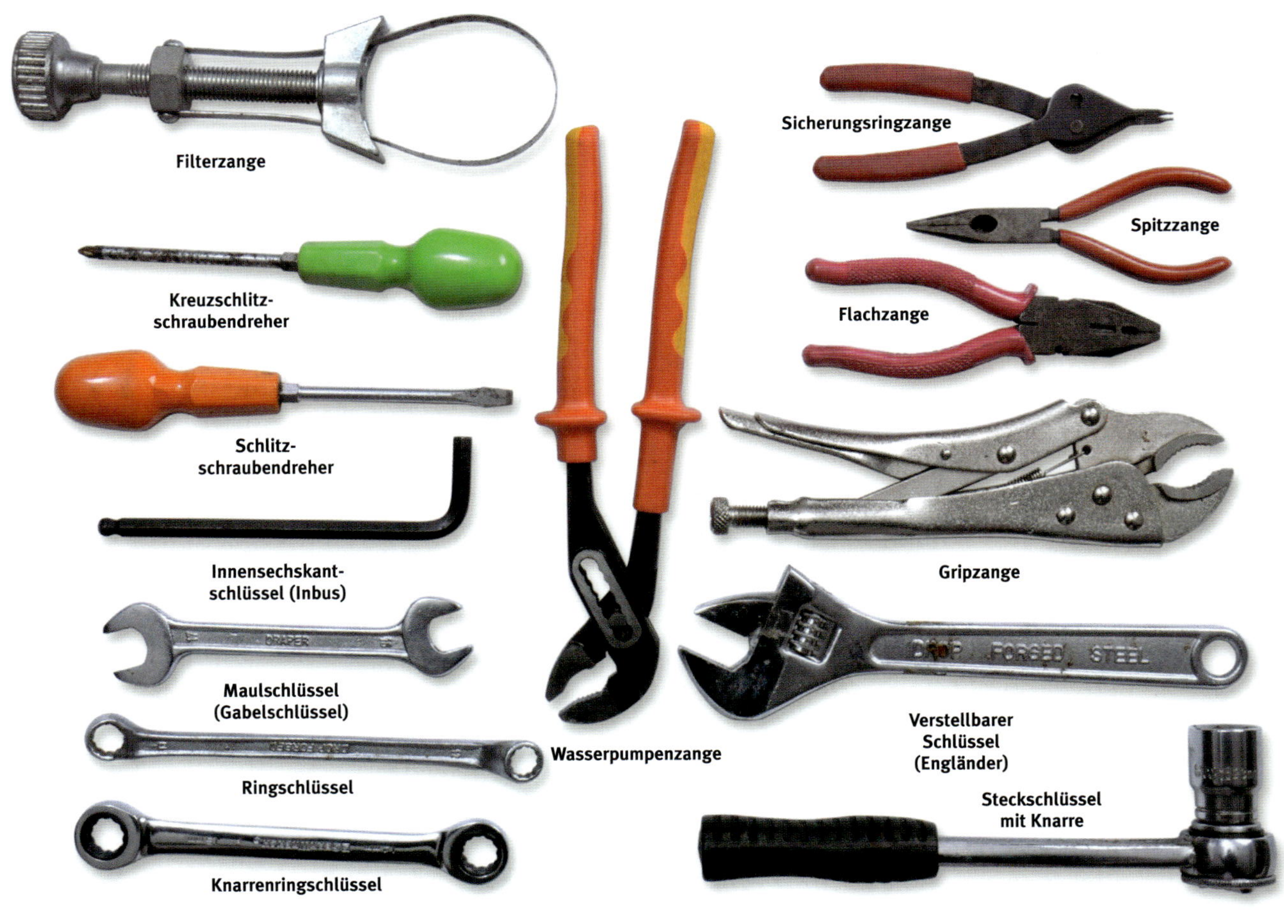

Werkzeuge wie diese werden oft in passenden Kästen geliefert und sind sehr unterschiedlich in Preis und Qualität.

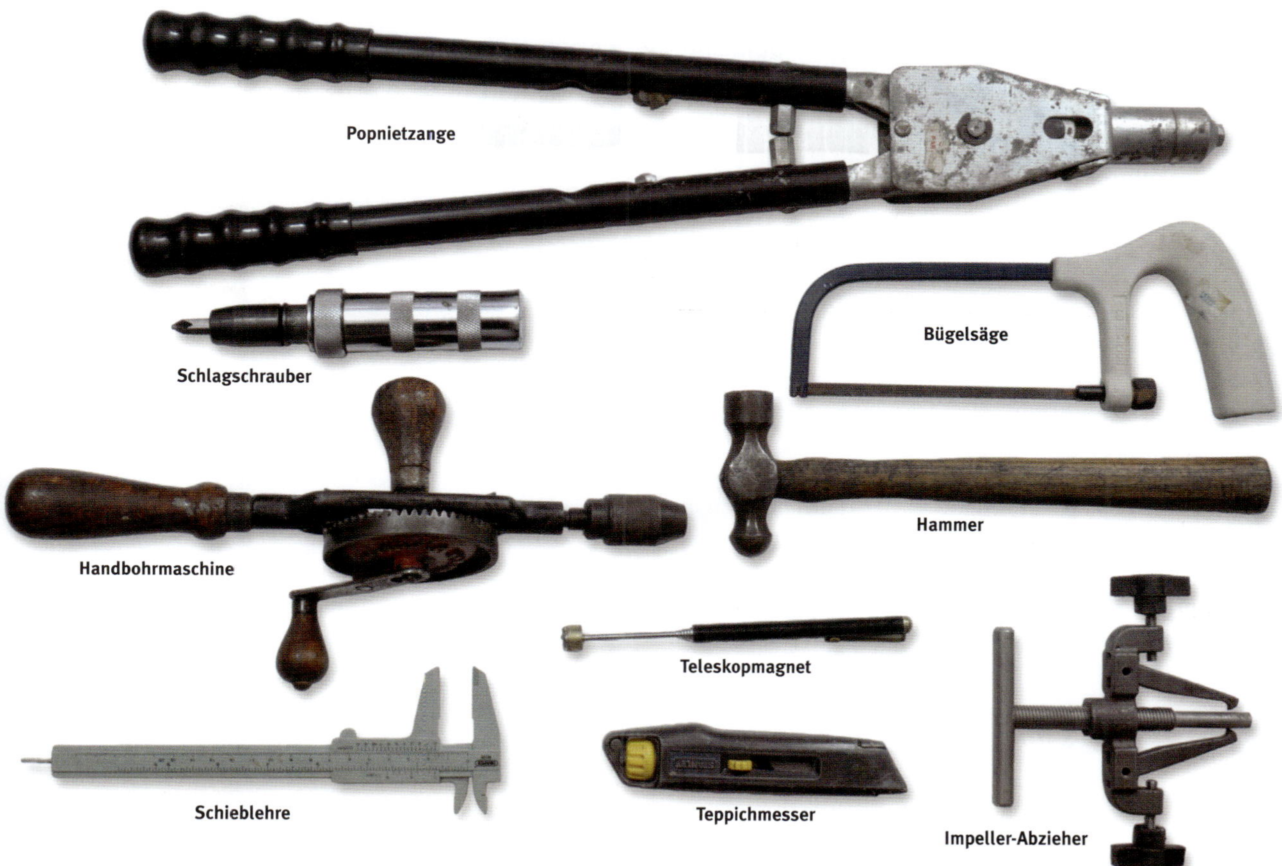

Einzelne Werkzeuge wie die hier gezeigten werden am besten in wassergeschützten Werkzeugkisten aus Kunststoff gelagert.

Schraubendreher

- **Kreuzschlitzschraubendreher:** Es gibt viele unterschiedliche Formen von Kreuzschlitzen. Um Schäden zu vermeiden, sollten Sie nur passende Typen verwenden.
- **Schlitzschraubendreher:** Gedacht für den Einsatz in Schlitzschrauben. Wichtig ist die passende Größe, damit der Schraubenkopf nicht unbrauchbar wird.

Innensechskantschlüssel (Inbus-Schüssel)

Immer mehr Schrauben sind auch auf Booten mit einem Innensechskantkopf ausgestattet, der durch ein schwedisches Möbelhaus Berühmtheit erlangte. Noch wichtiger als bei anderen Schrauben ist genau passendes Werkzeug. Es gibt viele verschiedene Größen, zu allem Überfluss auch noch mit angelsächsischen oder metrischen Maßeinheiten.

Zangen

Sie werden benutzt, um Metallteile zu halten oder temporär zu befestigen. Eine Gripzange lässt sich arretieren. Sie hält dann selbstständig das Objekt ohne den Druck der Hand fest. Gripzangen sind an Bord sehr sinnvoll, haben aber einen Nachteil: Sie können das gehaltene Teil beim Bekneifen beschädigen und sind daher nicht für Präzisionsbauteile und versiegelte Oberflächen geeignet.

Bohrer

Es gibt viele Varianten von Bohreinsätzen für diverse Spezialaufgaben, aber ein Set Spiralbohrer reicht an Bord eigentlich aus. Investieren Sie in gute Qualität, dann müssen Sie nicht so oft nachschärfen, und Qualität ist unabdingbar, wenn rostfreier Stahl bearbeitet werden soll.

Weitere Werkzeuge

Zusätzlich sind ein Hammer, eine kleine Bügelsäge, ein Teppichmesser, eine Metallfeile, ein Durchschläger und ein Körner an Bord sinnvoll.

Multitool

Das universelle Multifunktionswerkzeug kann, am Gürtel getragen, in vielen Situationen den Griff in die Werkzeugkiste überflüssig machen. Hier keine Billigware kaufen.

Werkzeug für Elektroarbeiten

Falls Sie nicht für jedes kleine Problem an der Elektrik einen Profi rufen wollen, sollte eine Basisausstattung an Werkzeug für diese Arbeiten an Bord sein. So können Sie Fehler aufspüren und einfache Reparaturen selbst ausführen.

> **Tipp**
>
> Kabelschuhe sind in den Farben Rot, Blau und Gelb gekennzeichnet, was auf die passende Kabelgröße hinweist. Zu große Kabelschuhe halten schlecht auf dem Draht.

Multimeter

Das ist das wichtigste Gerät für die Fehlersuche, und es ist nicht teuer. Ein Multimeter mit manueller Voreinstellung arbeitet am genauesten, aber bevor Sie es nutzen, sollten Sie schon genau wissen, welche Werte für Spannung, Strom und Widerstand zu erwarten sind. Ein automatisches Messgerät eignet sich für Hobbyschrauber besser. Es muss lediglich zwischen Volt, Ampere oder Ohm ausgewählt werden das Multimeter erledigt den Rest.

Drahtschneider

Ein guter Seitenschneider reicht für alle Kabelgrößen an Bord aus.

Abisolierzange

Eine Zange, welche die Isolierung von Kabeln entfernt, ist eine große Arbeitserleichterung und daher eine Bereicherung für die Werkzeugkiste.

Crimpzange

Damit werden Kabelverbindungen auf Drähten befestigt. Hier ist es sinnvoll, eine etwas teurere Knarrenversion zu kaufen, die sicherere Verbindungen herstellt. Das Werkzeug muss genau zu den Kabelschuhen passen. Einige amerikanische Produkte passen nicht zu europäischen und umgekehrt.

Spitzzangen

Die sind recht sinnvoll, um Teile in engen Bereichen zu halten, wo normale Zangen zu groß sind.

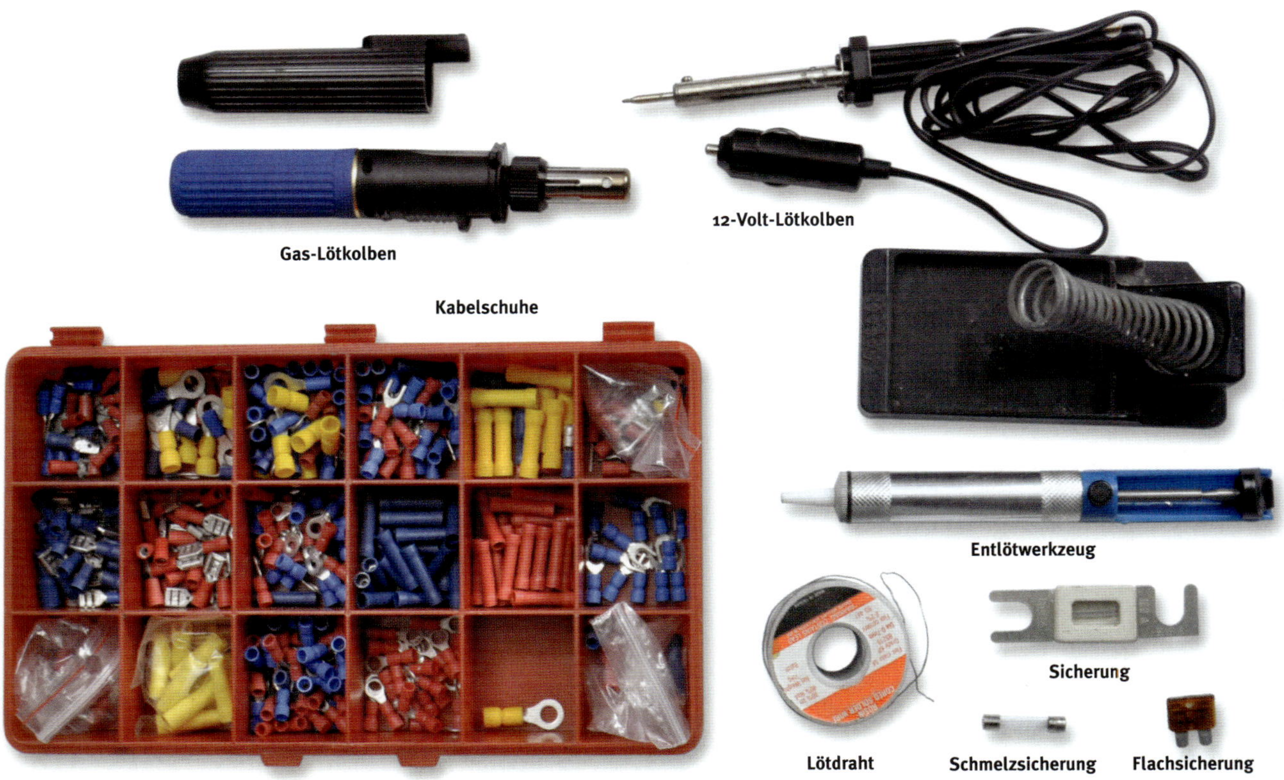

Für Arbeiten an der Elektrik benötigen Sie einige oder alle der hier abgebildeten Werkzeuge.

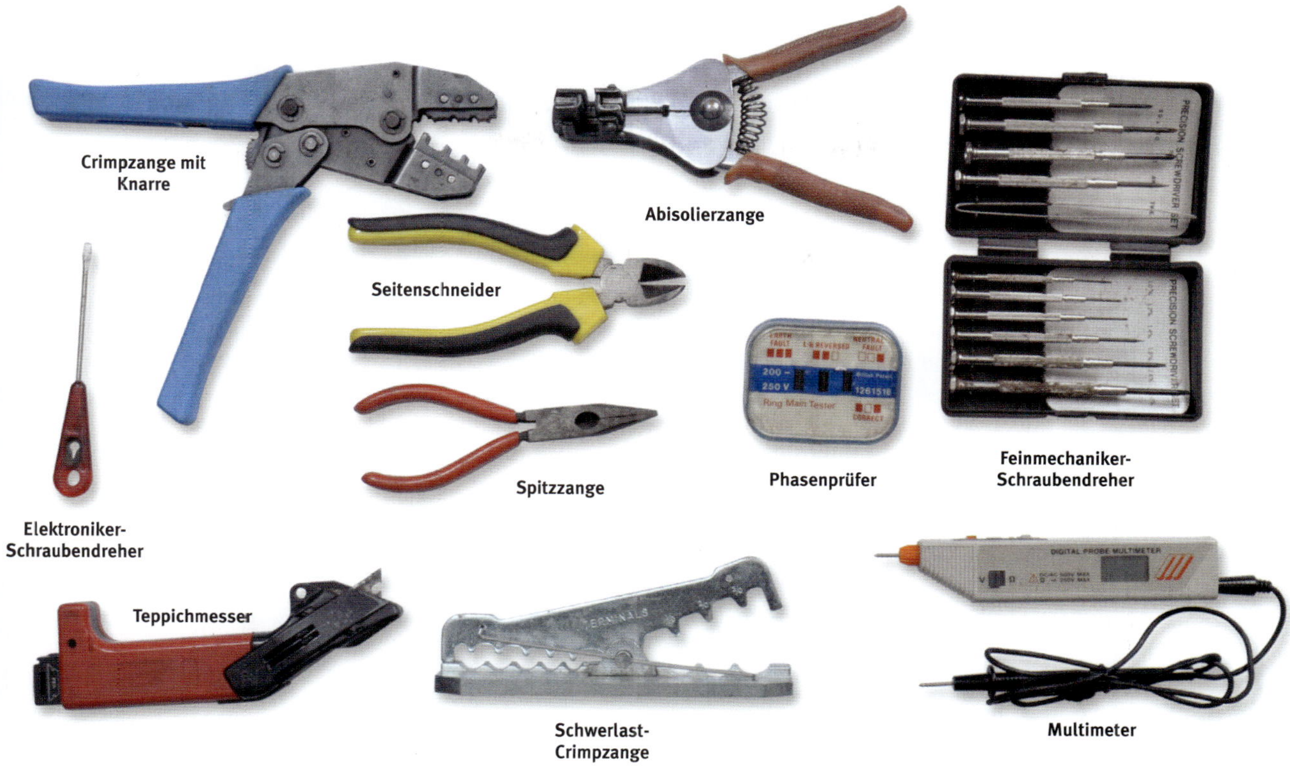

Einige Spezialwerkzeuge werden nur selten gebraucht, sind gelegentlich aber besonders hilfreich.

Elektroniker-Schraubendreher

Viele Elektroarbeiten erfordern dünne, lange Schraubendreher, die in einer konventionellen Werkzeugkiste nicht zu finden sind.

Kleine Schraubenschlüssel

Für einige Elektroarbeiten sind kleine Schraubenschlüssel erforderlich; eine Zange ist in diesem Fall kein guter Ersatz.

Lötkolben

Diese hilfreichen Geräte gibt es in unterschiedlichen Leistungsklassen. Sie können mit Landstrom oder aus dem Bordnetz versorgt werden. Die Wattzahl bestimmt, welche Komponenten gelötet werden können. Für kleinere Elektrodrähte genügen 25 Watt. Es gibt auch gasbetriebene Lötkolben. Diese sind an Bord recht sinnvoll, weil sie sich zum Schneiden und Verschmelzen von Tauwerk eignen und stromunabhängig sind. Die billigeren Gas-Lötkolben nutzen sich jedoch schnell ab.

Verbrauchsteile

Für die Elektro-Werkzeugkiste brauchen Sie außerdem Isolierband, Kabelschuhe verschiedener Größen und Typen, wasserfestes Fett und Vaseline. Wenn Sie sehr viel vorhaben, ist Schrumpfschlauch besser als Isolierband.

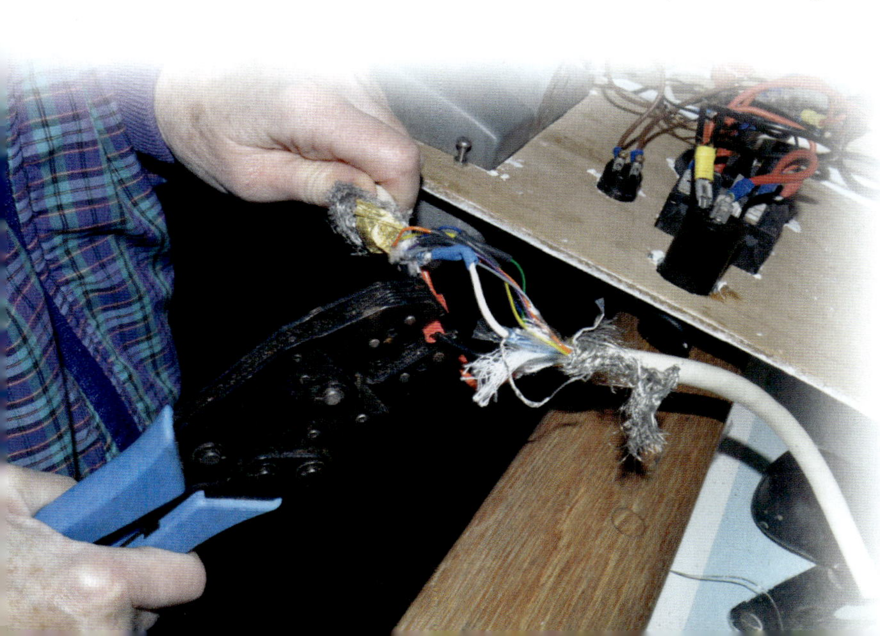

Kabelschuhe eignen sich für permanente Verbindungen oder für solche, die sich wieder lösen lassen.

Werkzeug für die Holzverarbeitung

Die meisten Eigner werden ihr Holzwerkzeug bei Bedarf von zu Hause mitbringen. Einige Gerätschaften sollten jedoch an Bord sein, um kleinere Reparaturen und Arbeiten sofort erledigen zu können.

Lagerung von Holzwerkzeug

Holzwerkzeuge und eine feuchte Umgebung passen schlecht zusammen, da die Sägeblätter und Klingen rostig und stumpf werden. Sie sollten sie daher leicht ölen, aber vor Gebrauch abwischen. Weil diese Werkzeuge so scharf sind, sollten sie einzeln verpackt werden, so werden sie geschont – und die nach ihnen suchenden Hände ebenfalls.

Sägen

- **Schlitzsägen:** Diese haben flexible Klingen und gröbere Zähne für lange, schnelle Schnitte.
- **Fuchsschwanz:** Für akkurate Arbeiten haben sie feinere Zähne und eine versteifte Oberkante.

Stecheisen

Es gibt diverse Typen für bestimmte Aufgaben. Für die meisten Bootseigner dürfte ein Set abgeschrägter Stecheisen ausreichen. Sie müssen immer scharf sein.

Schleifstein

Mit einem Schleifstein wird Stecheisen und Hobeln eine scharfe Kante verliehen. Ein zweiseitiger Stein, der zwei unterschiedliche Körnungen bietet, ist gut geeignet.

Hobel

Mit diesen Werkzeugen lassen sich gesägte Teile begradigen. Kurze Hobel nutzt man für kleine Flächen. Für lange Teile benötigen Sie einen größeren Bankhobel, der ein homogenes Bild über das gesamte Werkstück erzeugt.

Schabhobel

Ein Schabhobel ist sinnvoll, um Ecken abzurunden, aber für längere Hölzer reicht auch ein normaler Hobel aus.

Holzhammer

Um Schäden am Griff zu vermeiden, sollten Sie Stecheisen nie mit einem Metallhammer ins Holz treiben. Ein Hammer mit einem Kopf aus Holz eignet sich besser.

Es lohnt sich, in einen Schabhobel zu investieren. Er eignet sich gut zum Abrunden von hölzernen Ecken (oben).

Holzarbeiten erfordern einige Basiswerkzeuge zum Schneiden, Glätten und Formen (unten).

Wenn Sie oft mit Holz arbeiten, benötigen Sie diese Spezialwerkzeuge.

Hämmer

Bei Holzarbeiten brauchen Sie Hämmer zum Nageln. Es gibt zwei Typen: den Pinhammer mit kleinerem Kopf für präzises Arbeiten und den gröberen Klauenhammer, der auch zum Herausziehen von Nägeln geeignet und eher ein Tischlerwerkzeug ist.

Winkeleisen

Damit lassen sich rechte Winkel anzeichnen, und sie können als Sägehilfe dienen.

Schmiege

Eine Schmiege ist ein Winkeleisen mit beweglichen Teilen. Sie wird benutzt, um einen Winkel zu ermitteln und auf ein Bauteil zu übertragen.

Für Hobelarbeiten wird das Werkstück am besten in einer Werkbank fixiert. Oder Sie befestigen es mit einer Schraubzwinge.

Wenn möglich, erledigen Sie Arbeiten mit dem Stecheisen an einer Werkbank. In jedem Fall darf sich das Werkstück während der Arbeit nicht bewegen.

Zwingen

Mit Zwingen und Klammern werden zwei oder mehrere Holzteile zusammengehalten. Schraubzwingen aus Metall können einen sehr hohen Druck erzeugen. Moderne Zwingen aus Kunststoff sind schnell und einfach zu benutzen. Verschiedene Zwingen eines jeden Typs sind sinnvoll.

Tragbare Werkbank oder Schraubstock

Für sicheres und genaues Arbeiten muss das Werkstück gut fixiert werden. Ein Schraubstock oder besser noch eine mobile Werkbank sind unabdingbar für fast alle Holzarbeiten.

Zubehör und Ersatzteile

Einige Ersatzteile müssen immer an Bord sein. Durch ihr Fehlen dürfen die Sicherheit und die Weiterfahrt nicht behindert werden. Grundüberlegung für die Ausstattung: Wie groß ist die Wahrscheinlichkeit, dass ein Teil unterwegs benötigt wird?

Maschine

Ersatzteile für die Maschine werden gesondert auf den Seiten 212 und 213 vorgestellt. Sie gelten für jeden Schiffstyp, ob Motorboot oder Segelyacht.

Rumpf und Deck

- **Leuchtmittel:** Auf jedem Boot muss Ersatz für die Positionslaternen und Deckslichter vorhanden sein. Die Leuchten sind unterschiedlich, deshalb sollte man für jede einzelne die richtige Lampe an Bord haben.
- **Muttern, Bolzen und Splinte:** Sehen Sie sich die verschiedenen Deckskomponenten wie Seereling, Blöcke, Schäkel, Wantenspanner und Beschläge an. Hier gibt es viele Teile, die sich lösen und verloren gehen könnten. Halten Sie Ersatz bereit.
- **Steuerung:** Ersatz für Muttern, Bolzen und Splinte ist sinnvoll. Falls es sich um eine hydraulische Steuerung handelt, sollten Sie passendes Reserveöl dabeihaben. Sehen Sie dazu in die Gebrauchsanleitung.

Auch wenn ein Ölwechsel demnächst nicht ansteht, sollte Motoröl an Bord sein. Es könnte immerhin einÖlleck geben.

Je nach Bootstyp gibt es bestimmte Ersatzteile, die als Grundausstattung immer an Bord sein sollten.

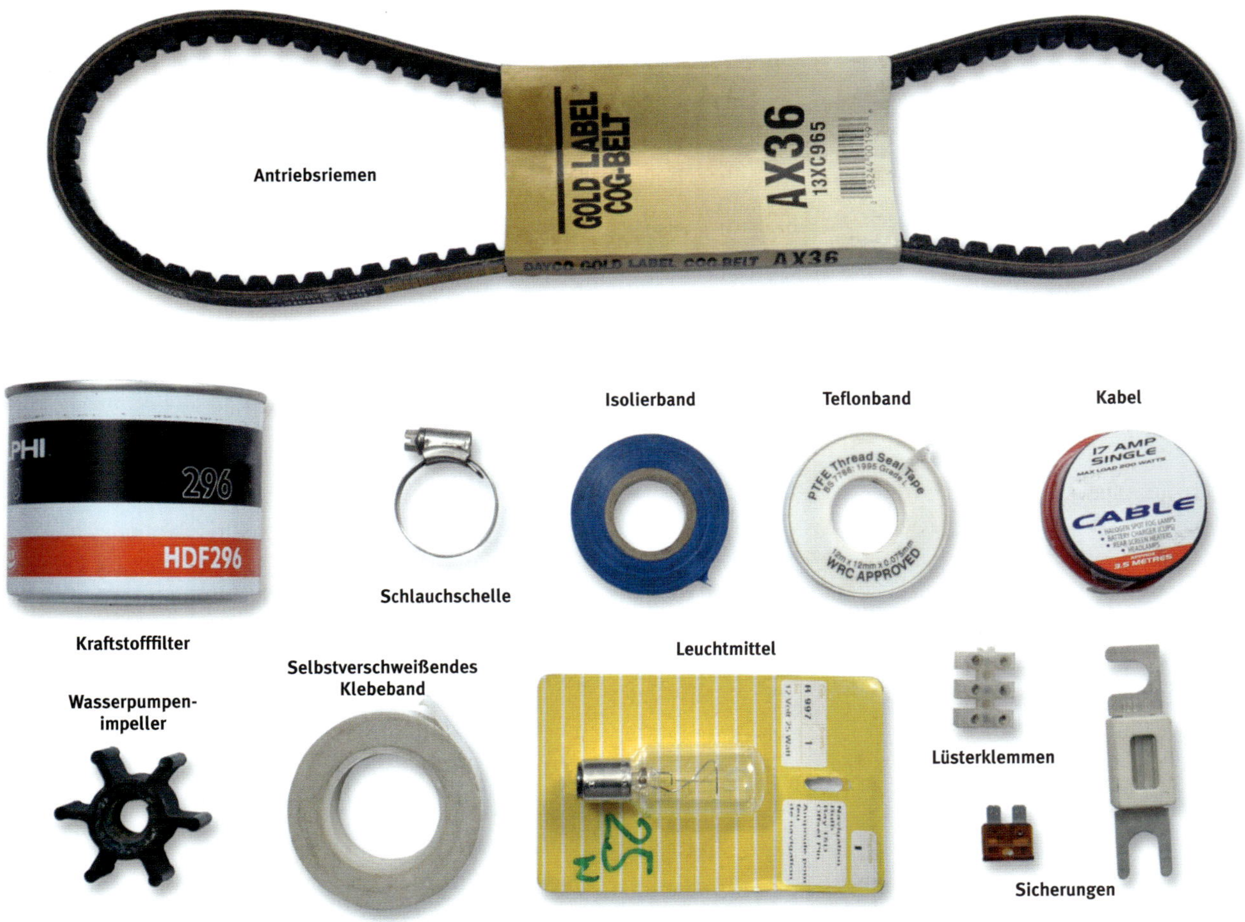

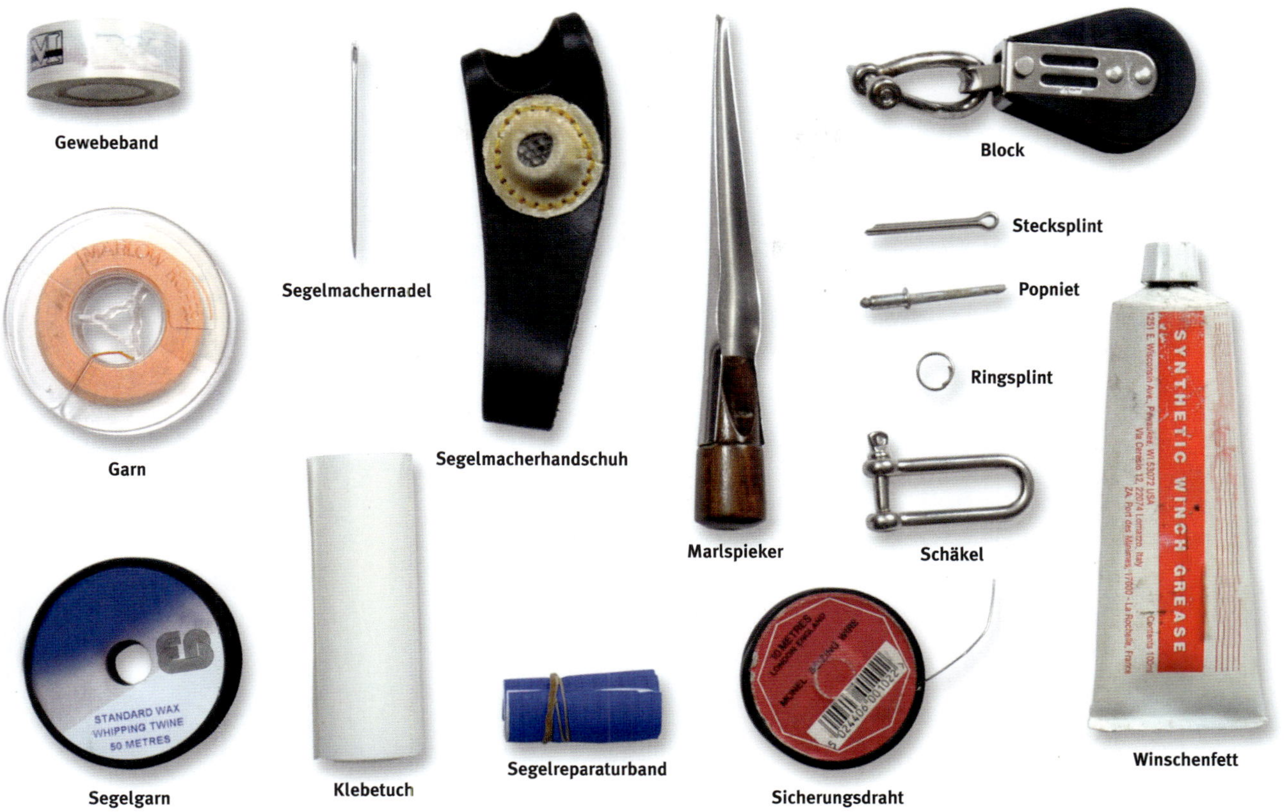

Auf einem Segelboot benötigen Sie bestimmte zusätzliche Teile.

Innenraum

- **Leuchtmittel:** Prüfen Sie die verschiedenen Lampen, Leuchtröhren oder LEDs in den Kabinen und Schapps. Halten Sie Ersatz für jede Leuchte bereit.
- **Sicherungen:** Ersatz für die verschiedenen Sicherungen sind unabdingbar. Einige Sicherungen sind versteckt hinter Paneelen eingebaut oder als Schmelzsicherung direkt in der Leitung installiert. Es kann sehr aufwendig sein, sie zu finden.
- **Destilliertes Wasser:** Sie brauchen es, um die Versorger- oder die Starterbatterie aufzufüllen.
- **Elektrik:** Ersatzkabel und -verbindungen ermöglichen die Überbrückung einer defekten Leitung.

Sicherheit

- Rettungswesten: Wurde eine Weste absichtlich oder versehentlich aktiviert, muss sie wieder betriebsklar gemacht werden. Deshalb benötigen Sie je nach Hersteller und Typ unterschiedliche Tabletten und Gaszylinder.
- Taschenlampen: Ersatzbatterien und Lampen gehören an Bord.

Rigg

Auf jedes Boot mit Mast gehören spezielle Ersatzteile, da sich einzelne Verbindungen durch Vibrationen und Bewegungen lösen und sogar brechen können. Sie benötigen:

- Schäkel, Splinte, Ringsplinte, Blöcke und Scheiben.
- Draht oder Kabelbinder, um Schäkelbolzen zu fixieren.
- Tape gegen Abrieb.

Segel und Tauwerk

Zerfaserte Tampen und defekte Segel können schnell zu größeren Schäden führen. Sie brauchen auch für diesen Bereich ein Erste-Hilfe-Set. Das sollte beinhalten:

- Segelmacherhandschuh und -nadeln
- Gewachstes Segelmachergarn
- selbstklebendes Segelreparaturtuch.

Langfahrt

Die lange Reise auf See erfordert eine deutlich größere und ausgefeiltere Ersatzteilliste, um die Autarkie zu wahren. Abrieb, Sonnenlicht, Salzwasser und Vibration verursachen Langzeitschäden, die behoben werden müssen, bevor sie sich stärker auswirken.

Allgemeine Bootspflege

2

Rumpf und Deck waschen

Wer sein Boot in einem top gepflegten Zustand strahlen lassen will, muss mehr tun, als es regelmäßig mit Seifenwasser abzuschrubben. Hier unsere Expertentipps für typische Problemzonen.

Regelmäßiges Schrubben hält Bewuchs vom Wasserpass fern. Falls das Problem häufig auftaucht, muss das Antifouling weiter nach oben reichen.

Hartnäckige Flecken

Schmierige Schmutzspuren, wie die unansehnlichen grauen Streifen, die von der Fußreling herunterlaufen, müssen per Hand abgeschrubbt werden. Wenn möglich, sollten schleifende (abrasive) Reinigungsmittel vermieden werden, da sie die Oberfläche ankratzen und sich dort in Zukunft Schmutz leichter festsetzen kann. Wenn Sie eine versiegelnde Politur oder ein silikonfreies Wachs auftragen, nachdem das Boot poliert oder gereinigt wurde, hält dies den Schmutz ab und verlängert die Reinigungsintervalle für diese Bereiche (siehe auch S. 44). Ein weiteres Problem ist Ruß rund um den Auspuff eines Dieselmotors. Auch hier hält Wachs oder eine andere Versiegelung den Schmutz fern. Falls sich dort große Mengen Ruß ablagern, muss die Ursache ermittelt werden. Oft ist dies ein Zeichen für verdreckte Einspritzdüsen (siehe S. 188).

Bewuchs an der Wasserlinie ist unansehnlich und bremst das Boot. Die Algen lassen sich mit einer harten Bürste entfernen. Am besten

Der Freibord braucht kaum mehr als eine regelmäßige Dusche mit Frischwasser. Hartnäckige Flecken müssen mit Reinigungsmittel und einem Schwamm entfernt werden.

Eine harte Bürste eignet sich gut für die Decksreinigung. Achtung: Ihre Füße werden dabei nass – und passen Sie auf, dass Sie nicht über Bord fallen!

Tipp

Die Fender sind alles, was den Rumpf von potenziellen Gefahrenquellen für hässliche Flecken und Kratzer abhält. Halten Sie daher genug Fender vor, auch in verschiedenen Formen (große, runde können sehr nützlich sein), und achten Sie auf die passende Größe für Ihr Boot. Ein Fenderbrett gibt zusätzlichen Schutz, wenn Sie längsseits an einer groben Pier liegen.

geht dies vom Beiboot oder vom Steg aus. Falls der Bewuchs oberhalb des Antifoulings auftritt, muss es höher aufgetragen werden.

Fendersocken und -tücher

Fendersocken reduzieren das Scheuern der Fender an der Außenhaut. Wenn die Socken jedoch Sand oder Steinchen aufnehmen, wird es schlimmer als ohne sie. Die bessere Alternative sind daher Tücher aus robustem Gewebe, die zwischen Fender und Außenhaut gehängt werden. Sie sind besonders wertvoll, wenn die Außenhaut lackiert oder beklebt ist. Diese Oberflächen sind weniger widerstandsfähig als solche aus Gelcoat.

Deckswäsche

Starten Sie von oben auf dem Kajütdach und arbeiten Sie sich zum tiefsten Punkt im Cockpit oder auf der Badeplattform vor. Decks aus GFK oder gestrichene Flächen lassen sich mit einer steifborstigen Bürste oder, bei großer Verschmutzung, mit einem Hochdruckreiniger säubern. Keine dieser Methoden ist jedoch für Teak geeignet, das zwischen den Fasern sehr weich ist. Hier verhindert behutsames Reinigen mit einer weichen Bürste quer zur Faserrichtung des Holzes übergroßen Materialabtrag. Teak wird unterschiedlich gereinigt und behandelt, je nachdem, ob das Holz naturbelassen ergraut, geölt oder lackiert ist (siehe S. 110).

Um die Oberflächen nicht zu zerkratzen, werden transparent lackierte Flächen sowie Luken und Fenster per Hand mit einem weichen Schwamm und Seifenwasser gesäubert. Nach dem Spülen mit Frischwasser können sie mit einem weichen Tuch aufpoliert werden.

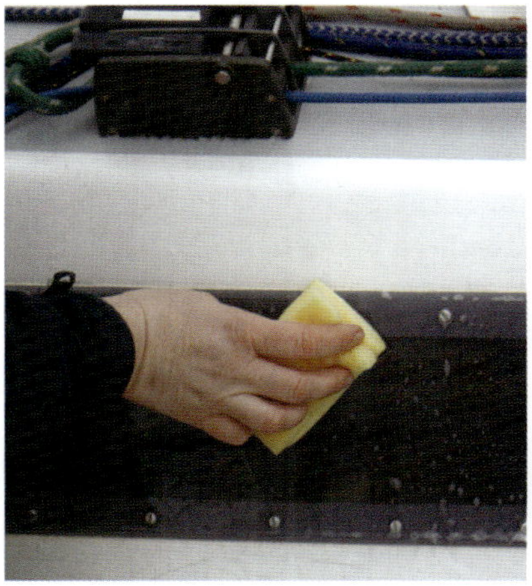

Reinigen Sie Fenster und Luken mit einem Schwamm und biologisch abbaubaren, nicht schleifenden Reinigungsmitteln.

Persenninge pflegen

Tadellos sitzende Persenninge sind Voraussetzung für ein gut aussehendes Boot, aber die Tücher reagieren empfindlich auf Sonne und Wind, und kleine Schäden vergrößern sich rasch, wenn sie nicht sofort behoben werden.

Materialien

Die für Sprayhood, Kuchenbude sowie Baum- und Rollsegelpersenning gebräuchlichsten Gewebe bestehen aus Acryl oder PVC/Polyester. Mit etwas Pflege halten beide Materialien lange. Bootstaugliches Acryl neigt aber zu besserer Resistenz gegen UV-Strahlung und Schwund, außerdem ist es atmungsaktiv.

Wie in vielen anderen Bereichen der Bootspflege auch, ist Vorbeugen die beste Maßnahme, um das Material in Schuss zu halten. Gute Persenninge besitzen dort Verstärkungen, wo sie scheuern könnten, sowie in der Nähe von stark belasteten Bereichen. Verschleißteile sollten einfach nachgerüstet werden können, um die Lebensdauer der Persenning zu verlängern. Mit den meisten Haushaltsnähmaschinen lassen sich zwei bis drei Lagen Acryl verarbeiten, dennoch wird auch etwas Handarbeit nötig sein.

Regelmäßige Kontrollen sollten sich insbesondere auf Nähte, Abrieb, Reißverschlüsse, Befestigungen und Verschlüsse konzentrieren. Zusätzlich sollten Sie vor dem Verlassen des Bootes sicherstellen, dass alle Persenninge stramm sitzen. In einem Sturm können selbst kleinere Persenninge so stark flattern, dass sie zerstört werden oder schneller altern.

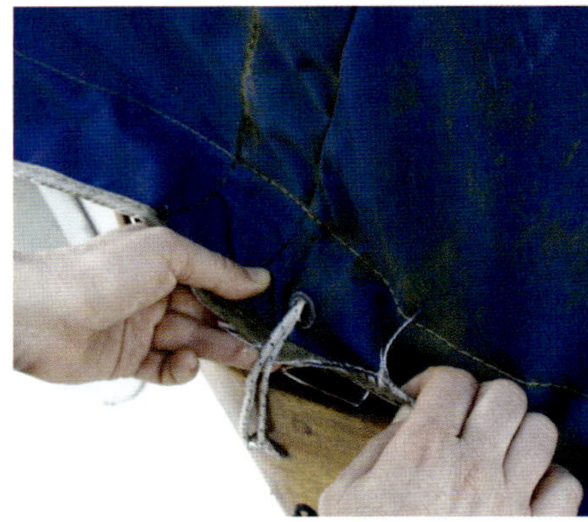

Prüfen Sie die Sprayhood, die Kuchenbude und andere Dinge aus Persenningstoff auf Abrieb und führen Sie die Reparaturen so früh wie möglich durch (oben).

Gut sitzende Persenninge stehen jedem Boot gut. Das Material ist langlebig, erfordert aber regelmäßige Pflege und Nachimprägnierung (unten).

Tipp

Sonnenlicht lässt die Nähte schneller altern als das Tuch. Einer zehn Jahre alten Sprayhood lässt sich mit nachgearbeiteten Nähten und einer frischen Imprägnierung neues Leben einhauchen.

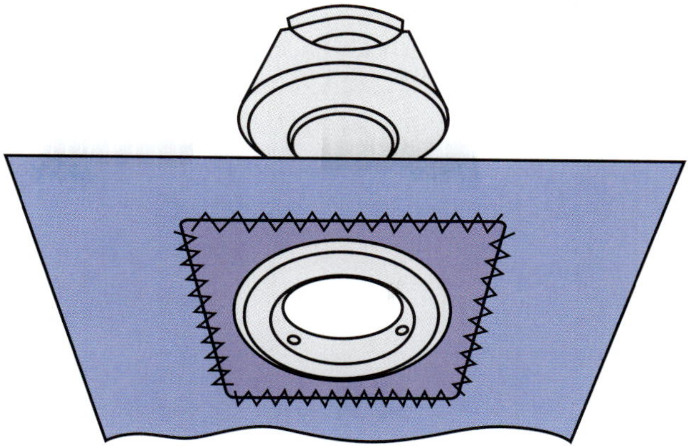

Wenn ein Druckknopf aus dem Tuch gerissen ist, nähen Sie einen Flicken an die Stelle und setzen anschließend einen neuen Knopf ein.

Reparaturen

Provisorische Reparaturen von defekten Nähten lassen sich von Hand nähen. Selbst bei größeren Schäden verhindern einige Stiche an den richtigen Stellen ein weiteres Öffnen der Naht. Bitte beachten: Eine nachgebende Naht lässt auf eine Schwäche der übrigen schließen, deshalb ist es sinnvoll, das ganze Teil nachzuarbeiten.

Bei Rissen entfernen Sie die Fransen mit einer scharfen Schere und säumen die Kanten. Dann nähen Sie über die Schadstelle einen größeren Flicken.

Druck- oder Tenaxknöpfe an den Ecken von Sprayhoods sind oft stark belastet und können mit der Zeit ausreißen. Meistens bestehen sie aus zwei Teilen, die durch das Tuch zusammengepresst werden. Falls sich diese Verbindung nicht lösen lässt, muss der Knopf sauber herausgeschnitten werden. Dann setzen Sie einen Flicken ein und platzieren dort einen neuen Druckknopf.

Schimmel entfernen und verhindern

Schimmel, Spak und Moos wachsen auf Geweben, die lange feucht sind oder an denen sich Schmutz ansammeln kann. Wenn Sie regelmäßig Salz und Schmutz mit Frischwasser beseitigen, kann das Material nach Regen oder Tau schneller trocknen. Es wird mit der Zeit seine Wetterfestigkeit verlieren und muss daher mit einem Spray oder einer Flüssigkeit nachimprägniert werden. Falls sich Spak oder Schimmel gebildet haben, lässt sich das mit speziellen Reinigungsmitteln beseitigen, wenn nötig, unter vorsichtigem Einsatz einer weichen Bürste. Danach müssen Sie gründlich spülen und neu imprägnieren.

Persenningstoff nähen

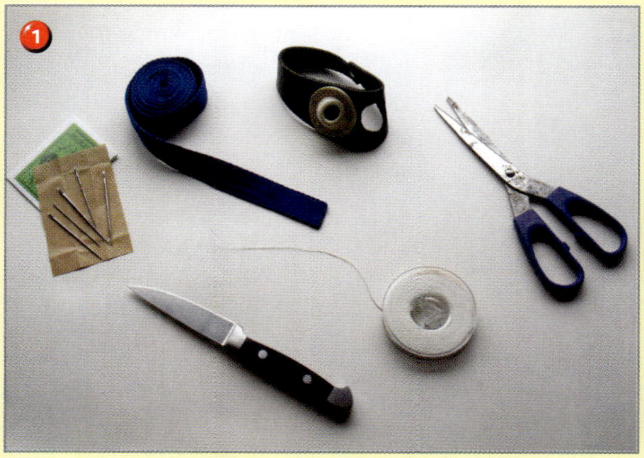

Werkzeuge und Materialien für die Persenning-Reparatur: Dreikantnadeln, Gurtband, kräftige Schere, Garn, Segelmacherhandschuh und ein Messer.

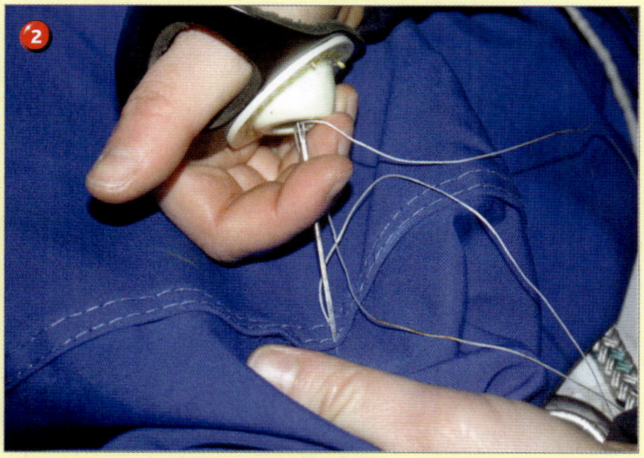

Reparatur mit dem Segelmacherhandschuh. Wer einen gerade erst entdeckten Schaden sofort behebt, spart sich viel Mehrarbeit zu einem späteren Zeitpunkt.

Tauwerk pflegen

Modernes synthetisches Tauwerk gibt es aus verschiedenen Materialien, passend zu jedem Einsatzzweck und Budget. Die meisten Leinen halten sehr lange, und mit etwas Pflege versehen sie über Jahrzehnte ihren Dienst. Abrieb kann aber eine Leine in Minuten zerstören.

Materialwahl

Schoten und besonders Fallen sollten so wenig wie möglich nachgeben. Fahrtensegler wählen meist das preisgünstigere vorgereckte Polyester oder greifen wie die Regattasegler auf extrem reckarme Hochleistungsfasern wie Dyneema, Spectra, PBO oder Vectran zurück. Diese Materialien sind jedoch deutlich teurer. Festmacher und Ankerleinen dagegen sollten sich dehnen können, weil so Spitzenbelastungen bei hartem Wetter reduziert werden. In diesem Fall ist Nylon eine gute Wahl.

Das gebräuchliche Polypropylen eignet sich nicht für den Bordeinsatz, weil es im Sonnenlicht schnell altert. Eine Ausnahme ist die Verwendung als Mensch-über-Bord-Leine, weil das Material schwimmt. Die Leine wird in einem Beutel gestaut, der sie vor der UV-Strahlung schützt.

Tauwerk-Typen

Es gibt drei gebräuchliche Leinentypen. Geflochtene Leinen haben einen äußeren Mantel, der einen zentralen Kern aus geflochtenen oder geschlagenen Fasern umgibt. Die klassische Leine besteht dagegen aus drei geschlagenen (umeinander verdrehten) Kardeelen (Strängen). Sie hat eine größere Dehnung (Reck) und wird heute als Festmacher oder Ankerleine eingesetzt. Für diese Einsatzzwecke gibt es auch das neuere Hohlflechttauwerk. Das ist besser in der Handhabung, aber auch teurer.

Scheuerschutz

Abrieb kann Tauwerk schnell schwächen, daher sollten Leinen von allem ferngehalten werden, was Schaden anrichten kann.

Bei Schoten, Fallen und Streckern ist Abrieb und Abnutzung, beispielsweise in Stoppern, Klemmen oder auf Winschen, ein langsam fortschreitender Prozess. Festmacher können dagegen bei viel Wind und Welle in kürzester Zeit an scharfen Kanten und Umlenkungen an Bord oder an Land aufreiben oder durchtrennt werden. Die beste Vorsichtsmaßnahme ist, ein kurzes Schlauchstück über die Leine zu schieben und dann am Scheuerpunkt zu platzieren.

Geringfügige Reibung wird eine Leine nicht wirklich schwächen,

Wenn Leinen regelmäßig mit Frischwasser gespült werden, bleiben sie weich und halten länger. Sie müssen vor dem Wegstauen gut trocknen können.

Einen Takling setzen

Ziehen Sie das Ende des Segelmachergarns mit der Dreikantnadel einige Male durch das Tauwerk.

Wickeln Sie das Garn eng um das Tauwerk und dabei zur Schnittstelle hin. Wickeln Sie alle Fasern mit ein.

Zum Schluss ziehen Sie das Garn mit der Nadel so durch die Leine, dass es den Takling mehrfach überkreuzt.

vorausgesetzt, es gibt an der entsprechenden Stelle keine Vorschäden. Die Lebensdauer von Fallen und Reffleinen lässt sich verlängern, wenn sie immer wieder mal umgedreht werden. Dazu wird die Leine mit einer Pilotleine heraus- und andersherum wieder eingezogen. So wirkt sich der Abrieb nicht immer an derselben Stelle aus (siehe auch S. 240). Dies erzielt man auch, wenn ein Fall vor dem Schäkel etwas gekürzt wird.

Die Endstücke von Leinen müssen vor dem Zerfransen geschützt werden. Das funktioniert mit einem Heißschneider, der die Fasern verschmilzt, recht gut. Besser und haltbarer ist zusätzlich ein genähter Takling (siehe S. 31).

Tauwerk reinigen

Viel Kontakt mit Salzwasser lässt Tauwerk steif und unhandlich werden. Spülen Sie Leinen regelmäßig mit Süßwasser. So reduzieren Sie das Problem. Sinnvoll ist eine jährliche Tiefenreinigung. Meist genügt ein warmes Bad mit Seifenwasser und guter Spülung. Verdrecktes Tauwerk lässt sich auch in der Waschmaschine bei niedrigen Temperaturen gut und schonend reinigen.

Auch Sonnenlicht setzt dem Tauwerk zu. Deshalb lohnt es sich, bei längerer Abwesenheit die Schoten abzuschlagen. Kleine Umlenkwinkel und selbst Knoten verringern die Bruchlast von Leinen, was besonders für die wenig reckenden Hochleistungsmaterialien gilt. Dies ist bei der Dimensionierung zu beachten.

Das Endstück einer Leine lässt sich mit einem gasbetriebenem Heißschneider verschweißen, um es am Ausfransen zu hindern. Ein Feuerzeug tut es natürlich auch.

Kurze Stücke aus Gewebeschlauch sind ein idealer Schutz für Festmacherleinen und preiswerter als eine Neuanschaffung.

Salon und Kabinen reinigen

Den Innenraum sauber zu halten kann zeitaufwendig sein, und oft taucht dasselbe Problem mit nervender Hartnäckigkeit schnell wieder auf. Insofern lohnt es sich, die Ursachen zu suchen und zu beheben.

Falls Landstrom zur Verfügung steht, sind Raumentfeuchter sehr effektiv, um ein Schiff von innen zu trocknen.

Feuchtigkeit vermeiden

Dies ist der wichtigste Aspekt der allgemeinen Bootspflege. Selbst Yachten in scheinbar trockenen Regionen wie dem Mittelmeer können von starken Regenfällen heimgesucht werden. Feuchte Bedingungen fördern das Wachstum von Schimmel und Spak an Teilen der Inneneinrichtung und an Textilien wie Polstern, was zu unangenehmem, feuchtem Geruch führt. Salzkristalle absorbieren Feuchtigkeit, also muss unbedingt vermieden werden, dass Seewasser in den Innenraum gelangt. Spülen Sie alle Teile und Bekleidungsstücke mit Süßwasser durch, die Kontakt zu Salzwasser hatten.

Wer Zugriff auf Landstrom hat, kann einen elektrischen Raumentfeuchter aufstellen. Diese Geräte sind wunderbar effektiv und trocknen das Ölzeug und unter Deck gestaute Segel gleich mit. Voraussetzung: Das Boot muss möglichst luftdicht sein, sonst ersetzt feuchte Luft von außen die trockene Luft unter Deck. Die Alternative ist eine maximale Durchlüftung unter Deck mit permanentem Luftaustausch (siehe S. 56). Letztere Maßnahme ist auch die einzige Option für traditionell gebaute Holzboote, da der intensive Gebrauch eines Raumentfeuchters das Holz zu sehr austrocknen lassen würde.

Holzeinbauten

Die Möbel der meisten älteren Boote sind mit relativ weichem Einkomponentenlack versiegelt, der alle paar Jahre neu aufgetragen werden muss. Kratzer sollten sofort versiegelt werden, damit keine Feuchtigkeit ins Holz dringen und dort Schaden anrichten kann. Auf neueren Booten kommt meist Zweikomponentenlack zum Einsatz, der eine härtere Oberfläche hat und abgesehen von einer gelegentlichen Säuberung keine Pflege braucht.

Polster und Textilien

Moderne Materialien für Yachtpolster sind mit einem Schimmelschutz ausgestattet, aber dieser verhindert nicht, dass Schimmel auf Schmutz im Stoff wächst. Entfernen Sie deshalb lockeren Schmutz mit Staubsauger oder Bürste, bevor er sich festsetzt. Bezüge müssen regelmäßig gewaschen werden. Falls Sie dies nicht von Hand erledigen wollen, nutzen Sie die Waschmaschine und stellen Sie sie auf Kaltwäsche ein. Verwenden Sie nicht den Wäschetrockner; der könnte die Kunststoffbasis des Bezugs zerstören. Nutzen Sie für nicht entfernbare Bezüge eine Teppichreinigungsmaschine mit Polsteraufsatz oder bringen Sie das komplette Polster in eine Spezialreinigung (»Gelbe Seiten«). Die Bezüge sollten gegen Schmutz und Feuchtigkeit imprägniert werden.

Verschüttete Flüssigkeiten und Flecken sollten sofort beseitigt werden. Je länger sie in das Material ziehen, desto schlechter sind sie zu entfernen. Tafelsalz ist eine effektive

Bei sorgfältiger Behandlung kann das Interieur über Jahrzehnte wie neu aussehen, wie diese 20 Jahre alte Contessa 32 zeigt.

Die meisten Kabinen haben eine schlechte Ventilation. Lüften Sie die Polster bei gutem Wetter an Deck.

Erstverteidigung gegen Rotweinflecken, während Azeton gut gegen Kaugummi oder Fettflecken wirkt. Eine Mischung aus Waschmittel und Essiglösung ist ideal bei den meisten Nahrungsmittelflecken. Probieren Sie in einem versteckten Bereich aus, ob der Reiniger schädlich für den Stoff ist oder das verwendete Lösungsmittel die Farbe ausbleicht.

Schimmel entfernen

Wasserstoffperoxid ist effektiver und weniger schädlich als Chorbleiche. Verwenden Sie eine vorgemischte Verdünnung und tragen Sie sie mit einem feuchten Lappen auf. Lassen Sie das Mittel etwas einwirken und waschen Sie den Bereich danach mit Seifenwasser ab. Benutzen Sie, wenn nötig, eine weiche Bürste. Wischen Sie die Fläche zum Schluss mit weißem Essig ab, um eventuell verbliebene Pilze abzutöten.

Entfernen Sie Dreck zuerst in den Ecken und arbeiten Sie sich dann zu den größeren Flächen vor.

Küche und WC säubern

Es gibt große Unterschiede zwischen den Sanitäreinrichtungen an Bord und denen im Haushalt. Also ist Spezialwissen gefragt, um die verschiedenen Komponenten funktionsfähig und sauber zu halten. Auch die Lagerung von Lebensmitteln muss gut durchdacht sein – besonders auf kleineren Booten oder auf langer Fahrt ohne Versorgungsmöglichkeiten.

Bordtoiletten

Kalkablagerungen in Schläuchen, Pumpendichtungen und Seeventilen sind eines der größten Probleme im Sanitärsystem an Bord, also ist das regelmäßige Spülen mit Entkalker sinnvoll. Eine Essig-Wasser-Mischung wirkt sehr effektiv, desinfiziert schonend und ist umweltgerecht zugleich. Chlor sollte man nicht verwenden – er ist umweltschädlich und kann Komponenten aus Gummi beschädigen. Tröpfeln und kleine Leckagen von Toiletten treten übrigens glücklicherweise meist im Bereich der Wasserzufuhr, also an der sauberen Seite des Systems, auf. Aber es bedeutet, dass Dichtungen beschädigt sind und die Pumpe überarbeitet werden muss (siehe Seiten 134 bis 137).

Für unliebsame Gerüche gibt es zwei Quellen. Das können ungeeignete billige Schläuche sein, die Gerüche aufnehmen und an die Umgebung abgeben. Dies sollte besonders berücksichtigt werden, wenn es einen Fäkalientank an Bord gibt. Oder die Seewasserzufuhr hat mikroskopisch kleine Organismen

Für üble Gerüche aus Kühlschränken oder Eisboxen ist meist eine verstopfte Drainage verantwortlich.

Verwenden Sie für die Reinigung von Waschbecken aus Kunststoff keine schleifenden Reinigungsmittel wie Scheuermilch.

An den Seiten von kardanischen Ofenkochern kann sich schnell Schmutz ansammeln. Benutzen Sie für solche Zonen lieber langstielige Bürsten.

Lebensmittel lagern

Wie die Lebensmittel gelagert werden, muss gut überlegt werden, um die Haltbarkeit zu maximieren und den zur Verfügung stehenden Platz sinnvoll zu nutzen. Früchte sind in frei hängenden Netzen gut aufgehoben, aber viele Gemüsesorten halten sich am besten in dunklen, gut durchlüfteten Bereichen. Getrocknete Nahrung ist anfällig für Feuchtigkeit und muss in luftdichten Kunststoffbehältern gelagert werden.

aufgenommen, die langsam absterben und dabei einen starken fauligen Geruch produzieren. Der Gestank diffundiert durch die Schläuche und tritt besonders stark zutage, wenn die Toilette zum ersten Mal nach einiger Zeit wieder gespült wird. Um dies zu verhindern, spülen Sie die Toilette vor dem Verlassen des Schiffes mit Frischwasser.

Kühlboxen und Kocher

Kühlschränke mit oben liegender Klappe sind beliebt, weil sie die kalte Luft behalten, wenn sie geöffnet werden, und weil sie sich an schlecht erreichbaren Stellen einbauen lassen. Meist haben sie eine kleine Entwässerung, um Kondensat und verschüttete Flüssigkeiten ablaufen zu lassen. Sehen Sie nach, wo diese Entwässerung endet. Am besten ist sie an ein Seeventil angeschlossen oder an den Ablauf des Pantry-Waschbeckens. Das ist sinnvoller als ein Abfluss in die Bilge. Üble Gerüche aus dem Kühlschrank ohne sichtbaren Grund lassen sich meist durch verstopfte Drainagen erklären.

Biologisch abbaubare Hauhaltsreiniger funktionieren auch am Bordkocher, aber die Oberfläche aus rostfreiem Stahl verkratzt sehr leicht. Aggressive Reinigungsschwämme oder Bürsten sollten Sie also nicht benutzen. Professionelle Überführungscrews, die eine Yacht selbst nach einer 4000 Seemeilen langen Passage in tadellosem Zustand abliefern müssen, legen rund um die Brenner Aluminiumfolie. Das vereinfacht die Reinigung enorm. Sehen Sie bei jeder Säuberung routinemäßig nach, ob der Gasschlauch des Kochers intakt ist.

Deckenverkleidung pflegen

Deckenverkleidungen sind ein schönes Finish für die Innenseite von Kunststoffdecks. Sie isolieren gegen Kälte und verringern Kondensation. Innenschalen aus Kunststoff oder mit Vinyl bezogenes Sperrholz wurden vielfach in den 1970er- und 1980er-Jahren verwendet. Seit den späten 1990er-Jahren setzen viele Werften auch auf per Vakuum-Injektion gefertigte Decks, die auf beiden Seiten glatt sind.

Probleme mit Vinylbezügen

Kunststoffverkleidungen halten lange und benötigen keine Pflege außer einer gelegentlichen Reinigung. Falls Wasser kondensiert, ist eine gute Belüftung wichtig, um Schimmel und Spak insbesondere in der Nebensaison zu verhindern. Vinylbezüge können recht lange halten, wenn sie auf Sperrholz gespannt sind. Nach einiger Zeit zerbröselt aber die innere Schaumbeschichtung, und größere Flächen fallen nach ein oder zwei Jahrzehnten einfach von der Decke.

Wenn das Material nur aufgeklebt wurde, lässt sich die Lebensdauer der Verkleidung mit Tackerklammern aus rostfreiem Stahl erhöhen. Die Klammern werden an den Kanten auf die Innenseite des Paneels gesetzt. Wenn Sie den Bezug dabei gut spannen, verhindern Sie einen allzu großen Durchhang in der Mitte.

Falls der Vinylbezug direkt an die Decke geklebt wurde, fällt diese Form der Sanierung aus, wenn das Material altert. Dann können Sie aber dekorative schmale und dünne Sperrholzstreifen durch den Bezug unters Deck schrauben und ihn so an Ort und Stelle halten. Die Schrauben sollten dabei nicht mehr als die Hälfte des Decks durchdringen.

Tipp

Mit kräftigem Klettband lassen sich kleinere Deckenpaneele hervorragend befestigen. Diese Art der Verbindung ist ideal, wenn einfacher und schneller Zugang zu Kabeln oder Decksbeschlägen gewünscht ist.

Dauerhafte Lösungen

Die beste Langzeitlösung: Sie schneiden vier Millimeter starke Paneele aus wasserfestem Sperrholz zu, runden die Ecken ab und kleben den Bezug auf. Die Paneele werden auf Holzlatten geschraubt, die unter

Deckenverkleidungen aus mit Schaum beschichtetem Vinyl waren in den 1970er- und 1980er-Jahren gängig, aber das Material hat eine begrenzte Lebensdauer.

der Decke montiert sind. Dazu eignet sich mit Fasern angedicktes Epoxidharz hervorragend. Diese Deckenverkleidung wird lange an Ort und Stelle bleiben, selbst wenn der Schaum des Bezugs zu zerbröseln beginnt. Schmale Spalten zwischen den Paneelen lassen sich mit Vinylstreifen abdecken, die direkt aufgeklebt werden.

Für ein sauberes Finish werden Schraubenköpfe mit farblich passenden Kunststoffkappen abgedeckt. Diese sehen so aus wie die Knöpfe für Polster (siehe S. 38), aber sie werden einfach auf die erhabenen Unterlegscheiben der Schrauben gesteckt.

Wenn schaumbeschichtetes Vinyl entfernt wird, bleiben Fetzen aus Schaum und Klebstoff stehen. Entfernen Sie diese Reste, bevor Sie neues Material aufkleben. Dazu eignen sich grobe Schleifmaterialien aus Kunststoff. Sie können auch Elektrowerkzeuge wie Oszillationsgeräte oder Einhandwinkelschleifer einsetzen.

So wird der Bezug aufgeklebt

Bringen Sie das Sperrholz auf die richtige Größe und tragen Sie den Kleber mit einem Zahnspachtel auf. Die gleichmäßige Verteilung ist wichtiger als eine große Menge.

Legen Sie das Paneel mit der Klebeseite nach unten auf den Bezug. Schneiden Sie die Kanten so zu, dass sie fünf Zentimeter überstehen.

Zugeschnittene Zungen an den Ecken erzeugen ein hübsches Gesamtbild. Es lohnt sich, das mit billigem Material wie Papier oder Stoff vorher auszuprobieren.

Drücken Sie die Seiten des Bezugs einige Sekunden auf das Holz, damit der Kleber gut haften kann. Hier sehen Sie, wie die Zungen Falten in den Ecken verhindern.

Sicherheit

Das Arbeiten mit Klebstoffen auf Lösungsmittelbasis in den kleinen Räumen eines Bootes ist mit Risiken behaftet. Der Arbeitsbereich muss gut belüftet sein, und es darf keine Flammen oder Funken geben. Tragen Sie eine gute Atemschutzmaske. Wenn Sie einen Bezug auf Sperrholz kleben, sollten Sie dies am besten draußen oder in einem größeren, gut belüfteten Raum erledigen. Der Staub eines zerbröselten Bezuges ist ebenfalls ungesund – tragen Sie eine Staubschutzmaske!

Pflege von Polstern

Textilien und Polster sind die teuersten Elemente der Inneneinrichtung und gleichzeitig sind sie am meisten gefährdet. Eine gewisse Abnutzung lässt sich nicht vermeiden, aber für einen guten Eindruck und maximale Lebensdauer kann der Eigner etwas tun.

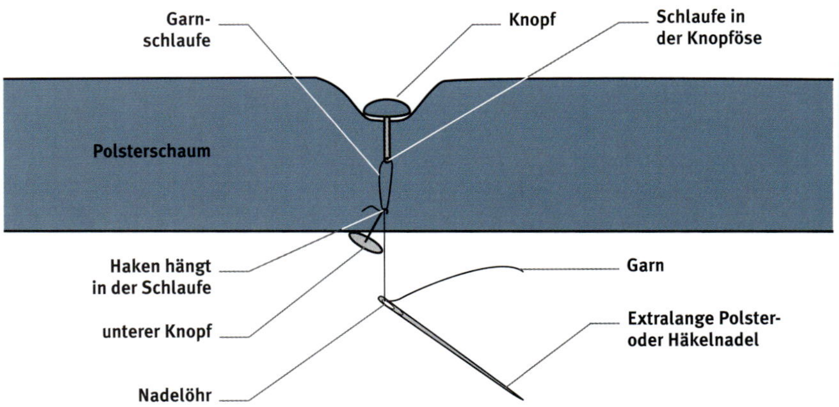

So wird ein Polsterknopf mit seinem Gegenüber auf der Unterseite verbunden. Ziehen Sie, beispielsweise mit einer Häkelnadel, eine Garnschlaufe durch das Polster und haken Sie diese in der Rückseite des unteren Knopfes ein (oben).

Wer Polsterbezüge und Gardinen intakt hält, spart langfristig Geld und macht das Beste aus seinem Interieur (unten).

Geeignete Materialien

Moderne, bordtaugliche Polsterstoffe sind wasser- und schmutzresistent und haben gute antibakterielle Eigenschaften. Die meisten Hersteller vermeiden einen hohen Baumwollanteil, da dieser Stoff Feuchtigkeit absorbiert. Ältere Stoffe basieren auf Vinyl, das auf der Unterseite des Polsters Feuchtigkeit abhalten soll. Moderne Textilien bestehen meist aus einem sehr atmungsaktiven Polyestergewebe.

Vielfach sollen Einlagen aus offenmaschigem Polyester zwischen Schaum und Bezug eine weiche, leicht gewölbte Oberfläche erzeugen und das Verrutschen des Obermaterials verhindern. Falls die Kanten des Schaumstoffes noch intakt sind und dieser feuerbeständig ist, kann mit einem neuen Bezug das Erscheinungsbild des Interieurs sehr verbessert werden.

Um einen Polsterstoff abzuziehen, öffnen Sie den Reißverschluss und/oder entfernen Sie die Polsterknöpfe. Dann manövrieren Sie ein Ende des Schaumes heraus. Das ist bei

Verschleiß

So verringern Sie die Abnutzung:

- Decken Sie die Polster auf längeren Seereisen mit wasserfestem Material ab, um die Aufnahme von Feuchtigkeit zu verhindern.
- Achten Sie auf eine gute Belüftung und stellen Sie die Polster hoch, wenn Sie das Boot für längere Zeit verlassen.
- Nehmen Sie sämtliche Textilien zum Saisonende mit nach Hause und lagern Sie sie trocken.
- Beheben Sie Probleme wie Flecken, Risse oder offene Nähte sofort.

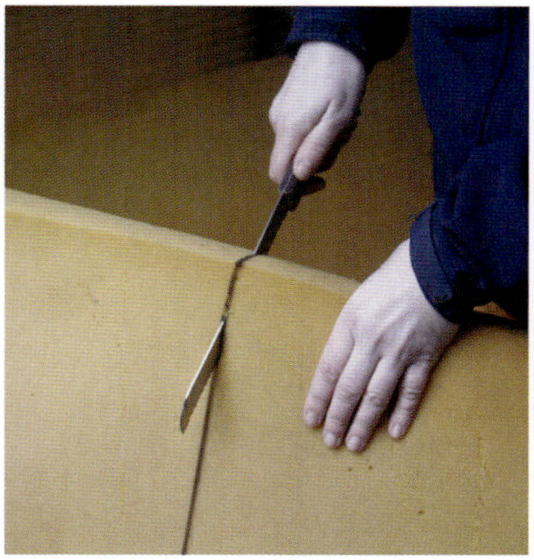

Für den Zuschnitt neuer Schaumpolster eignet sich ein Brotmesser ideal.

dünnen langen Stücken einfacher als bei dicken quadratischen. Durch Salz blockierte Reißverschlüsse machen Sie wieder gängig, indem Sie lose Kristalle wegbürsten und dann vorsichtig mit etwas heißem Wasser die Reste entfernen.

Knöpfe entfernen und ersetzen

Bevor der Bezug entfernt wird, schneiden Sie die Garne der Knöpfe durch. Um Knöpfe wieder zu platzieren, benutzen Sie eine lange Nadel und Garn und binden den oberen Knopf wieder mit seinem unteren Gegenstück zusammen. Es gibt auch Knöpfe mit Haken statt Ösen, die nur aus- bzw. eingehakt werden müssen.

Nähte reparieren und Löcher stopfen

Gebogene Nadeln sind für die Reparatur kleiner Flicken und Risse an Ort und Stelle sinnvoll. Will man für Arbeiten an inneren Nähten den Schaum nicht entfernen, eignen sich um 180 Grad gebogene Nadeln. Größere Jobs gehen jedoch ohne den Schaumkern und mit einer Haushaltsnähmaschine am besten von der Hand.

Das beste Resultat erzielen Sie mit optisch passendem Ersatzmaterial für den Bezug. Schneiden Sie mit einer scharfen Schere ein sauberes Rechteck um die Schadstelle heraus und fertigen Sie einen passenden Flicken an. Der wird per Flachnaht mit dem Polsterstoff verbunden – es gibt also keine Verdickung durch Überlappung.

Die Polster sollten fest in ihren Bezügen sitzen. Sorgfalt und Geduld sind jedoch nötig, wenn sie auf- oder abgezogen werden.

Schränke und Bilge

Denken Sie auch an die versteckten Räume. Diese Bereiche erfordern genauso viel Aufmerksamkeit wie das übrige Boot. Gleichgültigkeit kann üble Gerüche zur Folge haben, die sich weiter ausbreiten, sowie Spak oder Schimmel an verstauten Gegenständen.

Ein Streifen Aluminium, vor die Maschinenfundamente geklebt, sammelt tropfendes Öl oder Diesel.

Verschmutzung verhindern

Sie sollten alles dafür tun, dass kein Öl oder Diesel in die Hauptbilge gelangt. Wenn sich diese Stoffe dort mit Wasser vermischen, ergibt das viel Flüssigkeit, die bei Wind und Welle große Bereiche und auch die Schränke des Bootes verschmutzen kann. Ein weiterer Punkt: Verschmutztes Wasser darf nicht ausgepumpt werden, womit die Entsorgung mühsam wird. Ein weitverbreitetes Missverständnis ist, dass Bilgereiniger, die gern als biologisch abbaubar gekennzeichnet werden, Öl und andere schädliche Substanzen aus einer verdreckten Bilge in saubere Stoffe verwandeln. Das ist ein Irrtum.

Platzieren Sie eine Tropfenwanne unter der Maschine, falls die Motorbilge nicht getrennt ist und sich dies nicht nachträglich einrichten lässt. Beachten Sie, dass der Auffangbehälter auch bei Schräglage noch funktionieren muss.

Bilge reinigen

Falls signifikante Mengen von Öl oder Diesel die Bilge erreicht haben, lässt sich dies mit ölabsorbierenden Schwämmen entfernen. Dennoch ist eine gründliche Reinigung erforderlich. Beginnen Sie die Wäsche mit einem Gemisch aus Bilgenreiniger und Wasser, und benutzen Sie für schlecht erreichbare Zonen eine langstielige Bürste. Die Flüssigkeit wird anschließend ausgeschöpft und an Land umweltgerecht entsorgt. Dann reiben Sie die Bilge mit alten Lappen trocken. Wiederholen Sie

Ölabsaugende Schwämme entfernen Öl und Diesel aus der Bilge. Sie müssen fachgerecht an Land entsorgt werden.

den Vorgang, falls Sie anschließend noch Ölreste finden.

Selbst wenn die Bilge nur mit Wasser in Kontakt kommt, muss sie regelmäßig gereinigt werden, um Ansammlungen von Haaren und Staub sowie von Schmutz, Sand und Steinchen zu entfernen, die von Land auf das Schiff getragen werden. All diese Ablagerungen erzeugen wie Ölreste schlechten Geruch.

Die Verbindungslöcher zwischen den einzelnen Sektionen der Bilge verstopfen schnell mit Dreck und sollten deshalb regelmäßig gecheckt und gereinigt werden. Einige Schränke und Stauräume sind ebenfalls mit Abflusslöchern ausgestattet, die in die Bilge führen. Auf Holzbooten sind diese sehr wichtig, damit durch die Plankengänge eingedrungenes Wasser ablaufen kann. Auf Kunststoffyachten können sie dagegen ein Ärgernis darstellen, weil sie Bilgenwasser in ansonsten trockene und saubere Räume gelangen lassen. Es ist daher eine Überlegung wert, diese Öffnungen zu verschließen.

Schränke säubern

Es ist unglaublich, wie schnell sich in Schränken und Stauräumen eine Menge unnützes Zeug ansammelt, das nur Feuchtigkeit aufnimmt, Staub verursacht, dem Boot Gewicht zuführt und so die Segelleistungen mindert. Also sollten Sie am Ende jeder Saison überlegen, was dauerhaft von Bord kann. Teile, die an Bord bleiben, sollten gut gesäubert und gegebenenfalls geölt werden. Am Ende der Saison säubern Sie die Schränke, erneuern falls nötig deren Lackierung und öffnen für eine gute Durchlüftung die Türen und Klappen im Inneren des Schiffes.

Eine saubere Bilge verhindert die Bildung übler Gerüche und stellt sicher, dass die Bilgepumpe nicht durch Unrat blockiert wird (oben).

Überprüfen Sie jährlich die Schrankinhalte. Auf den meisten Fahrtenbooten sammeln sich viele unnütze Dinge an.

Rumpf- und Decksreparaturen

3

Flecken im Gelcoat entfernen

Ganz gleich, wie sehr man sein Boot pflegt, alle Boote aus GFK (glasfaserverstärktem Kunststoff) bekommen irgendwann Flecken und Blessuren. Je früher man sie entfernt, desto leichter und schneller geht die Arbeit von der Hand.

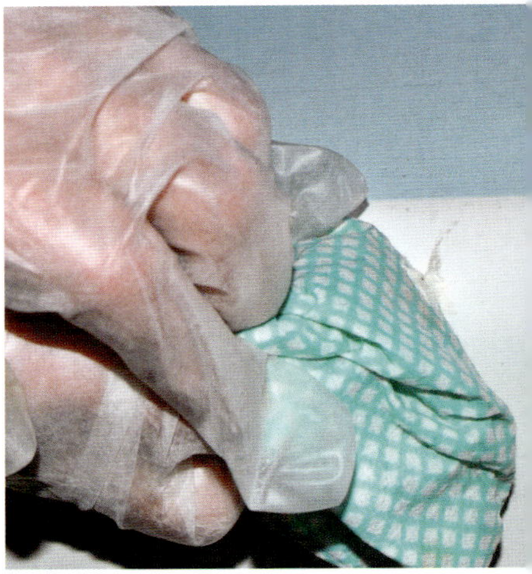

Stoßflecken können erfolgreich mit GFK-Reiniger oder Poliermittel behandelt werden.

Gelcoat

Bei der Herstellung von GFK-Booten entsteht eine hochglänzende, farbige Außenschicht aus Harz und Härter – das Gelcoat. Diese feinporige Deckschicht kann leicht Flecken aufnehmen. Man sollte daher jeglichen Schmutz so schnell wie möglich entfernen. Außerdem muss beachtet werden, dass diese Deckschicht über dem Glasfasergelege im Mittel nur 0,5 bis 0,8 mm stark ist. Stark schleifende Mittel und Chemikalien sollten deshalb nur begrenzt eingesetzt werden. Vorbeugend ist es daher ratsam, die Oberflächen sauber zu halten und sie regelmäßig mit einer silikonfreien Wachspolitur zu behandeln, damit die feinen Poren verschlossen bleiben.

Mit dem Hochdruckreiniger kann man das Unterwasserschiff säubern. Flecken am Wasserpass bekommt man damit aber nicht entfernt.

Ölspuren vom Auspuff bekommt man gut ab, wenn sie gleich nach dem Entstehen entfernt werden. Achtung: Mit angebrachter Fangleine arbeiten oder mit Sicherheitsgurt einpicken!

Neue Flecken

Sobald man Flecken erkennt, sollte man sie mit nicht schleifenden Haushaltsmitteln entfernen. Bleichende Lösungsmittel zunächst vermeiden. Nur wenn man nicht weiterkommt, zu schärferen Mitteln greifen. Grundsätzlich immer mit dem schwächsten Mittel beginnen.

Nicht schleifende Reinigungsmittel

Es gibt zahlreiche nicht schleifende, chemische Reinigungsmittel auf dem Yachtmarkt, einige extra für Flecken im Wasserpassbereich. Diese Produkte wirken mehr oder weniger bei den speziellen Flecken, aber man sollte auf jeden Fall den Instruktionen des Herstellers folgen.

Eine große Gruppe von Eignern ist immer noch von alten Hausmitteln überzeugt. Man sollte bei denen aber sicherstellen, dass sie verträglich sind. Am besten ist es, wenn Sie das Hausmittel vorab an einer unauffälligen Stelle testen.

Spezielle Gelcoat-Reiniger trägt man mit dem Pinsel auf und lässt sie zirka 10 Minuten (nach Gebrauchsanweisung) einwirken. Die zähe Flüssigkeit haftet auch an senkrechten Flächen. Nach der Wirkzeit mit viel Wasser nachwaschen. Flüssige Reiniger werden mit dem Lappen aufgetragen und, wenn milchig angetrocknet, mit einem Tuch abgerieben. Herstellerangaben auch hier beachten. Nicht schleifende Reinigungsmittel werden praktisch wie Poliermittel benutzt.

Schleifende Reinigungsmittel

Das Angebot reicht vom milden Badezimmerreiniger bis zum Autolack-Farbauffrischer. Verwenden Sie diese Mittel vorsichtig, damit nicht zu viel Gelcoat abgetragen wird.

✪ **Reinigungspaste**
Mit einem Lappen die Paste auftupfen und dann unter Druck den Fleck abreiben. Mit einem sauberen und trockenen Tuch nachpolieren.

✪ **Autolack-Farbauffrischer**
Mit einem Tuch auftragen und kreisend den Fleck wegreiben. Nach dem Antrocknen bildet sich ein Film. Diesen mit einem sauberen Lappen entfernen. Immer die Herstellerhinweise beachten.

Kalk und einige andere Flecken können mit Essig entfernt werden (ganz links).

Für Flecken am Wasserpass werden in der Regel spezielle Reiniger benötigt. Mit dem Pinsel auftragen. Sorgfältig die Herstellervorschriften beachten und Haut- und Augenkontakt vermeiden (links).

Kunststoff polieren

Der Glanz auf Ihrer Yacht verrät, wie viel Pflege Sie dem Boot zukommen lassen. Aber nicht nur das: Eine gute Politur verringert UV-Schäden und erhält den Wert einer Yacht. Der Wiederverkaufswert bleibt höher.

Gelcoat

Die Außenhaut von GFK-Booten besteht aus Polyesterharz, Farbpigmenten und Härter. Beschädigungen beim Slippen/Kranen, Salzwasser und Umweltschmutz setzen Deck und Rumpf sehr zu. Durch Polieren bringt man den alten Glanz wieder zurück, und man verlangsamt die Neuverschmutzung. Auch Kratzer sind anschließend weniger sichtbar, aber sie werden damit nicht beseitigt. Kratzer und Auskreidungen durch UV-Licht kann man nur mit einem feinen Schleifmittel beseitigen.

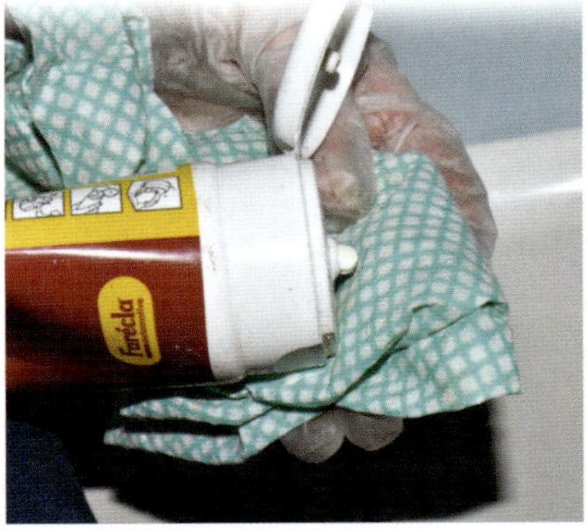

Kleine Kratzer kann man mit Schleifpaste und Lappen mit der Hand auspolieren.

Gelcoat auffrischen

Schleifmittel und Pasten gibt es in unterschiedlichen Formen und Korngrößen. Zum Polieren verwendet man ein sehr feinkörniges Mittel. Durch Abtragen der obersten Schicht entsteht wieder alter Glanz, aber es wird dabei auch immer Gelcoat abgetragen. Sie können per Hand polieren, mit Lappen und Paste, das erfordert aber viel Energie. Nach dem Antrocknen der Paste mit Abrieb kann der Rest mit einem Lappen entfernt werden. Wichtig: Nach dem Polieren muss die GFK-Oberfläche wieder mit Wachs geschützt werden.

Gelcoat polieren

Es gibt unzählige Poliermittel mit sehr unterschiedlichen Komponenten. Poliermittel mit Silikonanteilen sollten Sie vermeiden. Silikon ist schwer zu entfernen und behindert mögliche GFK-Reparaturen.

Poliermittel

Flüssige Poliermittel werden in kreisenden Bewegungen mit einem

In abgelegenen Winterlagern ohne Stromanschluss kann man sich mit einem Generator weiterhelfen, wenn mit der Maschine poliert werden soll.

Mit einer schweren, kräftigen Poliermaschine und Schleifpaste kann man den Rumpf auffrischen.

Lappen aufgetragen. Nach dem Antrocknen wird die Substanz mit einem weichen Tuch abgewischt. Manchen Poliermitteln sind chemische Reiniger beigemischt. Diese benutzt man nur bei noch ungereinigten Oberflächen.

Mittelharte Wachse verlangen beim Polieren mehr Kraftaufwand – aber sie halten auch länger. Sie werden nur auf gereinigte und trockene Oberflächen aufgebracht.

Maschinelles Polieren

Mit einer Maschine geht es natürlich sehr viel schneller und leichter als mit der Hand. Man unterscheidet zwei Typen:

- Exzenter-Poliermaschinen sind relativ leicht und preiswert. Der Schleifteller rotiert nicht, sondern vollführt kleine, oszillierende Bewegungen – zirka 3000 ohne Last. Wichtig beim Arbeiten: keinen hohen Anpress-Druck ausüben, damit nicht zu viel Wärme entsteht. Mit den fellartigen Polierhauben nur polieren, nicht schleifen. Zum Schleifen nur Baumwolltuchhauben aufziehen.
- Polierscheiben, angetrieben durch schwere E-Bohrmaschinen, sind teurer als Exzenter-Maschinen und machen reine Rotationsbewegungen. Vorzugsweise benutzt man Antriebsmaschinen mit stufenlos regelbarer Drehzahl (bis 3000 Umdrehungen in der Minute). Mit diesen schweren Maschinen kann man sehr viel schneller eine angegriffene Oberfläche abtragen. Sie verlangen aber viel Fingerspitzengefühl, damit man keine Beulen in die Außenhaut schleift.

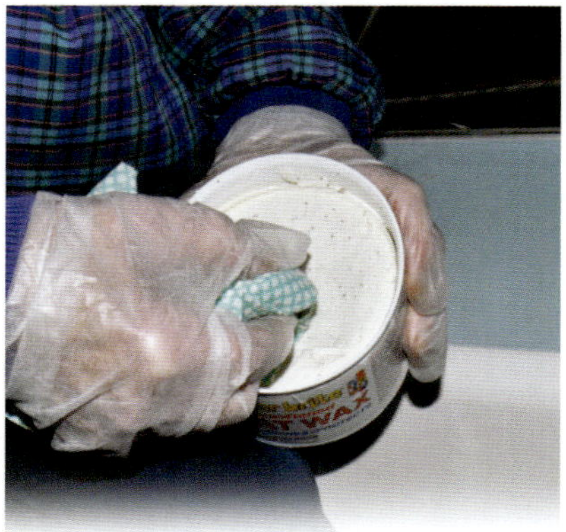

Eine hochwertige Wachspolitur ist der beste Schutz für das Gelcoat.

Restaurierung von Holzoberflächen

Holzoberflächen an Bord bekommen mit der Zeit Kratzer oder Wasserflecken und wirken müde. Regelmäßiges Reinigen und Pflegen hilft, den ursprünglichen Glanz zu erhalten. Kleinere Schadstellen sollten immer so schnell wie möglich behandelt werden.

Wasserflecken

Es sind viele Mittel für unbehandeltes Holz auf dem Markt, und alle versprechen getestete Erfolge. Beachten Sie genau die Herstellerangaben, um Sicherheit und beste Resultate zu gewährleisten. Diese Produkte enthalten oft Säure. Sie können sie auch in kristalliner Form kaufen, um eine Gebrauchslösung selbst anzurühren, mit der man Rost- und Wasserflecken beseitigen kann. Wie auch immer: Diese Mittel sind toxisch und ätzend, und die Verwendung verlangt große Vorsicht und Aufmerksamkeit. Die Herstellerangaben auf Verpackung und Webseiten sind unbedingt zu beachten. Nach der Behandlung muss das Holz mit Ammoniak oder Borax neutralisiert werden.

Lackiertes Holz muss vor der Behandlung vom Lack befreit werden. Lackiertes Sperrholz muss besonders sorgfältig bearbeitet werden, damit die Säure nicht die Verleimung des Furniers angreifen kann.

Der beste Schutz ist natürlich, die Lackoberfläche leicht anzuschleifen und zu lackieren, bevor Wasserflecken überhaupt entstehen können. Wenn aber der Wasserschaden nun mal da ist, muss der Lack vorsichtig in Faserrichtung abgeschliffen werden. Danach können die Flecken wie oben beschrieben entfernt werden. Danach neu lackieren.

Schleifklötze nur an wirklich ebenen Holzoberflächen verwenden.

Wasserflecken auf unlackiertem Holz kann man mit säurehaltigen Mitteln (Oxalsäure H2C2O4.2H2O) beseitigen. Lackierte Flächen müssen vorher geschliffen werden.

Teakpfropfen sind überall erhältlich. Wenn welche aus speziellem Holz benötigt werden, bohrt man sie mit einem Spezialbohrer selbst.

Kleine Bereiche mit leichten Schäden

Kleine Flecken kann man mit Wasser beseitigen. Entfernen Sie alle Lackteilchen in der Umgebung und behandeln Sie das Holz mit warmem Wasser. Lassen Sie die Stellen nach der Behandlung gut trocknen, um erneute Fleckenbildung zu vermeiden. Mit einem holzfarbenen Füllspachtel werden Unebenheiten geglättet, danach schleifen und lackieren. Bei beschädigten Rahmen kann man diese Methode bedingt anwenden – das ist abhängig von den Umständen und von Ihrem Geschick. Mit holzfarbenem Spachtel können Sie die Konturen wieder modulieren, dann schleifen und lackieren.

Bei ausreichenden Kenntnissen in der Holzverarbeitung kann eine größere Schadstelle mit Säge und Stecheisen entfernt werden. Ein genaues Passstück wird mit Epoxid eingeklebt, geschliffen und lackiert.

Pfropfen auf Holzschrauben

Holzschrauben sind oftmals durch Pfropfen verdeckt. Wenn diese erneuert werden sollen, muss zunächst der alte Pfropfen vorsichtig entfernt werden, ohne den Lochrand zu beschädigen. Vorsicht: Die Pfropfen sind in der Regel sehr kurz, und die normale Bohrerspitze trifft auf den Schraubenkopf, bevor der Pfropfen vollständig entfernt ist. Nur mit Spezialbohrern mit Zentrierspitze kann man hier erfolgreich arbeiten. Neue Teakpfropfen sind im Handel in verschiedenen Durchmessern erhältlich. Wird eine andere Holzart benötigt, muss man sie mit einem speziellen Pfropfenbohrer selbst aus einem Brett herstellen.

Verdeckte Schraubenköpfe

Einsetzen des Pfropfens mit Epoxid – genau auf die Holzart und die Faserrichtung achten.

Wenn die Verklebung ausgehärtet ist, kann der überstehende Teil mit dem Stecheisen abgetrennt werden. Die Klinge dort ansetzen, wo die Holzfaserringe des Pfropfens dicht an der Holzoberfläche sind.

Abschließend mit einem Deltaschleifer die überstehenden Teile des Pfropfens einebnen. Mit Lack oder ölhaltigem Holzpoliermittel versiegeln.

Refit von Decksbeschlägen

Decksbeschläge führen ein hartes Leben und sehen manchmal müde und trostlos aus, obwohl sie noch tadellos funktionieren. Damit das Boot wieder einen guten Eindruck macht, können die Beschläge aufgearbeitet werden.

Woraus bestehen Decksbeschläge?

Der Erfolg eines Refits ist teilweise vom Material des Beschlags abhängig. Wenn er mehrere Komponenten enthält, muss er vor der Bearbeitung zerlegt werden. Gewöhnlich sind Beschläge aus folgenden Materialien gefertigt:

- **Verchromter Stahl** Neu verchromen kann man natürlich nicht vor Ort. Nach der Demontage wird der Beschlag im Sandstrahlkasten von Chromresten befreit, poliert, galvanisch verkupfert und neu verchromt.
- **Eloxiertes Aluminium** Wenn keine Korrosion unter der harten Eloxal-Deckschicht ist, hält so ein Beschlag sehr lange. Bei Korrosion muss er in einem Eloxal-Bad neu beschichtet werden. Das kann nur die Fachwerkstatt.
- **Bronze** kann man mit Schleifpaste für Metall gut selbst bearbeiten.

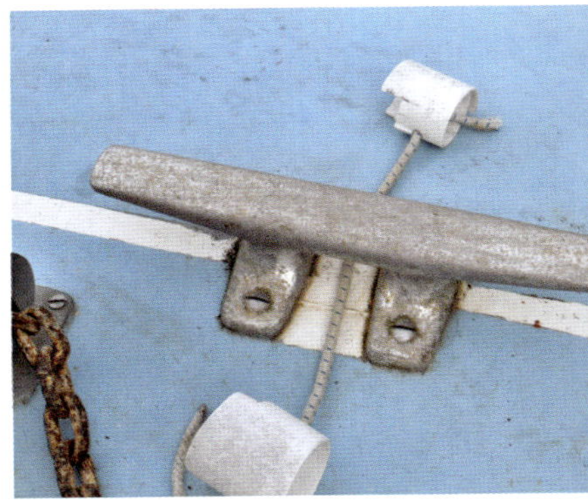

Dieser Beschlag sieht sehr angegriffen aus. Eventuell wird es günstiger, ihn zu ersetzen, als ihn zu restaurieren.

Bronzebeschläge sehen poliert sehr gut aus, aber sie werden schnell unansehnlich. Hier hilft nur regelmäßige Pflege.

Beschläge sind in der Regel durchgebolzt. Das erfordert, dass man von unten an die Muttern herankommt.

Eventuell müssen Sie zum Abschrauben der Muttern die Verkleidung entfernen.

✪ **Verchromte Bronze** Das ist auch eine Sache für die Fachwerkstatt. Abbauen und neu schleifen, polieren und abschließend verchromen lassen.

✪ **Rostfreier Stahl** Entgegen der Bezeichnung kann dieser Stahl rosten, durch Flugrost oder Entzug von Sauerstoff. Der Rost ist aber nur oberflächig und kann mit einem Spezialpoliermittel entfernt werden. Tiefe Schrammen kann man ausschleifen. Dazu den Beschlag demontieren und anschließend polieren.

Die letzte Rettung: Wenn sich die Schrauben nicht mehr drehen lassen, kann es mit dem Schlagbohrer noch klappen. Aber aufpassen, dass das Gewinde nicht bricht!

Beschläge abbauen

Beschläge sind oft nur schwer zu demontieren, weil ihre Muttern versteckt hinter der Innenverkleidung sitzen. Es gibt viele Befestigungsmöglichkeiten, deshalb sollte man zunächst überprüfen, welche Methode auf dem eigenen Schiff angewandt wurde. Bei modernen Yachten sind oftmals Aluminiumplatten einlaminiert, in die Gewinde geschnitten wurden. Das ist schnell bei der Montage, aber schwierig zu demontieren, weil sich zwischen Aluminium und Edelstahlschraube häufig Korrosion bildet. Dreht man die Schraube mit Gewalt heraus, kommt das Gewinde oft gleich mit.

Manchmal sind die Muttern unter Deck einlaminiert. Wehe, wenn die Mutter sich beim Lösen mitdreht – dann wird's schwierig. Dann muss das Laminat an der Stelle freigelegt werden. Innenverkleidungen erschweren generell die Demontage. Man sollte sie aber immer entfernen, weil so besser an den Beschlägen gearbeitet werden kann.

Refit oder neu?

Die Aufarbeitung von Beschlägen kann teuer werden. Deshalb kommen Sie vielleicht zu der Überlegung, lieber doch ein neues Teil zu kaufen. Beachten Sie in diesem Fall, dass die Bohrungen für die neuen Beschläge eventuell andere Abstände haben als die alten.

Leckende Beschläge abdichten

Leckende Decksdurchbrüche sind extrem ärgerlich und schwer zu entdecken. Das Problem: Das Wasser nimmt sich oft gehörig Zeit, bis es unten erscheint, und nimmt dabei auch nicht immer den kürzesten Weg.

Suche nach dem Leck

Die Stelle, wo das Wasser nach innen gelangt, ist sehr schwer zu finden, weil sich die Bolzen/Muttern in der Regel hinter der Deckenverkleidung befinden. Da Wasser immer abwärts fließt, ist nicht sicher, dass es dort austritt, wo die Leckstelle ist. Wenn kein Beschlag in der Nähe der Leckstelle zu finden ist, sollte man bedenken, dass das Wasser in den Zwischenlagen der Decksstruktur/Verkleidung/Innenschale nahezu waagerecht laufen kann. Also muss die gesamte Umgebung abgesucht werden. Wenn man die Deckenverkleidung relativ leicht lösen kann, sollte man sie unbedingt entfernen, das vereinfacht die Lecksuche. Wenn man das Leck nicht gleich findet, hilft manchmal folgender Trick: Ein Crewmitglied wässert an Deck alle infrage kommenden Beschläge mit vollem Wasserstrahl. Ein zweites sucht unter Deck mit einer Taschenlampe nach Wasserspuren.

Demontage der Beschläge

Oft muss man den Beschlag ganz entfernen, um an die leckende Bolzendurchführung zu gelangen. Auf Seite 51 sehen Sie die Befestigungsmethoden und wie man an die Schrauben herankommt. Benutzen Sie für Sechskantschrauben immer den passenden Schlüssel. Achten Sie bei den Schlüsselweiten auf Millimeter- und Zollwerte. Genauso wichtig ist ein passender Schraubendreher. Ist der Schlitz oder der Kreuzschlitz erst einmal beschädigt, wird die Demontage zum Problem.

Festsitzende Bolzen werden schnell zerstört, wenn man nicht nach der richtigen Methode vorgeht. Ist zum Beispiel der Bolzen in einer Aluminiumplatte verschraubt, dann ist das Gewinde sicherlich korrodiert. Hier hilft keine Gewalt, sondern nur Geduld, indem man die Verbindung mit flüssigem Korrosionslöser wieder gängig macht. Das

Fast alle Yachten haben viele Beschläge an Deck, und jeder Befestigungsbolzen könnte zu einer Leckage führen.

kann mehrere Tage dauern. Manche Schrauben kann man lockern, wenn man mit einem beherzten Hammerschlag auf den Schraubendreher schlägt. Noch besser geht das zu zweit: Eine Person dreht auf Spannung, eine zweite schlägt auf das Werkzeug. Nach dem Lösen der Schrauben den Beschlag und die Decksfläche von alter Dichtungsmasse befreien und mit Lösungsmittel gründlich abwaschen.

Bei Verdacht auf eine Leckage muss zur Erkundung der Ursache eventuell die Innenverkleidung entfernt werden.

Neue Dichtmasse aufbringen und Beschlag montieren

- Das Deck zum Schutz mit Tape abkleben – nur die Auflagefläche des Beschlages freilassen.
- Großzügig die Auflagefläche mit Dichtungsmasse (2–4 mm) bestreichen.
- Dichtungsmasse auf die Unterseite des Beschlages aufbringen.
- Auch das Bolzengewinde beschichten – nur den unter Deck erscheinenden Gewindeteil blank lassen.
- Den Beschlag montieren. Dafür die Bolzen so lange anziehen, bis die Dichtungsmasse seitlich herausquillt. Dann stoppen.
- Wenn sich die Dichtungsmasse ein wenig gesetzt hat, die Bolzen/Muttern fest anziehen.

Tipp

Wenn durch das Leck die Holzstruktur oder der Schaumkern des Decks angegriffen wurden, muss vor der Beschlagsmontage zunächst das zerstörte Material saniert werden.

Montage der Decksbeschläge

Wenn eine Schraube sehr fest sitzt, können Sie mit einem Maulschlüssel am Schraubendreher das Drehmoment ganz erheblich erhöhen.

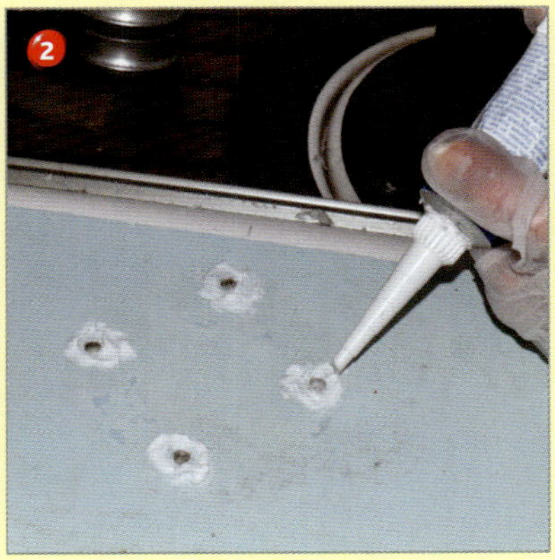

Setzen Sie um die Bohrung einen Ring aus Dichtungsmasse. Man kann auch die Auflagefläche des Beschlages dünn bestreichen – dann vorher den übrigen Bereich abkleben.

Schrauben/Muttern leicht anziehen, bis die Dichtungsmasse seitlich hervorquillt. Nun warten, bis die Masse angezogen hat – erst dann die Schrauben festdrehen.

Erneuerung von Dichtungen

Im Laufe der Zeit können die Rahmen von Fenstern und Luken undicht werden. Ständige Bewegung auf Deck und Alterung sind die Ursachen. Es ist verlockend, die Leckstellen einfach von außen abzudichten. Das hält aber selten.

Ausbau von Fenstern und Luken

Diese Reparaturarbeit sieht zuerst sehr abschreckend aus, aber sie ist es nicht, wenn man unter Deck an die Verschraubungen herankommt. Es gibt viele verschiedene Befestigungsarten. Die meisten Luken oder Fenster sind mit Maschinenschrauben durchgebolzt. Wenn man die Innenverkleidung einfach lösen kann, ist der Ausbau kein Problem.

Zunächst also alle Schrauben vollständig herausdrehen und beiseite legen. Dann einen dünnen Metallspachtel zwischen Rahmen und Deck schieben und vorsichtig einschlagen. Wenn möglich, an jeder Rahmenseite einen Spachtel anbringen. Nun warten Sie, bis sich die alte Dichtung langsam löst. Ist der Spalt zwischen Deck und Rahmen groß genug, werden kleine Holzkeile eingeschlagen. Je mehr, desto besser. Nun wieder geduldig warten, bis sich der Rahmen langsam hebt. Dann die Keile nachschlagen. Nach und nach trennt sich die alte Dichtungsmasse, und der Rahmen kann abgenommen werden.

Püttings

Püttings tragen extrem starke Lasten. Wenn sie nicht mehr fest genug verschraubt sind, beginnen die Durchbrüche zu lecken. Das kann zusätzlich zu Korrosion führen. Hier sollte also umgehend gehandelt werden. Püttings muss man jederzeit nachziehen können, sie sollten deshalb unter Deck frei zugänglich liegen. Wenn nicht, muss die Innenverkleidung entfernt werden. Dann den Beschlag ausbauen, reinigen und mit einer hochwertigen Dichtungsmasse für Yachten wieder einsetzen.

Mastkragen

Bei Yachten mit durchgesteckten Masten leckt es oft am Mastkragen. Auch wenn der in Ordnung ist, fließt

Bei der Lecksuche hilft manchmal ein satter Wasserstrahl von außen.

Wenn alle Schrauben entfernt sind, können Sie den Rahmen vorsichtig mit einem Metallspachtel lösen.

Tipp

Bei einem Leck am Fenster sollte das Problem nicht mittels Auftragen von Dichtungsmasse von außen gelöst werden. Das sieht schlecht aus und hält nur kurzfristig. In den meisten Fällen ist es besser, den Rahmen auszubauen, zu reinigen und wieder einzubauen.

Fenster neu eindichten

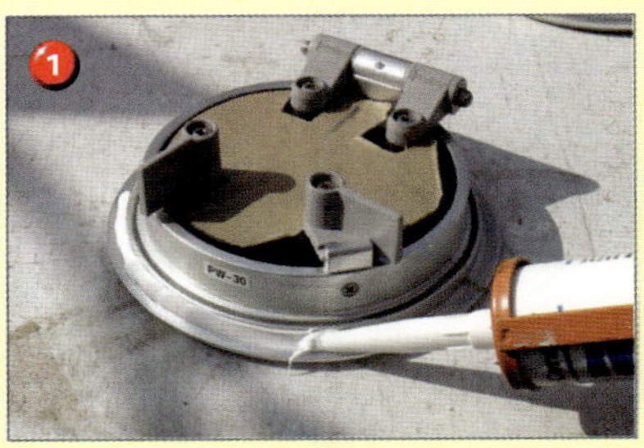

Bevor das gereinigte Bullauge eingesetzt wird, die Flanschfläche satt mit Dichtungsmasse bestreichen. Vorher den Bereich um die Auflagefläche abkleben.

Vorsichtig das Fenster in alter Position auflegen und leicht andrücken. Auf die Bohrungen ausrichten.

Zunächst die Verschraubungen nur leicht anziehen. Dann warten, bis die Dichtungsmasse mittelmäßig leicht angehärtet ist, erst dann die Schrauben nachziehen.

Hat man vorher den Bereich sauber abgeklebt, lässt sich die überflüssige Dichtmasse leicht entfernen. Ansonsten die ausgehärtete Masse mit einer dünnen Klinge abtrennen.

Wasser im Inneren des Mastes in kleinen Mengen zum Mastfuß; dagegen lässt sich kaum etwas machen. Mögliche Abhilfe: einen kleinen Brunnen als Wassersammler um den Mastfuß bauen. UV-Strahlung und viel Bewegung setzen einem Mastkragen stark zu. Wenn er zerstört ist, wird er beim nächsten Maststellen ersetzt. Geteilte Mastkragen zum Nachrüsten sind in der Regel nicht absolut dicht, können aber vorübergehend das Problem lösen, wenn das Leck plötzlich während der Segelsaison entsteht.

Lüfter einbauen

Eine gute Luftzirkulation unter Deck ist in allen Klimazonen wichtig. Gelegentlich bauen aber die Werften nicht genügend Lüfter ein. Hier kann der Eigner selbst nachrüsten; das ist keine schwierige Arbeit.

Welcher Ventilatortyp passt?

Der beste Lüfter kann unter allen Bedingungen, auch bei rauer See, offen gehalten werden, ohne dass Wasser unter Deck gelangt. Es gibt eine große Auswahl an verschiedenen Modellen.

Der Dorade-Lüfter erhielt seinen Namen vom gleichnamigen Schoner, auf dem er erstmals verwendet wurde. Sein Kopfteil ist um 360° drehbar. Wenn doch mal Wasser hineinschlägt, sammelt sich dieses in einer Box unter dem Lüfterkopf. Durch seitliche Löcher im Kasten kann das Wasser sofort wieder ablaufen. Bei sehr schwerer See wird der Kopf abgenommen und der Lüfter mit einem Schraubdeckel verschlossen.

Flache Deckslüfter haben den Vorteil, dass sie keine Leinen »fangen«, aber sie sind weniger effektiv. Einige Modelle können von innen verschlossen werden. Maschinenraumlüfter sitzen dagegen mit der Öffnung nach unten an senkrechten Wänden und werden in der Regel von elektrischen Ventilatoren unterstützt.

Tipp

Beim Gebrauch von selbstschneidenden Schrauben muss die Vorbohrung bei GFK größer sein als bei Holz. Bei zu geringem Lochdurchmesser kann ansonsten das Gelcoat brechen. Am besten senkt man das Bohrloch etwas an, bevor die Schraube eingedreht wird.

Wohin mit dem Ventilator?

Der richtige Platz muss mit Bedacht gewählt werden. Am besten misst man im Salon und an Deck vom selben Referenzpunkt aus. Starten Sie mit einer kleinen Pilotbohrung und kontrollieren Sie dann nochmals, dass unter Deck nichts beschädigt wird.

Nicht den kompletten Auflageflansch des Lüfters mit Dichtungsmasse bestreichen – das verstopft die Drainage. Legen Sie nur einen Ring um das Bohrloch.

- Den Lüfterflansch auflegen und die Positionen der Schrauben anzeichnen.
- Nun die Löcher bohren (auf den richtigen Durchmesser achten!) und mit 90° ansenken.
- Wenn kein Dichtring mitgeliefert wurde, um jede Bohrung einen kleinen Ring aus Dichtmasse legen – vorzugsweise Dichtmasse für Karosserien.
- Den Ventilator auflegen und mit selbstschneidenden Schrauben befestigen.

Einbau des Ventilators

- Sorgfältig ausmessen, wo der Lüfter sitzen kann.
- Eine dünne Pilotbohrung setzen.
- Um die Pilotbohrung einen Kreis schlagen und überprüfen, ob der Platz richtig gewählt ist. Unter Deck checken, ob irgendwelche Einbauteile gefährdet werden könnten.
- Erst wenn Sie sich ganz sicher sind, dass die Position stimmt, mit einem Lochschneider loslegen. Bei eckigen oder anders geformten Decksdurchbrüchen kann man auch mit der Stichsäge arbeiten.
- Wenn das Deck einen Balsaholzkern hat, muss dieser mit Epoxid vor Wasser geschützt werden.

Dorade-Lüfter sind um 360° drehbar und damit sehr effektiv einzustellen. Bei schwerem Wetter lassen sie sich ganz verschließen.

Lüfter einbauen

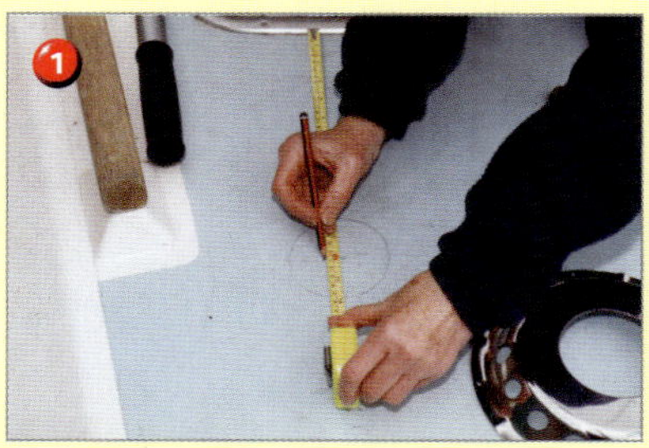

Legen Sie außen und innen eine exakte Position fest, um sicherzugehen, dass nichts beschädigt wird.

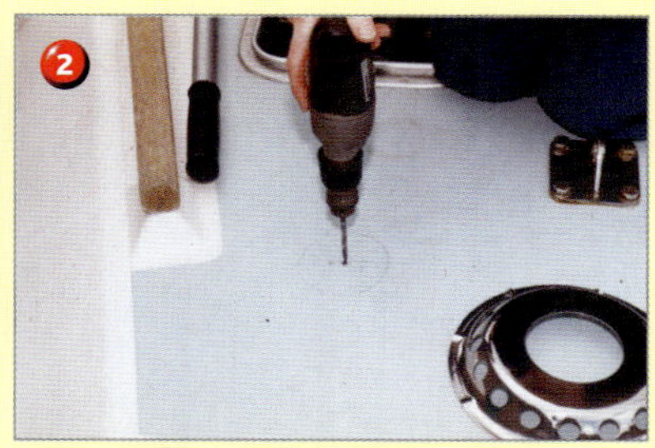

Setzen Sie von außen eine Pilotbohrung, und checken Sie nochmals außen und innen.

Mit einem Zirkel unter Deck die Großbohrung markieren und die Deckenbespannung mit einem Cutter sauber heraustrennen, damit beim Bohren nichts zerreißt.

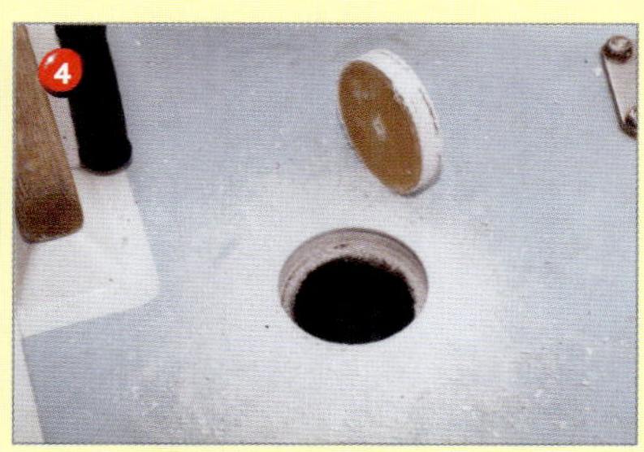

Die große Öffnung mit einem Lochschneider bohren. Danach Ventilator auflegen und Schraubenlöcher bohren.

Borddurchlässe neu eindichten

Ein leckendendes Seeventil sollte man umgehend untersuchen, denn es deutet auf Korrosion oder andere Probleme hin. Das könnte in einer Katastrophe enden, wenn das Boot unbeabsichtigt geflutet wird.

Typen von Seeventilen

Traditionell werden Seeventile aus Bronze, einer Legierung aus Kupfer und Zinn, hergestellt. Seewasser und kupferhaltige Antifoulings können das Metall angreifen, jährliche Kontrollen sind daher notwendig. Eine Rotfärbung zeigt eine Auszinnung an. Neu sind Fittings aus glasfaserverstärktem Kunststoff, bei denen Korrosion nahezu ausgeschlossen ist (auf Zulassungsnorm achten). Unverstärkte Thermoplast-Ventile sollten nur oberhalb der Wasserlinie verwendet werden.

Leckende Borddurchlässe

Ein Borddurchlass leckt meistens, weil sich entweder die Dichtungsmasse zersetzt hat oder aufgrund von Korrosion. Die einzige befriedigende Lösung heißt: ausbauen, checken, bei Bedarf erneuern und wieder einbauen.

Erneuerung von Borddurchlässen

Wenn die Seeventile und Fittings weit unterhalb der Wasserlinie eingebaut sind, muss das Schiff zur Reparatur aus dem Wasser. Grundsätzlich haben oberhalb der Wasserlinie eingebaute Kunststoffdurchlässe kein Seeventil – dann muss lediglich innen der Schlauch entfernt werden. Danach die innere Mutter abschrauben, die Dichtmasse mit einer Klinge abtrennen und den Borddurchlass herausziehen oder -drücken. Manchmal muss man den Durchlass herausschlagen – dann

Beim Aufslippen oder Kranen immer die Seeventile checken. Das schützt vor späteren Herzattacken.

anschließend unbedingt ein neues Ersatzteil beschaffen.

Unterwasserdurchlässe aus Bronze haben Seeventile. Diese sind zunächst abzuschrauben. Das ist oftmals schwierig, eine zweite Person muss außen die Drehung blockieren. Dann die innere Überwurfmutter abdrehen, was auch nicht einfach ist, wenn viel alte Dichtungsmasse den Zugriff erschwert. Manchmal ist innen eine Holzplatte eingelegt, um die Krümmung im Rumpf auszugleichen. In ganz schwierigen Fällen muss man von außen den Durchlassflansch mit einer Flex abschleifen und das Teil mit einem Hammer nach innen treiben.

Durchlässe aus Kunststoff korrodieren nicht und sind in der Regel leichter auszubauen. Hier muss lediglich die Dichtungsmasse erneuert werden.

Einbau von Borddurchlässen

Reinigen Sie den Rumpf innen und außen sorgfältig und verwenden Sie nur hochwertige Dichtungsmasse. Stellen Sie sicher, dass die Muttern mit genügend Drehmoment angezogen werden.

Austausch des Borddurchlasses

Manchmal muss der Borddurchlass mit einem Winkelschleifer abgetragen werden. Dabei den Rumpf nicht beschädigen.

Nutzen Sie einen Flachmeißel, um den äußeren Flansch zu entfernen.

Wenn der äußere Flansch abgetrennt ist, kann der Rest des Borddurchlasses nach innen geschlagen werden.

Der Borddurchlass hat innen zwei kleine Zapfen, sodass man mit einem Flacheisen und einem Schlüssel gegenhalten kann.

Austausch von Opferanoden

Unter der Wasserlinie von Yachten sind mehrere Metalle im Einsatz, die verschiedene Werte in der Spannungsreihe haben. Die dadurch verursachte Korrosion wird von Opferanoden »aufgefangen«, die damit die edleren Metalle schützen.

Was muss durch Opferanoden geschützt werden?
Wenn zwei ungleiche Metalle permanent unter Wasser sind, entsteht eine elektrische Spannung. Als Folge wird das unedlere Metall angegriffen. Je höher die Spannungsdifferenz ist, desto stärker ist auch die Korrosion. Die Opferanode verhindert den Abtrag am Bootsbeschlag.

Im Zusammenspiel mit einem Bronzepropeller kann unter Wasser auch ein Aluminiumteil Probleme bereiten. Das Zink wird dann aus dem Propeller abgetragen. Eine in der Nähe des Propellers montierte Opferanode kann diese Korrosion verhindern.

Erdung
Eine Anode kann nur dann arbeiten, wenn eine gute elektrische Verbindung hergestellt ist. Diese Verbindung kann man direkt oder mit einer Erdungsleitung erzeugen.

Checken Sie gelegentlich den Widerstand zwischen Anode und Antrieb – es sollten nur ein paar Ohm sein.

Für Propeller werden Spezialanoden benutzt, die besonders gut schützen.

Einige Experten raten, alle Metalle unter Wasser an einem gemeinsamen Punkt zu erden. Andere sagen, dass lange Leitungen und schwache Verbindungen die Korrosion noch beschleunigen könnten.

Zwischen den einzelnen Bauteilen muss eine sehr gute elektrische Verbindung bestehen. Bei jeder Gelegenheit sollte man mit einem Multimeter den Widerstandswert messen, der gegen null sein sollte.

Bei manchen Installationen ist die Propellerwelle elektrisch von der Maschine isoliert. Dann ist eine Anode am Schaft erforderlich.

Wie groß soll eine Opferanode sein?

Eine Anode ist groß genug, wenn sie locker eine Saison übersteht. Damit ist sichergestellt, dass das Boot nicht extra aus dem Wasser muss. Falls die Anode am Propeller aus baulichen Gründen nicht groß genug gewählt werden kann, sollte man sie in der Mitte der Saison überprüfen.

Süßwasser oder Salzwasser?

Süßwasseranoden bestehen aus Magnesium, Salzwasseranoden aus Zink oder Aluminium. Für den Fall, dass man in Brackwasser fährt oder die Reviere vom Salz- zum Süßwasser wechselt, gelten die folgenden Grundregeln:

- Im Süßwasser verwendet man Opferanoden aus Magnesium.
- In Brackwasser verwendet man Opferanoden aus Aluminium.
- Im Seewasser entweder Anoden aus Zink oder aus Aluminium verwenden.
- Wenn man vom Süßwasser in ein Seewasserrevier wechselt, sollte man die Magnesiumanode umgehend abbauen. Falls das Schiff länger als ein paar Wochen im Seewasser bleibt, sollte man nur noch Zinkanoden verwenden.
- Wenn man ein Seewasserboot in ein Süßwasserrevier überführt, bildet sich eine passive Schicht auf den Zink- und Aluminiumanoden, die eine Opferrolle verhindern. Diese Schicht sollte man gründlich entfernen, bevor man wieder ins Seewasser fährt.
- Verwenden Sie keine Aluminiumanoden auf Holzyachten. Es kann zu Reaktionen kommen, die das Holz aufweichen.

Diese Anode ist stark verkrustet und halb abgetragen. Falls Sie die Anoden noch verwenden wollen: gründlich bürsten.

Arbeiten mit GFK

Fiberglas, in Deutschland besser bekannt als GFK (glasfaserverstärkter Kunststoff), ist relativ leicht zu verarbeiten. Um ein gutes Ergebnis zu erzielen, muss mit dem Werkstoff aber sorgfältig umgegangen werden. Um Gesundheitsschäden zu vermeiden, sollten Sie immer Schutzkleidung tragen.

Sicherheit

- Es ist äußerst wichtig, das Mischungsverhältnis von Harz und Härter exakt einzuhalten.
- Schutzkleidung, Schutzhandschuhe, Schutzbrille und Atemschutzmaske müssen getragen werden.
- Die Vorschriften des Herstellers unbedingt beachten.

Was ist GFK ?

GFK besteht aus einem Gewebe oder Gelege feinster Glasfasern in einem Zwei-Komponenten-Kunstharz. Will man die Festigkeit erhöhen, verwendet man Kevlar-Fasern anstatt Glas. Das ist aber sehr teuer. Mit einem Pinsel wird das Harz-/Härtergemisch auf die Glasfaser aufgetragen und mit einem Scheibenroller ausgerollt. Nach der Reaktion von Harz und Härter wird das Bauteil fest.

Große Glasgewebe sind schwierig zu verarbeiten, und das Harz verbreitet einen stechenden Geruch; deshalb immer eine Maske tragen und gut lüften.

Herstellung eines Kerns

Ein Kern hat die Abmessungen und die Struktur des zu laminierenden GFK-Werkstücks. Er kann aus Schaum oder Sperrholz bestehen. Die Oberfläche muss so glatt sein, wie man es von dem fertigen GFK-Teil erwartet.

Herstellung einer Form

Der Kern wird gründlich mit Trennwachs bestrichen und anschließend mit GFK überlaminiert. Bei großen Bauteilen sollte man den Kern verstärken. Nach dem Laminieren und vollständigen Aushärten des GFKs wird der Kern vorsichtig entfernt.

Ein großes Leck reparieren

Man kann nicht »in die Luft laminieren«. Zum Abdecken des Lecks werden, innen oder außen, Formteile genutzt, auf die man laminieren kann. Diese Teile müssen exakt die Form der gewünschten Rumpflinien haben.

GFK aufbauen

- Das montierte Formteil wird sorgfältig mit Trennwachs gewachst, damit das Harz dort nicht anhaftet. Es darf aber kein Wachs auf den Rumpf gelangen!

Sorgfältig das Harz ins Gewebe einbringen. Immer wieder antupfen und vollständig tränken.

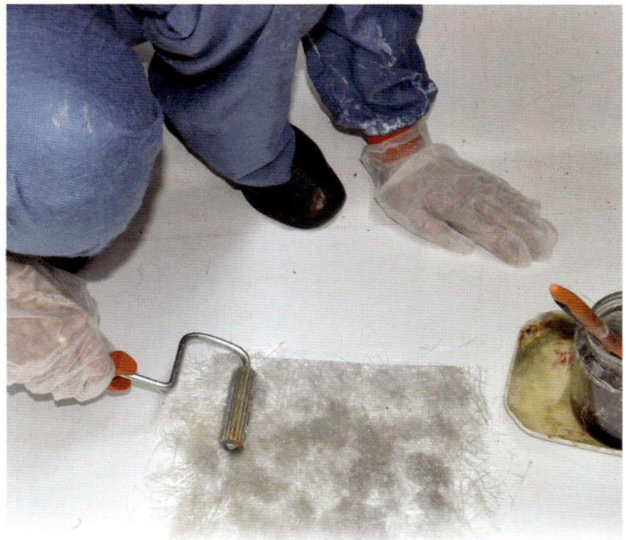

Mit dem Metallscheibenroller werden alle Blasen herausgedrückt, und das Gewebe wird verdichtet.

- Wenn von innen nach außen gearbeitet wird, zunächst das Gelcoat aufbringen – nicht zu dick und nicht zu dünn.
- Wenn das Gelcoat angezogen hat, wird das angemischte Harz mit Pinsel oder Rolle aufgetragen. Danach das Glasgewebe auflegen und mit einem Scheibenroller anrollen und entlüften.
- Immer wenn eine Lage fest wird, kann die folgende Lage nach gleichem Schema aufgetragen werden. Mit dem Scheibenroller aus Metall werden alle Blasen herausgerollt.
- In den kommenden Tagen (je nach Temperatur) wird das Bauteil fest genug sein, um die Formteile abnehmen zu können. Die volle Festigkeit wird aber erst nach ein paar Wochen erreicht.
- Wenn Sie von innen nach außen gearbeitet haben, lesen Sie die Seiten 66 und 67. Dort finden Sie weitere Details zur Oberflächenbehandlung.

Harz und Härter mischen

Das Mengenverhältnis von Harz und Härter muss stimmen. Nutzen Sie Messbecher.

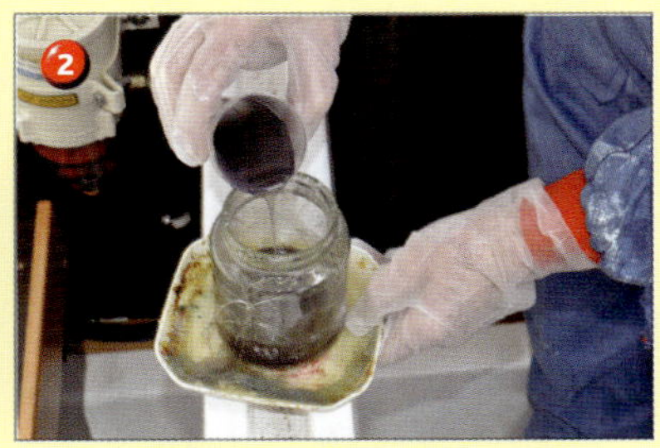

Zunächst das Harz in einen Mischbecher geben.

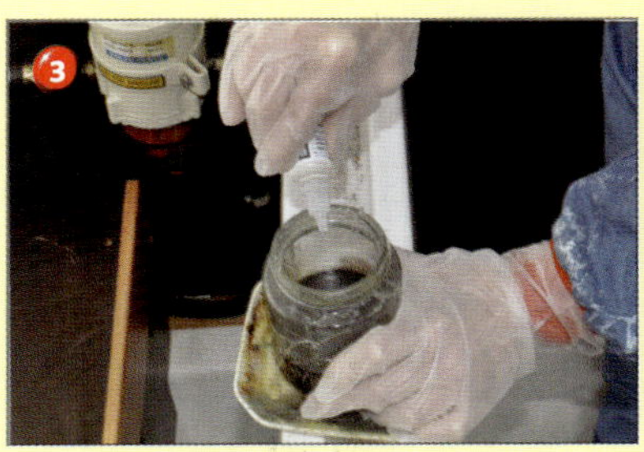

Nun die gewünschte Menge Härter hinzufügen.

Dann sorgfältig umrühren. Nur so viel anmischen, wie verarbeitet werden kann. Wenn man zu viel anmischt oder zu viel Härter verwendet, entsteht große Wärme und schnelles Aushärten!

Kratzer, Schrammen und Haarrisse

Kleine Kratzer sind eher ein kosmetisches Problem. Wenn Haarrisse aber konzentriert auftreten, deutet das auf eine Überbelastung der Struktur hin. Man sollte der Ursache unbedingt auf den Grund gehen.

Durch Belastung verursachte Haarrisse

Haarrisse entstehen durch Überlastung der Struktur oder durch stoßartige Verformung. Sobald Risse entdeckt werden, sollte man sie auf folgende Weise beseitigen:

- Zum Öffnen der Risse arbeiten Sie mit einer hochdrehenden Bohrmaschine und der Spitze eines Bohrers oder mit dünnen Fräsern. Meistens muss das Gelcoat dort komplett abgetragen werden.
- Wenn ein Bohrer verwendet wird, sollte dieser 1 bis 2 mm Durchmesser haben. An jedem Ende des Risses wird eine Bohrung gesetzt. Das verhindert, dass die Stelle weiter einreißt.
- Reinigen Sie die Stelle gründlich mit Azeton.
- Kleben Sie die Bereiche um die Risse mit festem Tape ab.
- Dann werden die Risse mit Gelcoat-Füller geebnet und verfüllt.
- Nach dem Aushärten wird geschliffen. Zunächst mit 240er-Trockenpapier. Dann weiter mit feinerem Nasspapier bis zum 600er. Das Abtapen verhindert, dass man dabei die heilen Flächen beschädigt.
- Wenn noch Risse zu sehen sind, diese erneut füllen und schleifen.
- Anschließend das Tape entfernen.
- Nochmals feinschleifen oder mit Paste polieren.
- Mit hochwertigem Wachs die Oberfläche versiegeln.

Diese Risse deuten auf Schäden in der Struktur hin. Bevor man die Risse beseitigt, muss der Unterbau verstärkt werden (oben und links).

Löcher ausfüllen

Löcher findet man oft in Ecken und engen Radien, weil dort häufig beim Laminieren des Schiffes Luftblasen nicht richtig ausgerollt worden. So lösen Sie das Problem:

- Mit einem hochdrehenden Fräser wird das Loch freigelegt. Dabei sicherstellen, dass alle losen und nicht tragfähigen Teile des Gelcoats entfernt werden.
- Handelt es sich um ein großes Loch, wird es zunächst mit Epoxid aufgefüllt.
- Überstehendes Epoxid abfräsen und eine kleine Vertiefung anschleifen.
- Diese Vertiefung mit Gelcoat ausfüllen.
- Nach dem Aushärten die Stelle zunächst mit Tape einrahmen, dann schleifen. Bei Innenradien wickelt man das Schleifpapier um einen passenden Rundstab.
- Zum Abschluss den Bereich mit Schleifpaste behandeln, polieren und wachsen.

Gelcoat-Farbe anmischen

Das Anmischen von Gelcoat ist immer schwierig. Das gilt auch für weißes Gelcoat, denn es gibt viele Nuancen im Weiß. Manche Werften benutzen ihr selbstgemischtes Gelcoat. Dann ist es hilfreich, wenn man noch das Original vom Hersteller beschaffen kann. Letzten Endes muss man aber immer probieren und gegebenenfalls nachmischen, denn die Farbe des Gelcoats verändert sich im Laufe der Jahre.

Beseitigung von Haarrissen

1 Das Gelcoat im Bereich des Risses bis zum Laminat entfernen. Am Ende des Risses jeweils eine Bohrung setzen, bevor man mit dem Auffüllen beginnt.

2 Vor dem Auffüllen den Bereich mit Tape einrahmen, um Beschläge und Holz zu schützen. Dann mit farblich passendem Gelcoat auffüllen.

3 Nach dem Aushärten die überschüssige Masse nass abschleifen. Notfalls nochmals nachfüllen und erneut schleifen.

4 Wenn das Gelcoat in Form gebracht wurde, wird mit Schleifpaste der Rest abgetragen. Anschließend polieren und wachsen.

Rammings und Außenhautschäden

Die Reparatur von kleinen Kratzern und Schrammen an der Außenhaut kann normalerweise warten. Größere Schäden sollten aber umgehend behoben werden. Das gilt insbesondere dann, wenn auch das Laminat angegriffen ist.

Tipp

Bei der Reparatur so wenig wie möglich Material abtragen. Bei größeren Rammings müssen aber alle beschädigten GFK-Teile restlos entfernt werden, bevor der Rückbau beginnt.

Schrammen

Schrammen, die nur ins Gelcoat reichen, sind rein kosmetischer Natur und können bei Gelegenheit repariert werden. Wir haben das ausführlich auf den Seiten 64 und 65 beschrieben. Besteht die Gefahr, dass Wasser in das Laminat eindringen kann, ist eine schnelle Reparatur mit Harz und Füller erforderlich. Dann sollte die Schadstelle freigelegt werden, damit man mit Epoxid und Füller (siehe S. 65 und 66) den Schaden beheben kann.

Blasen

Blasen entstehen normalerweise durch Druck unter dem Gelcoat. Sie können ein Frühindikator für Osmose sein. Sie können aber auch eine Folge des Herstellungsprozesses sein. Sind die Blasen klein und nur vereinzelt, kann man sie wie auf den Seiten 64 und 65 beschrieben beseitigen.

Manchmal können flache Kratzer einfach mit einer Polierscheibe und Paste entfernt werden.

Kollisionsschäden

Bei einem schweren Kollisionsschaden müssen die defekten Materialreste vollständig entfernt werden. Man muss beim Abtrag bis zum GFK vorstoßen, um die Struktur wieder aufbauen zu können. Dabei müssen manchmal auch Beschläge demontiert werden. Je weiter man die Schadstelle freilegt, desto besser. Erst wenn man die inneren Gelege erreicht hat, wird die Reparatur fortgesetzt. So gehen Sie vor:

- Beschädigtes/loses Material restlos abschleifen. Dabei intaktes Laminat nicht beschädigen.
- Die Kanten und Übergänge für den späteren Aufbau der Schichten von innen abschrägen. Dann muss später eine kleinere Fläche in Form geschliffen werden.
- Mit Azeton innen und außen reinigen.
- Mehrere Lagen Laminat auflegen, um eine tragfähige Struktur zu erhalten.
- Nach dem Aushärten eine Extralage auflegen, die an allen Kanten 50 mm über die eigentliche Schadstelle hinausgeht. Über Nacht aushärten lassen.
- An der Außenkante einen bündigen Abschluss bilden, um sicherzustellen, dass keine Überstände entstehen. Maximal 6 mm, sonst abschleifen.
- Die Oberfläche so bald wie möglich nach dem Anziehen auffüllen, dann aushärten lassen.
- Danach die Oberfläche zurückschleifen und Gelcoat auftragen.
- Nach dem vollständigen Aushärten glatt schleifen: zunächst trocken, dann nass. Abschließend mit Schleifpaste polieren und dann wachsen.
- Mit Topcoat auf der Innenseite die Reparatur beenden.

Kratzer und Schrammen auffüllen

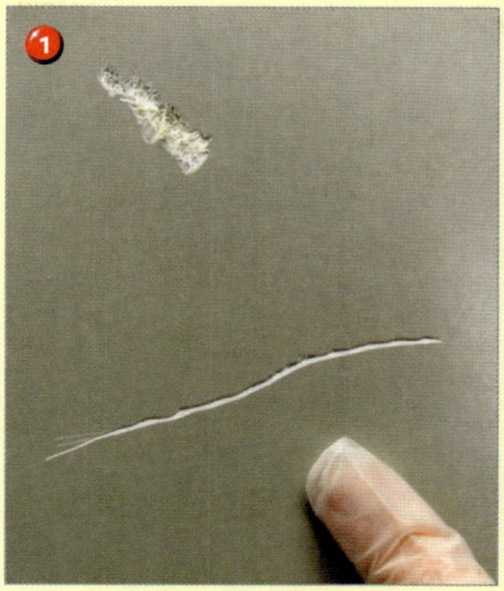

Diese Schrammen sollten aufgefüllt werden. Zunächst lose Teilchen gründlich abschleifen oder auskratzen.

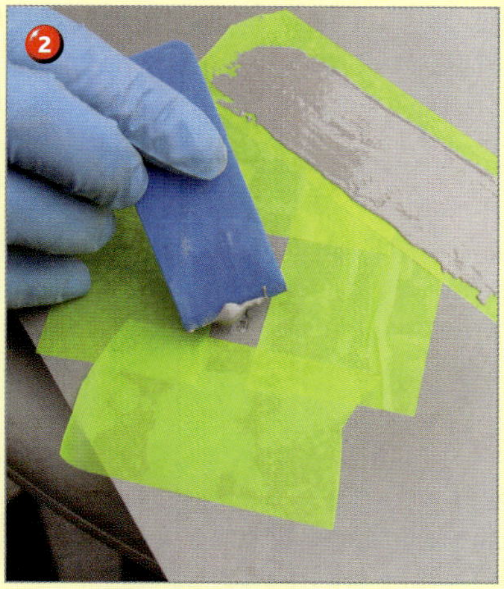

Das Umfeld abkleben und die Schrammen mit Gelcoat auffüllen, bis es gut über die Schadstellen herausragt.

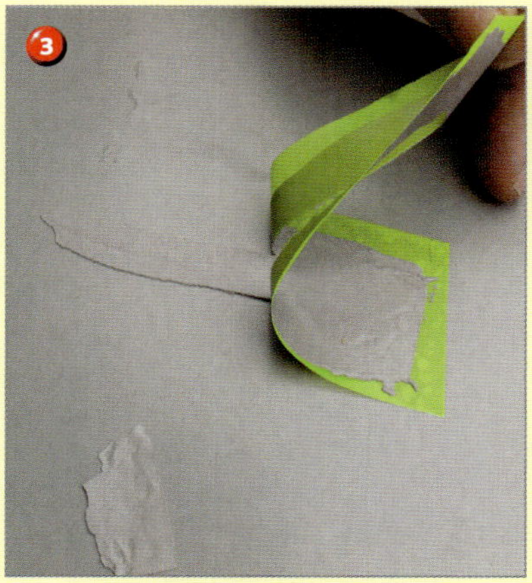

Das Tape abziehen, bevor das Gelcoat richtig angezogen hat. Die aufgetragene Fläche ist im Bild klar sichtbar.

Die Fläche glatt schleifen, gegebenenfalls Gelcoat nachfüllen. Dann wie auf den Seiten 64 und 65 beschrieben fortfahren.

Osmose und Delamination

Wenn Osmose früh beginnt, ist das ein Zeichen von schlechter Bauqualität oder minderwertigen Materialien. Der Schaden ist groß und die Behandlung nicht billig, aber das Boot wird nach einer sauberen Reparatur wahrscheinlich in einem besseren Zustand sein als je zuvor.

Was ist Osmose?

Gelcoat ist nicht vollkommen wasserdicht, deshalb können Wassermoleküle bis zum GFK durchdringen. Wenn sich im Inneren des Laminats Hohlräume befinden, bilden sich dort Säuren, die einen starken Druck nach außen ausüben. Dadurch entstehen kleine Blasen unter dem Gelcoat. Wenn diese nicht beseitigt werden, wird die GFK-Struktur stark geschwächt. Häufig sind Flächen am Unterwasserschiff und am Wasserpass befallen.

Diagnose von Osmose

Erhöhte Werte beim Messen der Feuchtigkeit im Rumpf sind noch kein sicheres Zeichen für Osmose. GFK-Rümpfe nehmen immer etwas Wasser auf. Aber Blasen deuten auf Osmose hin. Wenn man sie aufsticht (Schutzbrille tragen!) und eine säuerlich riechende Flüssigkeit austritt, ist es höchstwahrscheinlich Osmose, und man sollte einen Sachverständigen zurate ziehen.

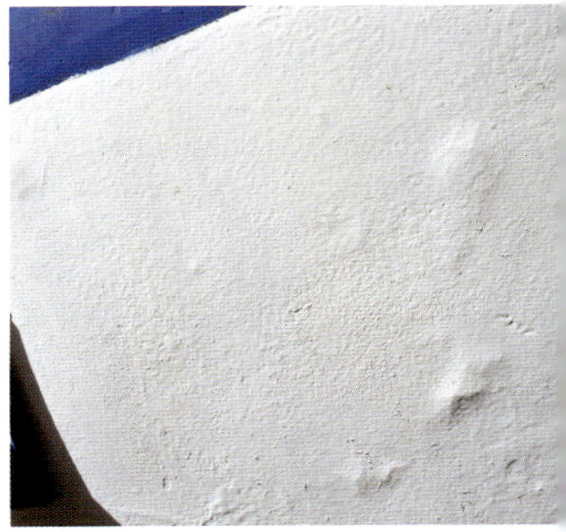

Vor einer genauen Untersuchung kann man nicht sagen, ob es sich um Farb- oder Osmoseblasen handelt.

Dieses Bild zeigt zweierlei: Osmose ist kein Todesurteil, nach der Sanierung sieht diese Yacht so gut wie neu aus. Und: Diese Abstützung der Yacht ist mangelhaft und lebensgefährlich! Nur mit festen Lagerböden aus Stahl arbeiten.

Lokale Blasen

Kleine Blasennester kann man aufstechen. Dann das lose Gelcoat entfernen und die Stellen mit viel Wasser auswaschen. Dabei sicherstellen, dass alle beschädigten Teile entfernt werden. Nach vollständiger Austrocknung die Löcher mit GFK-Spachtel auffüllen (siehe S. 66/67).

Die mit einem Feuchtigkeitsmessgerät ermittelten Werte kann man mit denen von trockenen Bereichen des Rumpfes vergleichen.

Behandlung großer Rumpfflächen

Um alle delaminierten Bereiche freizulegen, muss man zuerst das Gelcoat abtragen. Das funktioniert am besten mit einem Elektrohobel. Etwas Erfahrung im Umgang mit dem Gerät ist unabdingbar, sonst könnte das darunterliegende GFK beschädigt werden. Sitzt die Osmose schon im Gewebe, muss auch das entfernt und anschließend eine neue Gewebelage auflaminiert werden. In diesem Fall sollten Sie professionelle Hilfe zurate ziehen. Sobald alle kritischen Stellen restlos entfernt sind, gehen Sie wie folgt vor:

- Unmittelbar nach dem Schälen des Gelcoats die abgehobelten Flächen mit Frischwasser auswaschen. Mit Dampfstrahlen kann man noch wirkungsvoller sämtliche säurehaltigen Substanzen entfernen.
- Lassen Sie das alte Gewebe gut austrocknen. Das Ziel ist, den Feuchtigkeitsgehalt so weit wie möglich zu senken. Sie können diesen Prozess auch mit Heizstrahlern oder Infrarot beschleunigen. Überprüfen Sie regelmäßig das Ergebnis mit einem Feuchtigkeitsmessgerät.
- Tragen Sie zwei Schichten Zwei-Komponenten-Epoxid-Primer auf.
- Rillen und Riefen mit Epoxidfüller glätten und schleifen, bis alle Unebenheiten beseitigt sind. Dann mit einer Straklatte kontrollieren.
- Schließlich Antifouling-Primer und Antifouling auftragen.

Hier wurde eine Osmoseblase gründlich abgetragen.

Wenn alle GFK-Stellen trocken und frei sind, Epoxid-Spachtel auftragen und schleifen.

Reparatur eines Schwertkastens

Ein Schwertkasten aus GFK leckt nicht – es sein denn, das Wasser dringt durch das Schwertbolzenlager oder durch die Hebemechanik. Bei Holzyachten leckt es häufig an der Verbindung zwischen Schwertkasten und Rumpf. Eine Demontage ist vor der Reparatur erforderlich.

Schwertkasten

Die Kräfte, die auf einem Schwertkasten wirken, sind sehr groß. Die Struktur muss deshalb so stark sein, dass sich der Kasten nicht verformt oder bewegt. Wenn ein Leck auftritt, sollten Sie es nicht nur abdichten, sondern gleichzeitig auch die Struktur verstärken.

Schwertkästen in GFK-Rümpfen

Abhängig von der Bauart der Rümpfe, wird der Kasten mit einlaminiert oder er besteht aus zwei Hälften, die nachträglich einlaminiert werden. Ausreichende Festigkeit und Dichtigkeit sind dabei obligatorisch.

Bei fast allen GFK-Yachten mit Schwertkästen sind diese versteckt im Salon eingebaut. Wenn es hier zur Leckage kommt, kann man den Weg des Wassers nur schwer verfolgen, weil es vom Schwertkasten in die Bilge sickert. Glücklicherweise sind diese Fälle bei gut gebauten Yachten eher selten.

Schwertkästen in Holzrümpfen

Der Kasten wird aus einzelnen Holzteilen verleimt und verschraubt.

Wenn an solchen Abdeckplatten Leckagen auftreten: abschrauben und neu eindichten.

Dann wird er auf das Kielschwein montiert – mithilfe flexibler Dichtungsmasse und Bolzen. Holz dehnt sich aus und schrumpft wieder, und die Dichtungsmasse kann aushärten. Alle Holzboote sind mehr oder weniger leckfrei im Wasser, es sei

Oft befindet sich über dem Schwertkasten ein Inspektionsfenster. Falls es leckt, muss es ausgebaut und neu eingedichtet werden.

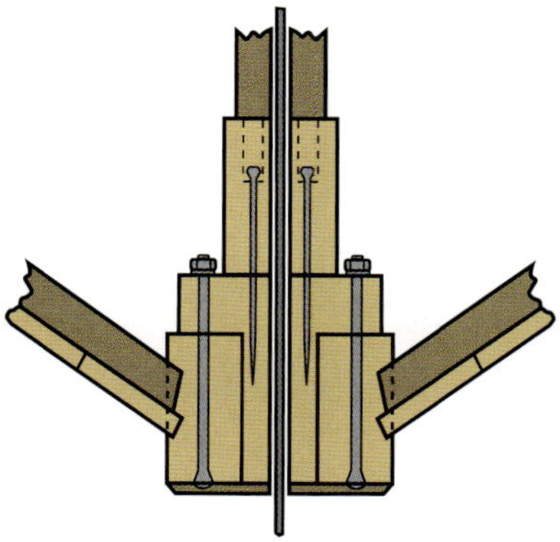

Der Kielkasten eines Vollholzschiffes wird aus vielen Komponenten aufgebaut, die ihn gemeinsam wasserdicht machen.

Diese Hebevorrichtung ist oben offen. Weil sie sich im Cockpit befindet, fließt bei einer Leckage das Wasser aber direkt durch die Lenzer nach draußen.

denn, sie liegen überwiegend am Strand. Boote aus formverleimtem Holz sind weniger anfällig. Vorausgesetzt, dass die Struktur stimmt, können kleine Lecks am Schwertkasten toleriert werden, denn eine Sanierung ist aufwendig. Mit Dichtungsmasse kann das Leck vorübergehend abgedichtet werden.

Aus- und Einbau eines Schwertkastens

- Das Schiff an Land aufpallen, Schwert ausbauen.
- Störende Möbel, Versteifungen und Innenschalen abnehmen.
- Alle Verschraubungen zwischen Schwertkasten und Rumpf lösen.
- Dichtungsmasse entfernen.
- Schwertkasten herausheben.
- Auflageflächen zwischen Kasten und Rumpf säubern.
- Frische Dichtungsmasse auftragen und Schwertkasten aufsetzen.
- Verstrebungen und Verkleidungen wieder einbauen.

Lecks am Schwertbolzen und an der Liftmechanik

Der Schwertbolzen kann über oder unter der Wasserlinie oder sogar unterhalb des Rumpfes sitzen. Wenn er sich im Rumpf befindet, gibt es dort auch passende Abdeckplatten, deren Dichtungen im Falle eines Lecks erneuert werden müssen.

Die Schwerttalje ist in der Regel deutlich oberhalb der Wasserlinie montiert, dennoch kann hier während des Segelns etwas Wasser hochspritzen. Der Kasten für die Schwerttalje sollte deshalb ebenfalls gut abgedichtet sein. Bei jeglicher Leckage muss die Dichtung erneuert werden.

Bei einigen Kielschwertbooten sitzt der Bolzen außen am Kiel, sodass es keine Probleme mit Leckagen gibt.

Holzteile reparieren und ersetzen

Holzteile im Boot können beschädigt werden oder ihren alten Glanz verlieren. In beiden Fällen wirkt ein eigentlich schönes Boot ungeliebt. In der Regel ist es aber recht einfach, das Holz zu restaurieren oder zu erneuern. Der Aufwand lohnt sich.

Reparieren oder erneuern?

Eine Menge Überlegungen stehen an, wenn man sich entscheiden will, ob das Holzteil repariert oder erneuert werden soll:

- Erfüllt das Teil noch seinen Zweck? Die Festigkeit einer kleinen Fußleiste ist nicht so entscheidend, die Funktion des Handlaufes schon.
- Ist es nur kosmetisch, wie bei einem Waschtisch, oder strukturell wichtig, wie zum Beispiel bei der Niedergangstreppe?
- Wenn repariert, wird das Teil wieder so fest wie das Original?
- Wird die Reparatur gut aussehen?
- Kann die Reparatur einfach ausgeführt werden, oder muss man viel um- oder ausbauen?
- Ist neues Holz für dieses Bauteil eventuell zu teuer?

Viele Yachten haben einen Holzausbau im Salon, und ein Schaden fällt sofort ins Auge.

Reparatur eines Handlaufes

Wenn der Handlauf gerissen ist, sollte er lieber erneuert werden. Das ist die günstigste und schnellste Methode, weil Schiffsausrüster Handläufe in verschiedenen Größen und Holzarten anbieten. Der alte Handlauf wird abgeschraubt, der neue aufgeschraubt, und die Schraubenlöcher werden mit Pfropfen geschlossen. Risse im Holz kann man nur sicher neu leimen, wenn man es umgehend erledigt. Dazu die Risse mit einem Keil aufweiten und wasserfesten Bootsleim eingeben. Danach den Keil entfernen und die Holzteile mit einer Zwinge zusammenpressen. Eine Schraube zusätzlich ist hilfreich. Dann mit einem Pfropfen den Schraubenkopf verdecken.

Reparatur eines Bauteils aus Holz

Falls es sich nicht um eine strukturelle Reparatur handelt, ist der Einbau eines neuen Holzteils nicht schwierig. Es sind nur Sorgfalt und Geduld gefragt.

- ✪ Mit einer feinen Holzsäge (Japansäge) auf jeder Seite der Schadstelle einen rechtwinkligen Schnitt machen, damit das Holzteil entfernt werden kann.
- ✪ Das Holz mit einem scharfen Stecheisen zwischen den beiden Schnitten heraustrennen und die Schnittkanten glätten. Dann jede Seite schwalbenschwanzförmig einschneiden.
- ✪ Ein neues, passgenaues Stück Holz anfertigen, ebenfalls mit Schwalbenschwanz.
- ✪ Das neue Stück mit wasserfestem Bootsleim einsetzen und fixieren.
- ✪ Nach dem Abbinden das neue Holzteil mit Schleifpapier exakt der Oberfläche anpassen.

Reparatur eines flachen Stoßschadens

Flache Stoßschäden kann man oft mit heißem Wasser beseitigen, das die Fasern wieder aufquellen lässt. Eine Methode: Das Bauteil mit einem Tuch abdecken und mit kochendem Wasser übergießen. Man kann es aber auch mit einer Heißdampfpistole versuchen. Dabei wird der Dampf mit einem Lappen oder einer Holzbox am Bauteil gehalten. Vorsicht vor Verbrühungen!

Reparatur eines defekten Handlaufes

1 Bohren Sie den Holzpfropfen auf, und entfernen Sie die Befestigungsschraube.

2 Neu verleimt und neu befestigt: Schnellspanner mit Kunststoffbacken halten das Teil, ohne es zu beschädigen.

3 Der überstehende Teil des Pfropfens wird mit dem Stecheisen eingekürzt. Setzen Sie dort an, wo die Jahresringe dicht am Werkstück sind.

4 Den Rest mit einem Deltaschleifer oder Schleifblock einebnen – je nach Optik und Holzart wachsen, ölen oder lackieren.

Erneuerung von rutschfesten Decks

Decks können sehr glatt sein, besonders in nassem Zustand. Deshalb formen die Hersteller Strukturen in die Decksoberfläche. Einige sind griffiger, andere weniger, aber im Laufe der Jahre verlieren alle ihre erforderliche Rutschfestigkeit.

Bei kleinen und gerundeten Flächen mit dem Pinsel arbeiten.

Strukturierte Decks

Das ist die einfachste Methode für den Hersteller: Die Decksstruktur wird direkt beim Laminieren von der Negativform übernommen. Die Struktur fällt optisch kaum auf. Im Laufe der Jahre werden die zunächst scharfen Konturen vom Betreten und Schrubben mit Scheuermitteln aber immer runder, und die Haftung verliert sich mehr und mehr. Eine solche Decksstruktur kann nur schwer wieder rutschfest gemacht werden. Die beste Lösung: Man streicht das Deck mit rutschfester Spezialfarbe oder beklebt es mit Decksbelägen (siehe S. 75).

Rutschfest lackierte Decks

Sie sind rutschfester als eingeformte Decksstrukturen, aber teurer in der Herstellung. Außerdem sind sie oft nicht so attraktiv, und der Lack muss gelegentlich aufgefrischt werden. Um die Oberfläche zu erneuern, gehen Sie wie folgt vor:

- Entfernen Sie so viel wie möglich von den alten Belägen und Kleberesten. Die ausgehärteten Farben und Kleber können nur mit gutem Schleifpapier und einem Exzenterschleifer abgetragen werden – keine Flex ober Schleifteller verwenden, damit kommt man zu leicht in das untere Gewebe. Aus Sicherheitsgründen immer die Ränder der zu schleifenden Flächen mit dickem Tape abdecken.
- Sicherheitshandschuhe anziehen und die gesamte Fläche mit Azeton entfetten.
- Mit Tape die Ränder der zu streichenden Flächen abkleben.

Große, ebene Flächen am besten mit einer Rolle streichen. Das Abdeckband sofort nach dem Farbauftrag entfernen.

- Decksfläche streichen und danach gleichmäßig Spezialsand aufstreuen. Achtung: Mischen Sie den Sand nicht in die Farbe! Der Sand würde absacken und es würde ein ungleichmäßiger Anstrich entstehen.
- Nach dem Trocknen der Farbe den überschüssigen Sand abbürsten.
- Danach erneut einen Anstrich auftragen, aber keinen Sand mehr streuen.

Rutschfester Decksbelag

Zweifellos ist ein Teakdeck die rutschfesteste Oberfläche. Es hält 20 Jahre und länger, ist aber teuer und zeitraubend beim Verlegen. Einige Teakdecks bekommen mit der Zeit einen Grauschleier, sind schlecht zu reinigen, und an den Kanten hebt sich das Holz. Da hilft auch kein Nachkleben, weil man die Klebeflächen schlecht reinigen und vorbereiten kann. Möchte man aus Kostengründen kein neues Teakdeck legen lassen, kann man stattdessen rutschfeste Platten nehmen. Dazu zunächst alle alten Beläge entfernen, das Deck sehr gründlich schleifen und die vorhandenen Löcher mit Epoxid abdichten. Mit einem Exzenterschleifer erzielt man gute Ergebnisse. Vorsicht: nicht ins Gewebe schleifen! Flächen, die nicht beklebt oder gestrichen werden sollen, werden sicherheitshalber mit Tape abgeklebt.

Auswechseln von rutschfesten Belägen

Mithilfe einer Schablone übertragen Sie die Maße der Fläche und schneiden den neuen Belag mit einem Cutter aus.

Bestreichen Sie die Fläche mit geeignetem Klebstoff. Nicht zu große Flächen auf einmal vorbereiten und gut lüften!

Legen Sie das neue Stück an einer Seite an und rollen Sie es aus. Drücken Sie es dann mit einer Scheibenrolle an.

Entfernen Sie gleich nach dem Verlegen Klebereste mit Lösungsmittel, und ziehen Sie das Abdeckband ab.

Reparatur von Teakdecks

Viele GFK-Yachten haben Teakdecks. Im Laufe der Zeit zeigen sich jedoch Gebrauchsspuren. Fugen gehen durch Hochdruckreinigung auf, Stäbe kommen hoch und Pfropfen fallen heraus.

Undichte Fugen sofort abdichten, damit keine Feuchtigkeit unter die Stäbe gelangt.

Wie wird ein Teakdeck verlegt?
Teakstäbe werden mit Vergussmasse auf einem GFK-Deck oder auf einem Sperrholzunterbau verlegt. Die Stäbe sind entweder verschraubt oder seitlich geklammert. Üblicherweise haben die Stäbe einen Flansch, der die Fuge bildet. Diese wird mit Vergussmasse geschlossen.

Was kann schiefgehen?
Wenn der Eigner sein Teakdeck über Jahre immer in Faserrichtung schrubbt, wird viel Substanz vom Holz abgetragen. Deshalb sollte man Teakdecks vorsichtig mit weicher Bürste oder einem Schwamm quer zur Faserrichtung reinigen. Es sollte regelmäßig mit Salzwasser gewaschen werden, um Algen und Austrocknen zu verhindern. Im Laufe der Zeit können die Nähte und Fugen aufgehen, und Wasser gelangt unter die Stäbe. Das Holz verfällt dann von unten. Es können auch Pfropfen herausfallen, weil zu viel Holz abgetreten oder abgeschliffen wurde.

Ein Teakdeck sieht gut aus. Um es dauerhaft zu erhalten, muss es aber aufwendig gepflegt werden.

Nähte neu verfugen
Zunächst einmal: Deck wässern und wieder trocknen lassen. Überall dort, wo der Trocknungsprozess verzögert einsetzt, ist die Vergussmasse in den Nähten defekt. Kleine Schäden kann man ohne teures Spezialwerkzeug reparieren:

- Schneiden Sie mit einem Teppichmesser (siehe S. 17) jeweils 50 mm von der schadhaften Stelle entfernt diagonal durch die Masse.
- Achten Sie dabei darauf, nicht in das Holz zu schneiden. Die Klinge an der Kante voll anliegen lassen.
- Trennen Sie mit einem Stecheisen in Fugenbreite die Vergussmasse vom Grund.

Will man lange Fugen erneuern, lohnt sich die Anschaffung eines Elektrowerkzeuges (Multitool) mit einem Blatt in Fugenbreite oder eine passende Oberfräse. Damit können die Fugen sauber und vollständig ausgefräst werden. Wenn man sich keine Anschlagsleisten setzt, ist für diese Arbeit viel Übung erforderlich. Bei kleineren Schäden kann man sich eine alte Feile exakt auf Fugenbreite schleifen und am vorderen Ende eine hakenförmige Schneide anschleifen. Mit diesem Werkzeug kann man die Vergussmasse vom Fugengrund abziehen.

Holzpfropfen erneuern

- Das Loch muss aufgebohrt werden. Das funktioniert nicht mit einem normalen Bohrer, weil seine Spitze auf die Schraube treffen würde. Nur mit einem Spezialholzbohrer kommt man weiter. Besser: eine dünne Bohrung in Pfropfenmitte, eine Holzschraube eindrehen und dann den Pfropfen »ziehen«.
- Sobald der Pfropfen draußen ist, das Loch mit Azeton auswaschen.
- Danach Epoxidkleber in das Loch geben, den Pfropfen in Faserrichtung ansetzen (nicht verkanten) und einschlagen.
- Wenn das Epoxid ausgehärtet ist, den Pfropfen kürzen und glattschleifen.

Vergussmass ersetzen

Schneiden Sie auf jeder Seite der Reparaturstelle diagonal durch die alte Vergussmasse und entfernen Sie sie.

Reinigen Sie die Fuge vorsichtig mit einem Stecheisen und anschließend mit Azeton.

Füllen Sie langsam und gleichmäßig die Fuge auf. Passen Sie auf, dass sich dabei keine Blasen bilden.

Entfernen Sie überschüssige Masse, bevor sie antrocknet, mit einem Stahlschaber, und ziehen Sie das Klebeband ab.

Holzarbeiten

Für viele Leute ist die Arbeit mit Holz sehr erholsam. Man muss nicht hetzen, und die schönen Resultate zeugen von den eigenen Fähigkeiten. Die Arbeit erzeugt ein hohes Maß an Zufriedenheit.

Handwerkliche Fähigkeiten

Es lohnt sich, ein paar Techniken an altem Holz zu üben, bevor man die eigentliche Arbeit startet. Wichtig sind Grundkenntnisse in der Benutzung von Fuchsschwanz, Hobel und Stecheisen.

Immer das Werkstück fest einspannen. Hier wird ein mobiler Werktisch genutzt.

Fuchsschwanz

- Zeichnen Sie die Schnittlinie mit einem scharfen Messer an; das verhindert Absplitterungen.
- Spannen Sie das Holz fest ein, am besten in einer Werkbank.
- Benutzen Sie eine Säge mit feinen Zähnen. Langsam und sorgfältig auf der markierten Seite sägen.
- Sägen Sie nicht über das Ende der angerissenen Linie hinaus.

Hobel

- Verwenden Sie das richtige Werkzeug: einen Langhobel für ebene Flächen, einen Kurzhobel für Rundungen.
- Befestigen Sie das Werkstück, und stellen Sie sicher, dass eine ebene Fläche eingehalten wird.
- Behalten Sie beide Hände am Hobel, und bewegen Sie ihn auf der Arbeitsfläche gleichmäßig vor und zurück.
- Wenn die Faser nicht parallel zur Kante liegt, so arbeiten, dass die Faser nicht hochreißen kann. Das Blatt darf nicht in die Faser eintauchen und stocken. Einige Harthölzer wechseln ihre Faserrichtung. Dann müssen Sie eventuell auch die Schnittrichtung ändern.

Stecheisen

- Markieren Sie den Arbeitsbereich akkurat mit einem scharfen Messer.
- Stellen Sie sicher, dass das Stecheisen scharf ist.
- Spannen Sie das Werkstück fest ein.
- Setzen Sie die Schneide auf der richtigen Seite nahe des Anrisses an das Holz. Treiben Sie mit dem Schlagwerkzeug das Stecheisen vorsichtig in das Holz.
- Wenn das meiste Holz entfernt ist, setzen Sie direkt auf den Anrisslinien an und heben den letzten Span ab.

Holzleim

Achten Sie beim Bootsbau auf den richtigen Leim. Im Außenbereich nur Leime entsprechend AW 100 verwenden. Das sind sogenannte Resorcinharzleime. Für innen reicht die Verleimung mit der Bezeichnung »wasserfest«. Für außen sind nur »kochwasserfeste« Verbindungen zu empfehlen. Beachten Sie die Sicherheitsvorschiften und Verarbeitungshinweise.

Der »wasserfeste« Leim sollte nur unter Deck verwendet werden. Die Bauteile müssen aneinandergepresst werden. Leim überwindet keine Unebenheiten, daher müssen die aufeinandertreffenden Flächen eben sein. Bei der Verwendung von Epoxidklebern kann man Unebenheiten ausgleichen, indem man entsprechende Füllmittel wie zum Beispiel Mikroballons in das Epoxid einrührt. Dann wird der Kleber pastös und füllt Lücken aus. Anpressen ist aber auch hier unumgänglich. Holzstaub kann ebenfalls zum Andicken von Epoxidkleber genommen werden, dadurch wird die Klebefuge optisch unauffälliger.

Anpressen

Bei einer Verleimung müssen, während der Kleber trocknet, die Werkstücke aneinandergepresst werden. Man kann auch mit Spannschrauben arbeiten. Wenn man Klemmzwingen verwendet, dürfen diese nicht zu stark angezogen werden, und die Auflageflächen sollten geschützt werden, damit keine Druckstellen entstehen.

Bei der Arbeit mit dem Stecheisen muss das Werkstück sehr fest eingespannt sein. Achten Sie auf Ihre Hände!

Zwei Holzteile zusammenleimen

1 Stellen Sie sicher, dass die Oberflächen sauber und trocken sind. Tragen Sie den Kleber auf und verteilen Sie ihn mit einem Spachtel oder Pinsel.

2 Die meisten Klebstoffe werden nur auf eine Oberfläche aufgebracht – beachten Sie die Herstellerangaben! Fügen Sie anschließend beide Teile zusammen.

3 Wenn Sie keine Schrauben zur Fixierung verwenden möchten, setzen Sie Schraubzwingen oder Klemmen ein.

Reparatur von Verbindungselementen

Die Planken traditioneller Schiffe sind meistens mit Schrauben oder Nägeln aus Stahl an den Spanten befestigt. Wenn diese Verbindungselemente rosten und wegbrechen, können sich die Planken lösen.

Rostige Verbindungen entdecken

Die Schrauben sitzen gewöhnlich tief versenkt in der Planke, sodass ihre Köpfe nicht aus dem Rumpf herausragen. Sie sind mit Holzpfropfen (zirka 8 mm tief) abgedeckt. Wenn so eine Schraube rostet, vergrößert sich der Kopf, und eventuell wird der Holzpfropfen hochgedrückt. Anzeichen dafür sind Rostspuren, die am Rumpf herunterlaufen. Sieht man mehrere Roststellen, sollte man gleich alle Schrauben austauschen. Je früher, desto besser.

Alte Verbindungen entfernen

Das ist eine knifflige Angelegenheit. Je früher man anfängt, desto größer sind die Chancen, dass die Schraubenköpfe noch nicht durch den Rost zerstört sind. Zunächst wird der alte Pfropfen entfernt. Steht der Pfropfen ein wenig vor, hat die Korrosion schon begonnen.

- Bohren Sie ein kleines Loch in die Mitte des Pfropfens, und stoppen Sie sofort, wenn der Bohrer auf die Schraube trifft. Bohrerdurchmesser = halber Pfropfendurchmesser.
- Drehen Sie eine Schraube in den Pfropfen und ziehen Sie daran. Mit Glück bekommt man so den gesamten Pfropfen heraus, und die Schraube liegt frei.
- Reinigen Sie den Schraubenschlitz gründlich, damit der Schraubendreher gut greifen kann.
- Verwenden Sie einen exakt passenden Schraubendreher. Mit einem leichten Schlag auf den Schraubendreher den Rost ein wenig lösen und dabei nicht den Schraubenkopf beschädigen.
- Drehen Sie mit sehr hohem Druck auf den Schraubendreher die Schraube heraus.

Vor der Planung weiterer Schritte muss dieser Rumpf zunächst gründlich gereinigt werden. Dann folgt die Inspektion.

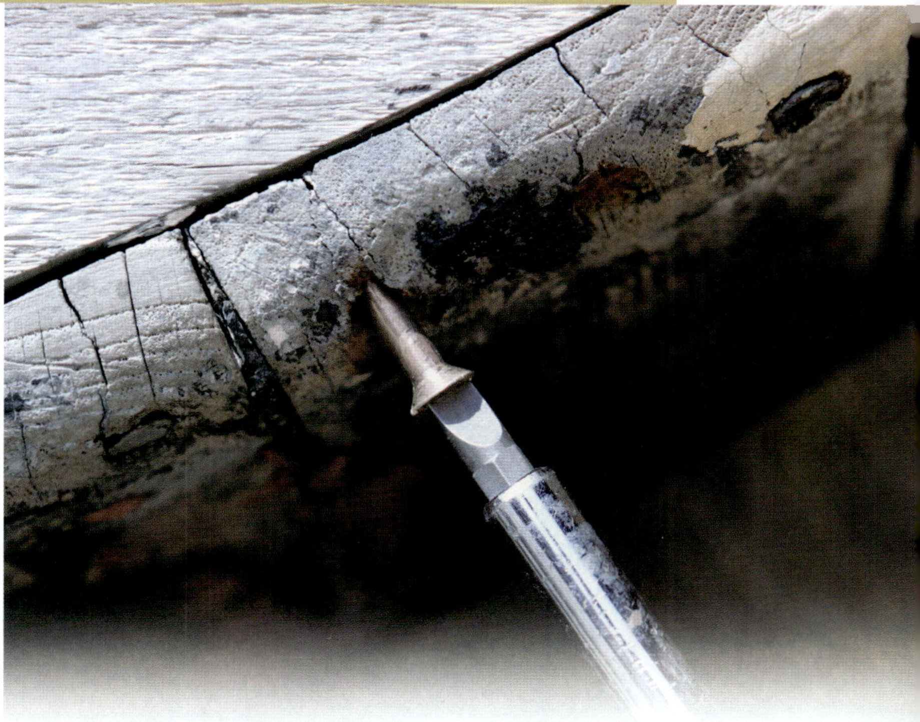

Der alte Nagel kann durch eine Schraube aus Edelstahl oder Bronze ersetzt werden. Dadurch werden Reparaturen in Zukunft einfacher.

Wenn die Schraube bricht

Das Ausbohren der alten Schraube ist oft leichter gesagt als getan. Zunächst körnt man die Mitte des Schraubenkopfes an. Dann vorsichtig mit halbem Schraubendurchmesser ein Loch bohren. Anschließend wird mit einem zweiten Bohrer mit Schraubendurchmesser der Rest ausgebohrt. Dabei kann es leicht passieren, dass der Bohrer seitlich auswandert. Falls es so weit kommt, muss später die Schadstelle im Holz mit Epoxid aufgefüllt werden.

Alternativ kann man die alte Schraube auch dort lassen, wo sie ist, und in der Nähe eine neue anbringen. Aber achten Sie darauf, dass der Spant darunter genau getroffen wird. Notfalls setzt man eine Pilotbohrung von innen nach außen.

- Die neuen Schrauben sollten aus Edelstahl oder Marine-Bronze hergestellt sein.
- Bohren Sie mit dem Durchmesser des Holzpfropfens vor.
- Bohren Sie mit dem Durchmesser der Schraube weiter. Nutzen Sie einen Tiefenanschlag, um nicht in den Rahmen zu bohren.
- Bohren Sie ein Loch mit dem Durchmesser des Schraubenkerns in den Rahmen. Verwenden Sie den Tiefenanschlag.
- Drehen Sie die neue Befestigungsschraube ein.
- Kleben Sie einen Pfropfen ein und schleifen Sie die Oberfläche.

Eine Plankenverbindung erneuern

Nägel sind schwer zu entfernen. Zunächst ein kleines Loch in den Nagelkopf bohren.

Jetzt eine selbstschneidende Schraube eindrehen und mit dem Nagelhammer den Nagel herausziehen.

Dieser Bronzenagel zeigt Zeichen von Korrosion, ist nun pinkfarben und muss ausgetauscht werden.

Passstücke bauen und einsetzen

Wenn man verrottetes Holz am Rumpf entdeckt, ist das immer schlecht. Anstatt gleich die ganze Planke zu wechseln, reicht es manchmal aber aus, ein Passstück in den betroffenen Bereich einzusetzen.

Verrottetes Holz finden

Wenn der Lack Blasen wirft, sich verfärbt oder abblättert, könnte das Holz darunter verrottet sein. Die Veränderungen können aber auch auf Feuchtigkeit hinweisen. Schlagen Sie mit einem Kunststoffhammer leicht auf die Stelle. Wenn das Holz weich ist, hören Sie einen anderen Ton als auf festen Bereichen. Oder Sie prüfen die Härte mit einem scharfen Werkzeug. Das Holz des Rumpfes kann von innen und von außen verrotten – innen vor allem dort, wo sich Wasser ansammelt.

Verrottetes Holz heraustrennen

Man sollte so wenig wie möglich heraustrennen, auch wenn alte Salzbuckel gleich die ganze Planke erneuern würden. Wenn die Schadstelle überschaubar und die Planke nicht in voller Tiefe betroffen ist, kann man gut flicken. Nur wenn zu viele Holzstücke ausgetauscht werden müssen, sollte man umplanken. Liegt die verrottete Stelle im Bereich von Beschlägen, sitzt die Feuchtigkeit meist tiefer, und der Schaden lässt sich mit dem Einsatz eines Passstückes kaum beheben.

- Überprüfen Sie, wie groß der verrottete Bereich ist.
- Zeichnen Sie mit einem Marker die Umrisse auf der Planke an.
- Ziehen Sie die Außenlinien mit einem Messer am Lineal nach. Dann ausstemmen.

Wenn das verrottete Stück klein ist, kann man ein Passstück einsetzen, anstatt die ganze Planke auszuwechseln.

Das Passstück ist eingesetzt. Nach einiger Zeit muss eventuell trotzdem die ganze Planke ausgewechselt werden.

Herstellung des Passstückes

- Messen Sie die Tiefe des Lochs, das Sie mit dem Stecheisen geschnitten haben.
- Fertigen Sie ein Stück passendes Holz gleicher Güte an, das etwas dicker als die Ausschnitttiefe ist.
- Formen Sie die äußeren Konturen des Stückes zunächst etwas größer als den Ausschnitt. Dann am Loch in der Planke genau anpassen. Passstücke sind in der Regel trapezförmig. Ein Quadrat täte es auch, sieht aber nicht so gut aus.

Ansetzen des Passtückes

- Legen Sie das Passstück an und zeichnen Sie die Konturen mit einem scharfen Messer nach. Stellen Sie sicher, dass die gesamte Schadstelle abgedeckt wird.
- Entfernen Sie das verrottete Holz innerhalb der Anzeichnung/des Anrisses mit dem Stecheisen. Exakt rechtwinklige Schnittkanten sind wichtig. Und auf gleichmäßige Tiefe achten!
- Drehen Sie als Handgriffe zwei kleine Schrauben in das Passstück.
- Setzen Sie mit angedicktem Epoxidharz das Passstück ein und drehen Sie die Schrauben heraus, damit das Epoxid auch dorthin gelangt.

Abschlussarbeiten

Wenn das Harz vollständig ausgehärtet ist, ebnen Sie die Überstände mit dem Schleifbrett ein.

Einsetzen des Passstückes

Sägen Sie ein passendes Stück Holz aus. Gerade Kanten vereinfachen den Einbau.

Stemmen Sie die verrotteten Holzteile entsprechend dem Einsatzstück aus.

Kleben Sie das Passtück ein. Kräftig andrücken, damit es gut sitzt.

Wenn das Exopid ausgehärtet ist, kann die Fläche eingeebnet werden.

Kalfatern

Die Planken eines karweel gebauten Holzbootes sind in der Regel nicht verleimt. Eine flexible Dichtung in den Fugen verhindert, dass Wasser zwischen den Planken eindringt. Von Zeit zu Zeit muss diese Dichtung ersetzt werden.

Ein Profi hat für die verschiedenen Anwendungen verschiedene Hämmer.

Wie erkennt man, wann nachkalfatert werden muss?
Wenn sich die Dichtung öffnet oder bricht, wird es Zeit, sie zu untersuchen. Denn nun kann Wasser eindringen, und das Holz könnte verrotten. Einmal geöffnet, sollte die Fuge nachkalfatert werden.

Entfernen des alten Wergs
Große Vorsicht ist beim Entfernen geboten, damit nicht das Holz beschädigt wird. Schlechte Werkzeuge machen mehr kaputt als notwendig. Ein gutes Rak-Werkzeug hat einen langen Handgriff und kann mit dem Hammer getrieben werden. Das Ziel ist, das alte Werg vollständig zu entfernen, ohne es nach innen zu treiben. Nur so viel herausholen, wie man sofort nachschlagen kann. Offene Fugen trocknen schnell aus und weiten sich. Das kann zu Problemen nach dem Einschlagen des neuen Wergs führen. Also nicht zu lange warten!

In gleichmäßigem Rhythmus wird der Strang eingeschlagen.

Neukalfatern der Fuge

Zum Kalfatern wird entweder Baumwolle oder geteertes Werg genutzt, letzteres vorzugsweise für breitere Fugen. Es gibt weltweit unterschiedliche Techniken, und Amateure machen es anders als Profis. Die unten beschriebene Vorgehensweise ist nicht der einzige Weg, aber hilfreich für den Hobbybootsbauer:

- Zunächst Baumwollstränge anfertigen, die die Fuge füllen sollen.
- Diese Stränge werden von Hand oder mit einem Akkuschrauber verdrillt.
- Die Baumwollstränge sauber halten und in einer Box trocken aufbewahren.
- Die Stränge mit einem ölhaltigen Primer tränken.
- Drücken Sie den Strang in die Fuge, und verdichten Sie den Strang mit einem Kalfateisen und einem Hammer.
- Mit einem Spezialeisen mit Hohlkehle wird der Baumwollstrang nochmals verdichtet.
- Zunächst nur die halbe Tiefe der Fuge bestücken, danach eine zweite Lage einbringen.
- Nochmals den Strang mit ölhaltigem Primer tränken.
- Bevor der Primer ganz getrocknet ist, die Fuge mit rotem Kitt und einem Kittmesser verschließen. Manche Hobby-Bootsbauer verwenden Leinöl und ein wenig Fett, damit der Strang leichter in die schmale Fuge rutscht.
- Das Kittmesser mit Leinöl einreiben, der Fuge folgen und die Fugenmasse glätten.

Der Strang wird entweder von Hand oder mit dem Akkuschrauber aus einzelnen Schnüren verdrillt.

Kalfatern einer Fuge

Wenn einige Baumwolle eingeschlagen ist, mit dem Eisen nachsetzen und weiter in die Fuge drücken.

Zunächst mit dem Kalfateisen, dann mit einem Spezialeisen das Material weiter verdichten.

Zu Wasser bringen

Nach dem Kalfatern trocknen die Planken kontinuierlich aus und schrumpfen. Man sollte daher mit dem Lackieren der Außenhaut und dem Zuwasserlassen des Bootes nicht zu lange warten.

Sanierung eines Teakdecks

Normaler Verschleiß und Abnutzung, hervorgerufen durch übereifrige Reinigung, können eine Sanierung des Decks erfordern. Anschließend sieht es wieder gut aus und es kann kein Wasser eindringen.

Wann muss geschliffen werden?

Wenn das Deck immer kräftig in Faserrichtung geschrubbt wurde und nicht kreisförmig oder in Form einer Acht, sind die weichen Fasern herausgelöst. Dadurch entstehen tiefe Rillen, und das Deck muss geschliffen werden. Wenn auch die flexible Dichtung zwischen den Hölzern in Mitleidenschaft gezogen wurde, sollte man sie erneuern.

Wann immer Sie eine Ablösung zwischen Holz und Dichtungsmasse entdecken, sollten Sie umgehend handeln, damit kein Wasser eindringt, was das Holz von innen zerstören könnte.

Verschiedene Werkzeuge können zum Einsatz kommen, um das alte Dichtmaterial zu entfernen – auch Hammer und Stecheisen.

Mit Teer und Pech abdichten

Auf Traditionsseglern wird teilweise Teer und Pech als Dichtungsmaterial verwendet. Es wird insbesondere für flache horizontale Decks, auf denen lange Wasser stehen kann, genutzt. Man kann aber auch moderne, chemische Produkte einsetzen, die leichter zu verarbeiten sind.

Schleifen des Decks

Entfernen Sie alle störenden Beschläge. Mit einem Bandschleifer arbeiten Sie am effektivsten, aber achten Sie darauf, dass Sie nicht mehr Holzsubstanz abtragen als unbedingt notwendig. Auch ein Schleifgerät für Holzböden eignet sich, wenn genug Platz dafür vorhanden ist. Wenn Schraubenköpfe hochgekommen sind, diese unbedingt vor dem Schleifen entfernen.

Schrauben entfernen

Wenn Schrauben entfernt werden müssen, gehen Sie so vor:

- Mit einem Körner die Mitte des Pfropfens markieren.
- Mit einem Zentrierspitzenbohrer den Pfropfen ausbohren.
- Sofort stoppen, wenn die Spitze auf den Schraubenkopf trifft.
- Das Bohrloch ausblasen und mit einem passenden Schraubendreher die Schraube herausdrehen. Die Senkbohrung leicht vertiefen und eine verkürzte Schraube mit Spezial-Flachkopf (aus dem Boots-Fachhandel) einsetzen.

Ein Bandschleifer nimmt viel Substanz ab – daher vorsichtig vorgehen.

Fugen nachschneiden

Mit einer Oberfräse kann man eine Fuge am einfachsten nachschneiden. Am besten arbeitet man mit einer Anschlagsleiste, an der die Oberfräse geführt wird. Zirka 5 bis 6 mm sollte die Fuge tief sein.

Fugen neu abdichten

Wenn alle Riefen abgeschliffen sind, sollte die Fugenmasse zwischen den einzelnen Stäben entfernt und wieder vergossen werden. Wir haben diesen Vorgang auf den Seiten 84 und 85 genau beschrieben.

Neuabdichtung von Decksfugen

Entfernen Sie die alte Dichtungsmasse. Nutzen Sie dafür ein Messer oder ein Stecheisen und einen Hammer.

Mit einer Oberfräse kann man gut die Fugen nacharbeiten. Eine Anschlagleiste hilft dabei als sichere Führung.

Nach dem Entfernen der Vergussmasse legen Sie auf den Boden der Fuge Tape, damit keine Verbindung zwischen Holz und Dichtmaterial entsteht.

Die Fugen werden mithilfe einer Kartuschenpistole verfüllt. Nach dem Aushärten mit einer Klinge überschüssige Masse abtrennen und schleifen.

Verfugen der Stäbe

- Vergussmasse aus Polyurethan ist sehr gut, aber auch teuer. Sie braucht lange zum Trocknen.
- Unbedingt den Boden der Fuge mit Tape abdecken, damit hier keine Klebeverbindung entsteht. Nur die Flanken der Holznut sollen sich mit der Vergussmasse verbinden.
- Nach dem Auskleben mit der Kartusche die Masse blasenfrei einbringen und zirka 1 mm über der Nut stehen lassen.
- Neue Pfropfen mit Epoxid und Füller einkleben.
- Beachten Sie, wann nach Angaben des Herstellers das Deck wieder betreten werden darf und ab wann man das Deck schleifen kann. Zu frühes Schleifen ist katastrophal.

Beschläge am Holzruder reparieren

Metallbeschläge an einem Holzruder halten das Ruder zusammen und befestigen es am Rumpf. Von Zeit zu Zeit müssen diese Beschläge erneuert oder ersetzt werden.

Das Holzruder

Ein Holzruder besteht aus mehreren Einzelteilen, die miteinander verleimt und verschraubt sind. Wenn es lackiert ist, sieht es aus wie ein solides Einzelstück. Aufgeschraubte Ruderblattbeschläge verstärken die Konstruktion von außen. An diesen Beschlägen sind auch die Bolzen für die Ruderlager befestigt.

Wenn die Ruderbeschläge lose sind, müssen gegebenenfalls die Bolzen und Lager erneuert werden.

Eine Fluchtlinie zeigt die exakte Platzierung der Beschläge am Spiegel.

Metallbeschläge

Die Beschläge können aus Stahl oder Bronze hergestellt sein. Stahlbeschläge können rosten und müssen abgebaut werden, wenn man sie entrosten und neu lackieren (besser: verzinken) möchte. Wenn sie Bestandteil des Ruderlagers sind, müssen sie je nach Verschleiß eventuell erneuert werden.

Abbau der Beschläge

Normalerweise schraubt man die Muttern zur Demontage ab. Es kann aber sein, dass man sie abflexen muss, wenn sie stark korrodiert sind. Sind die Verschraubungen entfernt, kann man die Bolzen mit einem Dorn herausschlagen.

Überholung der Beschläge

Wenn Stahlbeschläge stark korrodiert sind, ist es besser, sie gegen neue auszutauschen. Das macht nach Vorlage der alten Beschläge jede Schlosserei. Sie sollten vor dem

Hier werden die Löcher für die unteren Beschläge gebohrt.

Anbau geprimert und lackiert werden – noch besser ist Verzinken. Bronzebeschläge sollte man austauschen, wenn die Lagerbolzen zu stark verschlissen sind.

Mehr als zwei Lager

Sind mehr als zwei Lager vorhanden, wird das Ruder schwergängig, wenn die Lager nicht exakt fluchten. Wenn neue Beschläge angefertigt werden, müssen sie so exakt passen, wie die alten Beschläge. Manchmal kann es sinnvoll sein, mit den neuen Beschlägen neue Löcher für die Befestigung zu bohren. Anschließend werden die Lagerbolzen konstruktiv entsprechend angepasst und die alten Löcher mit Epoxid verschlossen.

Überholung des Ruders

Nach der Demontage der Beschläge wird der alte Lack vollständig entfernt. Sind Schwachstellen oder offene Nähte, insbesondere in der Nähe der Bolzen, zu erkennen, werden diese zunächst repariert. Einen Neuanstrich nur aufbringen, wenn die Substanz in Ordnung ist. Gleichzeitig die Ruder- und die Rumpfbeschläge reparieren und überholen.

Wenn das Ruder oben eingehängt ist, unten anzeichnen und bohren.

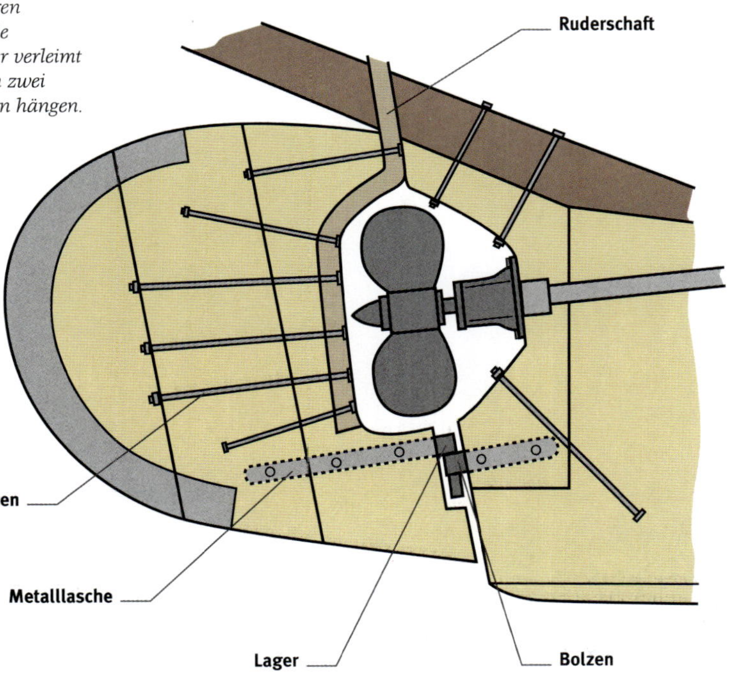

Holzruder bestehen aus mehreren Planken, die miteinander verleimt sind und in zwei Gegenlagern hängen.

Einhängen und Ausrichten

Das Ruder oben und unten einhängen und checken, ob es sich frei bewegen lässt. Das untere Ruderlager wird ausgerichtet und angezogen. Danach das mittlere Lager montieren, ausrichten und anziehen. Überprüfen Sie, ob sich das Ruder frei bewegen lässt. Das funktioniert nur, wenn die drei Lager exakt fluchten.

Malen und lackieren

4

Ein GFK-Boot vorbereiten

Das Geheimnis einer erfolgreichen Lackierung liegt in der Vorbereitung. Der Farbauftrag nimmt nur wenig Zeit in Anspruch. Je gründlicher vorab gearbeitet wurde, desto besser ist das Ergebnis.

Angegriffene Oberflächen

Einer der schwersten Fehler wird begangen, wenn ein neues Lacksystem auf einen Untergrund aufgebracht wird, mit dem es sich nicht verträgt. Im Laufe der Zeit erleidet ein Boot eine Menge Blessuren, die zunächst repariert werden müssen (siehe S. 66 bis 69). Alle beschädigten Farben müssen entfernt werden, bevor neue aufgetragen werden. Einzelne Partien können abgezogen und geschliffen werden. Bei größeren Flächen sollte man die gesamte Farbschicht herunternehmen – aber nicht das Gelcoat! Chemische Abbeizmittel können das Gelcoat angreifen; sie sind mit großer Vorsicht zu verwenden. Wenn nicht gebeizt werden soll, nutzt man am besten eine elektrische Schleifmaschine mit Absaugung. Manche Profis verwenden auch Heißluftpistolen, aber das verlangt viel Erfahrung, weil damit das Gelcoat leicht zerstört werden kann. Nach der mechanischen Vorbehandlung unbedingt einen Primer auftragen, damit die Endlackierung besser haftet.

Arbeiten mit Abbeizmittel. Vorher sicherstellen, dass es nicht das Gelcoat angreift.

Handelsübliche Werkzeuge

Fast alle Bootseigner verfügen über eine Sammlung an Schleifmaschinen. Als Minimum sollte man für große Flächen einen Exzenterschleifer mit Absaugung haben. Mit dem Deltaschleifer bearbeitet man kleine Flächen. Für alle Geräte gilt: Beim Benutzen ständig bewegen, damit sich an der Fläche keine Hitze staut.

Ein kräftiger Schwingschleifer bringt Sie schnell ans Ziel.

Nur wenn der Untergrund perfekt geschliffen ist, kann die Lackierung gut werden. Eine Farbschicht deckt keine Fehler und Riefen im Untergrund ab, sondern verstärkt diese optisch. Kleine Unebenheiten werden vorzugsweise mit einem Schleifbrett beseitigt. Das ist ein 1 bis 1,5 m langes und 10 cm breites Brett, auf das Schleifpapier gespannt wird. Damit können ein bis zwei Personen die Spitzen der Unebenheiten abtragen.

Mit einem langen Schleifbrett zur beulenfreien, glatten Oberfläche (oben).

Für kleine Flächen braucht man einen kleinen Deltaschleifer. Achtung: keine Dellen einschleifen (links)!

Schleifpapierkörnungen

24–50 Grob und extra grob. Für sehr schnellen Abtrag und hartnäckige Stellen.
60–100 Mittleres Korn zur Glättung von Holzoberflächen. Ein guter Mittelschliff.
120–150 Feines Korn zum Herstellen einer tragfähigen Oberfläche.
180–320 Sehr feines Korn zur Vorbereitung des Primer-Auftrages.
320–400 Extra feines Korn zur Verbesserung der geprimerten Oberfläche vor der Endlackierung.
600–2000 Ultrafeines Korn zum Polieren gesetzter Lacke und Gelcoat-Oberflächen.

Das Gelcoat vorbereiten

Yachten mit vielen Unebenheiten in der Oberfläche müssen besonders sorgfältig auf die Lackierung vorbereitet werden. Für alle Boote gilt: erst reinigen, entstauben und entfetten, dann die Farbe auftragen. Diese Vorarbeiten legen die Grundlage für einen perfekten Anstrich.

Unebene Flächen glätten

Größere Schadstellen müssen neu aufgebaut werden. Um eine ebene Fläche zu erzielen, werden sie zunächst gespachtelt und dann geschliffen. Es gibt drei Möglichkeiten der Vorbereitung: Entweder man schleift alle »Hügel« herunter oder man spachtelt alle »Täler« aus oder man schleift zunächst einige Hügel und spachtelt dann die restlichen Täler aus. Der beste Spachtel besteht aus Epoxid, angereichert mit Mikroballons. Mit dieser cremigen Paste lassen sich die Vertiefungen hervorragend glätten. Diese Masse lässt sich auch gut schleifen, sie ist aber nur für den Überwasserbereich geeignet. Unterhalb der Wasserlinie setzt man spezielle Filler ein, die härter und resistent gegen Wasser sind.

Nehmen Sie sich Zeit für das Abkleben. Hier beginnt die akkurate, professionelle Arbeit.

Polieren oder lackieren?

Farbhersteller behaupten gern, ihr Produkt sei das Beste für das perfekte Finish eines alten Bootes. Einkomponentenlacke haben gegenüber Gelcoat aber immer auch Nachteile: Sie sind weicher und zerkratzen deshalb schneller. Matte Gelcoatrümpfe kann man mit 400er-, 600er- und 800er-Körnung schleifen und anschließend polieren und wachsen. Nur mit einem Zweikomponentenlack stellt man eine vergleichbar harte Oberfläche her, aber die Handhabung dieser Farben verlangt viel Erfahrung.

Der letzte Schritt vor der Lackierung: die Reinigung der Oberfläche mit Spiritus, Azeton oder Spezialtüchern.

Abschließende Vorbereitung

Vor dem Anstrich muss die Oberfläche frei von Schmutz, Staub und Fett sein. Beim Schleifen wird schon viel entfernt, aber richtig sauber ist der Rumpf erst, nachdem er mit einer Seifenlösung abgewaschen wurde. Danach mit Lösungsmittel abreiben und kurz vor der Lackierung mit einem Spezialtuch den letzten Staub entfernen.

Alternativ bekommt man den groben Schleifstaub mit einem Absauggerät oder einer Bürste herunter. Nachgearbeitet wird mit Spiritus oder Azeton und einem Lappen. Bei Verwendung von Polyurethanlacken arbeitet man mit imprägnierten Spezialtüchern des jeweiligen Farbherstellers.

Ein Zwischenschleifen zwischen Primer und Endlack ist nicht erforderlich, weil die dauerhafte Verbindung auf chemischem Wege hergestellt wird. Bitte hier die Verarbeitungsintervalle des Herstellers genau beachten.
Bei Verdacht auf Silikon unbedingt einen Spezialreiniger benutzen!

Abkleben

Normales Klebeband aus dem Baumarkt verbindet sich von Tag zu Tag stärker mit dem Untergrund. Damit keine Kleberückstände auf dem Untergrund bleiben, muss es unmittelbar nach dem Anziehen des Lacks entfernt werden. Wer das Band länger haften lassen möchte, bis zu 14 Tage, sollte im Farbfachhandel nach entsprechendem Klebeband fragen.

1 Abschleifen bis zum tiefsten Bereich.

2 Die Oberfläche auffüllen bis zur höchsten Erhebung.

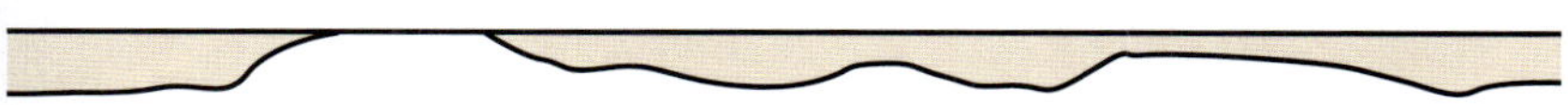

3 Erst die »Hügel« abtragen und dann die »Täler« verfüllen.

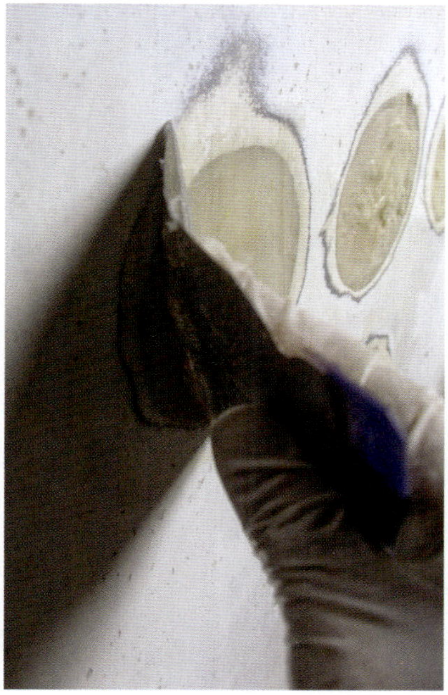

Es ist einfacher, zwei dünne Schichten zu spachteln als eine dicke Schicht. Dann wird das Schleifen auch bequemer.

Ein Holzboot vorbereiten

Das Lackieren eines GFK-Bootes ist in erster Linie eine kosmetische Maßnahme, weil ja die Gelcoat-Schicht die Laminatstruktur schützt. Bei Holzbooten ist das anders. Erst durch mehrschichtiges Lackieren wird das Holz geschützt. Wenn das versäumt wird, kann Sperrholz delaminieren und massives Holz verrotten.

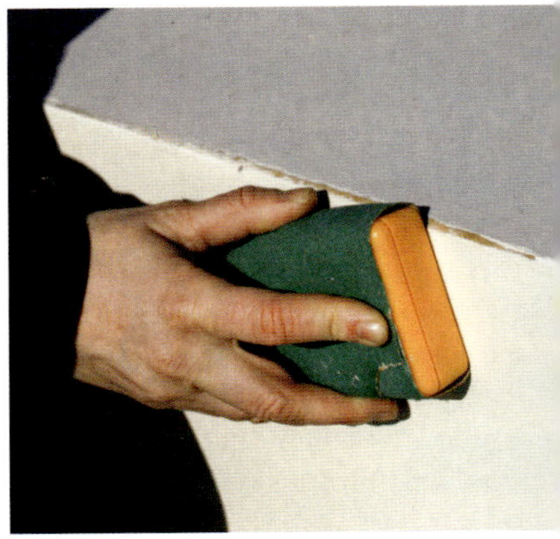

Schleifen und lackieren Sie eine kleine Stelle sofort, damit kein Wasser eindringt. Nach einem Ramming kurzfristig mit Tape abdecken (oben).

Holzdecks können leicht verrotten und sollten daher immer gut geschützt werden.

Routinearbeiten

Wenn ein Holzboot eine wasserdichte, intakte Lackierung hat, muss es nicht besonders zeitaufwendig gepflegt werden. Regelmäßige Kontrollen helfen, Schäden rechtzeitig zu erkennen. Besondere Aufmerksamkeit sollte man den Bereichen in der Nähe von Beschlägen und Püttings widmen. Dort entstehen am häufigsten Probleme.

Davon abgesehen sind die Arbeitsschritte ähnlich wie beim Lackieren von GFK-Booten. Exakt der gleiche Ablauf gilt für das Schleifen, Abkleben und Präparieren der Oberfläche. Kleine Blessuren sollten so schnell wie möglich repariert werden. Entfernen Sie mit einer Ziehklinge lose Farbschichten, mit Schleifpapier werden die Reste abgenommen. Dann das Loch mit

einer schnell trocknenden Spachtelmasse füllen, schleifen und zweifach primern. Anschließend den wasserdichten Lack auftragen.

Erledigen Sie diese Arbeiten unbedingt vor Frostbeginn. Wenn im Winter unter den Lack gedrungenes Wasser gefriert, dehnt es sich dort aus, und es platzt mehr und mehr Farbe ab. In kalten Wintern mit langen Frostperioden steigt die Zahl der Lackschäden rapide.

Lose Farbstellen und Blasen abziehen, gründlich schleifen, doppelt primern und erst dann lackieren.

Den Rumpf komplett schleifen

Wenn die Lackoberfläche des Rumpfes größtenteils noch intakt ist, entfernt man zunächst mit der Ziehklinge die losen Farbteile und Blasen. Dann wird der Rumpf mit mittlerem Korn geschliffen. Damit schafft man einen guten, rauen Haftgrund für eine neue glatte Oberfläche. Wenn die Außenhaut sehr uneben und verschrammt ist, sollte man die Flächen mit einem gröberen Korn, vielleicht 150er oder sogar 120er, schleifen.

Lackierte Holzdecks

Normalerweise machen sich Eigner die meisten Gedanken über den Zustand des Rumpfes, dabei sind die Decks von Holzbooten viel anfälliger. Sie sollten regelmäßig auf Schäden überprüft werden. Die Probleme werden oft von Regenwasser verursacht, das nicht die leicht konservierende Eigenschaft von Salzwasser hat. Dadurch kann das Holz leicht verrotten. Auf Deck entstehen oft dort Schäden, wo sich das Wasser sammeln kann. Wenn diese Stellen nicht perfekt mit Lack versiegelt sind, dringt das Wasser dort tief ins Holz ein.

Mit chemischen Abbeizmitteln kommt man schnell ans Ziel. Dabei Schutzhandschuhe tragen und den Herstellerangaben folgen.

Holz: Farbabtrag und Lackierung

Holzboote mit alten und verwitterten Anstrichen sollte man komplett abziehen und neu lackieren. Bevor man beginnt, die Farbe neu aufzubauen, muss aber sichergestellt sein, dass das Holz nicht zu feucht ist.

Alte und schadhafte Farbe entfernen

Es gibt hauptsächlich zwei Gründe, warum man alte, verwitterte Farbe von der Außenhaut entfernen sollte. Erstens: Die Farbe ist in einem derart schlechten Zustand, dass ein Hinauszögern nur noch mehr Kosten verursachen würde. Zweitens: Man kann annehmen, dass unter der schlechten Lackierung das Holz geschädigt wird, wenn man es nicht durch Lackierung trockenlegt.

Anders als bei GFK-Yachten kann man alten Lack von Holzbooten gut mit Abbeizmitteln lösen. Wenn man über einen 230-V-E-Anschluss verfügt, kann man auch mit der Heißluftpistole arbeiten. Aber mit Vorsicht! Mit einem Gasbrenner geht es noch schneller, aber man verbrennt als ungeübter Laie noch leichter die Holzoberfläche. Besonders bei Yachten, die mit Klarlack beschichtet werden sollen, ist die Flammmethode nur bedingt zu empfehlen. Eine weitere Alternative: den alten Lack mit sehr groben Schrupp-Schleifscheiben abschleifen. Anschließend muss man mit feinerem Schleifkorn nacharbeiten. In jedem Fall kräftige Schleifmaschinen mit Absaugung benutzen und gegen Hitzestau unter dem Schleifteller die Maschine gut bewegen.

Nicht tragende Farbschichten müssen entfernt werden. Damit verhindert man teure Folgeschäden.

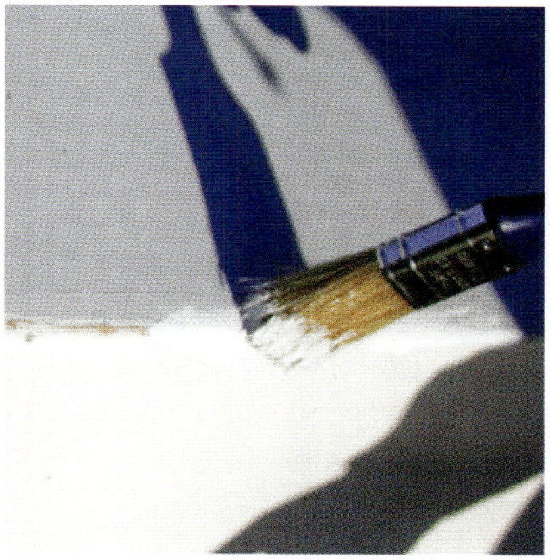

Regelmäßiges Ausbessern kritischer Stellen kann eine Komplettsanierung verhindern.

Mit der Heißluftpistole lassen sich große Mengen Farbe in kurzer Zeit abtragen, aber niemals Antifoulings! Unbedingt Maske und Schutzkleidung tragen und alle brennbaren Materialien aus der Umgebung entfernen.

Abschluss der Vorarbeiten

Vor dem ersten Farbauftrag sollten Sie sicherstellen, dass das Holz nicht zu viel Feuchtigkeit enthält. Das kann man ganz einfach mit einem Feuchtigkeitsmessgerät ermitteln. Am Messgerät sind zwei kleine Dorne, die in das Holz gedrückt werden. Der ideale Wert liegt zwischen 15 und 20 Prozent auf der Skala. Der Wert von verrottetem Holz liegt weit darüber.

Sehr wichtig: Nach dem Farbabtrag durch Schleifen, Abbeizen oder Abflammen muss der Rumpf vor der ersten Lackierung gründlich gesäubert werden.

Die Anzahl der aufzutragenden Lackschichten richtet sich nach dem Zustand der noch verbliebenen Farbe. In jedem Fall sollten mindestens zwei Primer-Voranstrich-Schichten aufgetragen werden. Bei rohem Holz sind mindestens drei Farbschichten notwendig. Der erste Anstrich mit 20 Prozent Verdünnung, damit er tief in das Holz eindringt. Lieber eine Schicht Primer mehr als zu wenig. Das geht schnell und zeigt große Wirkung.

Wenn man jeden Tag eine Schicht Primer-Voranstrich aufbringt, kann man ohne Zwischenschliff auskommen. Dennoch ist es ratsam, einmal leicht mit 200er-Papier über den Rumpf zu gehen, um Staubeinschlüsse zu entfernen.

Wenn nicht jeden Tag lackiert wird, unbedingt zwischenschleifen.

Schutzanstrich für Metallyachten

Aus Stahl oder Aluminium gebaute Yachten sind naturgemäß extrem stabil und sehr langlebig. Wenn sie nicht richtig gepflegt werden, können sie aber durch Korrosion oder Elektrolyse verfallen.

Stahlyachten

Fast alle Stahlyachten kann man in zwei Gruppen einteilen. Die erste Kategorie umfasst alle Schiffe, die bis Anfang/Mitte der 1980er-Jahre gebaut wurden, und zu der zweiten Gruppe zählen alle, die danach vom Stapel liefen – in der Zeit hocheffizienter Lacksysteme auf Epoxidbasis.

Die Pflege und Instandhaltung der Lacksysteme älterer Boote ist mit denen von Holzyachten vergleichbar. Sie müssen kontinuierlich gepflegt werden. Erste Anzeichen von Blasen unter dem Lack sollten Anlass zum sofortigen Handeln geben, denn Rost verbreitet sich schnell. Stahlyachten können auch von innen korrodieren, deshalb sollte man die Einbauten und Innenverkleidungen stets im Auge haben.

Rostteilchen muss man bis zum Grund entfernen, bis das blanke Metall zum Vorschein kommt. Hier muss sehr sorgfältig gearbeitet werden, denn auch die kleinsten Rostnester können sofort wieder aufblühen, wenn man sie nicht entfernt. Mit einem 115-Millimeter-Winkelschleifer oder mit einer Hartmetall-Scraper-Scheibe (ein- oder mehrscheibig) kommt man gut voran.

Die Übergänge zu tragfähigen Lackschichten werden weich angeschliffen, die Fläche entfettet und mit gutem Marine-Stahlprimer mehrfach gestrichen. Der erste Farbauftrag sollte unmittelbar nach der Entrostung beginnen, denn sonst entsteht sofort wieder Korrosion. Um eine langlebige Farbschicht zu

Die Vorbereitung ist wie immer der Schlüssel zum Erfolg. Dabei Schutzkleidung, Schutzbrille und Staubmaske tragen!

bekommen, muss man mehrfach primern, mehrfach vorlackieren und mehrfach endlackieren.

Yachten mit Anstrichsystemen auf Epoxidbasis erfordern weniger Aufwand. Rost entsteht eigentlich nur nach Rammings. Nach einer Beschädigung bereitet man den Untergrund wie oben beschrieben vor, aber man verwendet andere Farbsysteme, die zum Epoxid passen. Für alle Lackierungen gilt: Verarbeitung nur bei geringer Luftfeuchtigkeit und geeigneten Temperaturen.

Wenn der komplette Lack einer Stahlyacht abblättert, genügt es nicht, nur die restliche Farbe zu entfernen. Auch der gesamte Rost muss mittels Sandstrahlen abgetragen werden. Diese Arbeit überlässt man lieber einem Fachmann. Anschließend muss sofort der neue Primer aufgetragen werden, denn schon durch die Luftfeuchtigkeit kann Stahl wieder rosten.

Alu- und Stahlyachten reagieren unterschiedlich, dennoch sollte man in beiden Fällen auf intakte Farbsysteme achten (oben).

Instandsetzung einer Stahlyacht. Vor dem Neuanstrich wird gesandstrahlt, gespachtelt und geschliffen (links).

Aluminiumyachten

Bei Yachten aus Aluminium ist das Verhältnis von Gewicht zu Festigkeit extrem gut, und die Korrosion ist geringer als auf Stahlyachten. Bei Spezial-Alu-Legierungen kann man sogar auf einen Schutzanstrich verzichten. Allerdings muss man hier auf Elektrolyse achten und alle elektrischen Systeme vom Rumpf abkoppeln. Ebenso wichtig ist die Anbringung und Kontrolle von Opferanoden.

Nur dicke, intakte Farbschichten garantieren eine lange Lebensdauer von Stahlyachten.

Neulackierung

Ein erfolgreiches Finish basiert auf einer guten Lackiertechnik und auf der Auswahl der richtigen Farben. Das gilt für jeden Anspruch – ganz gleich, ob ein normales Ergebnis ausreicht oder das Boot später einer Superyacht ähneln soll.

Mit dem Farbroller kann man schnell große Flächen beschichten, aber die Oberflächengüte ist nicht perfekt.

Marinefarben

Marinefarben sind relativ teuer, aber sie haben entscheidende Vorteile gegenüber einfachen Haushaltslacken: Insbesondere härten sie stärker aus und sind daher resistenter gegen Abrieb und Zerkratzen. Es gibt einkomponentige und zweikomponentige Farben. Konventionelle Alkyd-Lacke (einkomponentig) sind leichter zu verarbeiten, aber sie verfügen nicht über den Hochglanz und die Langlebigkeit einer Zweikomponentenfarbe.

Farbauftrag

Am liebsten tragen Bootseigner Farbe mit einem Pinsel oder einer Rolle auf. Mit einer guten Technik erreicht man mit dem Pinsel nahezu perfekte Ergebnisse. Mit der Farbrolle geht es schneller, aber die Oberfläche glänzt unter Umständen weniger.

Der Farbauftrag mit dem Pinsel erfolgt in drei Phasen: zunächst die Farbe mit dem Pinsel aufnehmen und verteilen, dann quer zum ersten Auftrag die Farbe gleichmäßig verstreichen. Abschließend erfolgt das Schlichten. Dabei nur mit der Pinselspitze ganz leicht über die Oberfläche gleiten und in Strichrichtung des ersten Farbganges arbeiten. Bei Holzyachten wird in Phase eins und drei in Faserrichtung lackiert. Grundsätzlich sollten Sie immer in kleinen Abschnitten arbeiten und an den Kanten »nass in nass« lackieren, sonst gibt es sichtbare Übergänge. Generell gilt: immer bei einer Umgebungstemperatur gemäß Herstellerangaben arbeiten!

Eine wirklich effektive Methode: Man arbeitet zu zweit. Der Erste trägt die Farbe gleichmäßig mit der Rolle auf, der Zweite schlichtet die Lackoberfläche mit einem breiten Flachpinsel. Wenn man dann noch nach dem Aushärten der Farbe mit Polierpaste nacharbeitet, ist der Neuanstrich nicht weit entfernt von einer Spritzlackierung.

Die Drei-Schritt-Pinsel-Technik

Mit leicht gesättigtem Pinsel die Farbe partiell auftragen. Auf Holz entlang der Faserrichtung.

Nun die Farbe im rechten Winkel zum ersten Auftrag gleichmäßig verteilen.

Mit dem breiten Flachpinsel und ganz wenig Druck die Oberfläche schlichten.

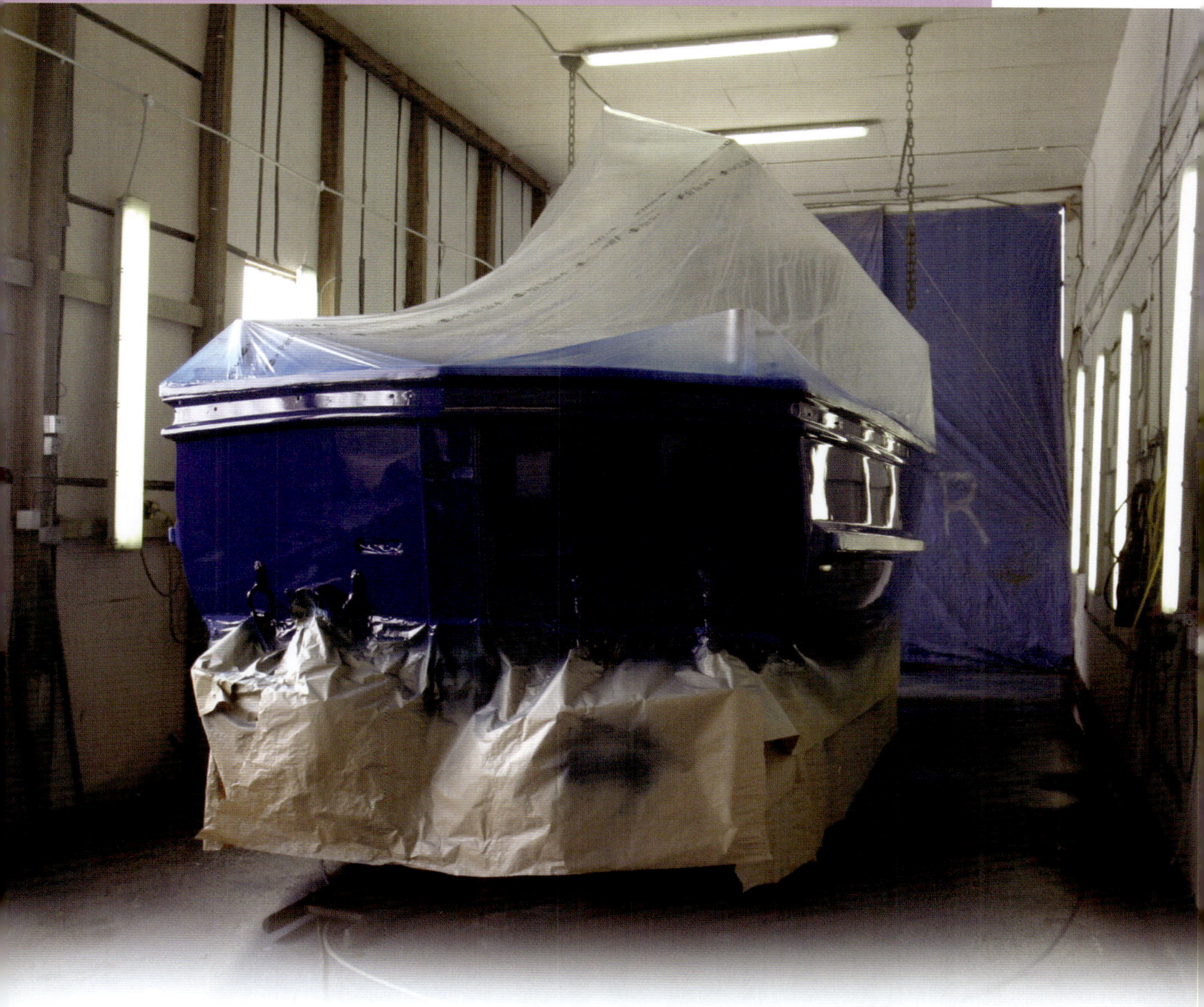

Spritzlackierung

Mit einer Spritzlackierung lassen sich fantastische Ergebnisse erzielen, aber nur wenige Eigner beherrschen diese Technik, und sie verfügen meistens auch nicht über geeignete Hallen. Der eigentliche Spritzvorgang ist schnell erledigt, aber die Vorbereitung ist sehr zeitaufwendig. Es zahlt sich aus, den Rumpf selbst zu entfetten, zu spachteln, zu schleifen und abzukleben. Anschließend lässt man den Profi ans Werk.

Welche Methode man auch immer wählt: Staub und Zugluft können das Ergebnis zerstören. Stellen Sie sicher, dass kein Hallennachbar gerade eine grobe Arbeit beginnt. In guten Winterlagern werden sogenannte »staubfreie Tage« ausgewiesen. Um zu verhindern, dass Staub auf die frisch lackierte Fläche weht, kann man sich mit dünnen Planen eine Schutzzone abteilen und die Umgebung leicht anfeuchten.

Spritzen verlangt Expertenwissen, aber es führt zu perfekten Lackoberflächen.

Decks vorbereiten und lackieren

Für die Lackierung einer Außenhaut und eines Decks gelten ähnliche Arbeitsprinzipien. Allerdings erfordert die gewünschte Rutschfestigkeit einige Änderungen. Holzdecks sollten besonders sorgfältig geschützt werden, damit das Holz nicht durch eindringendes Wasser verrottet.

Die richtige Farbe

Bei der Auswahl der Rumpffarbe spielt in erster Linie der Geschmack des Eigners eine Rolle. Bei Decksfarben stehen noch andere Aspekte im Vordergrund. Zum Beispiel sind ganz helle Farben bei Sonnenlicht unvorteilhaft für die Augen. Das gilt auch für unsere Breiten. Zu dunkle Farben ziehen dagegen die Wärme stark an, und unter Deck wird es unerträglich heiß. Im Extremfall kann man das Deck kaum betreten. Achtung: Sicherungsleine benutzen, wenn die Reling entfernt ist.

Der Deckslack

Decksfarben gibt es in zwei Hauptvarianten: Die eine Sorte besteht aus Polyurethanharz und wird durch Beimischung von Non-Slip-Additiven rutschfest. Die zweite Sorte bildet eine gummiähnliche Oberfläche und wird damit rutschhemmend. Beide sind schwer abzutragen.

Rutschfeste Decksfarbe lässt sich nur schwer entfernen. Planen Sie genügend Zeit dafür ein. ***Alternativ kann man eine Fangleine anbringen.***

Auf Holz kann man alte Farbe mit Heißluft ablösen. Diese Methode ist für GFK-Decks aber nicht zu empfehlen. Das Arbeiten mit Heißluft verlangt viel Übung. Durch Überhitzung kann sich schnell das Holz verfärben. Alternativ kann ein GFK-verträgliches Abbeizmittel benutzt werden, mit dem man aber nur langsam vorankommt. Decksfarben sind schwer zu schleifen, aber das ist meistens unproblematisch,

weil die Oberfläche so beschaffen ist, dass sie einen guten Haftgrund für einen Neuanstrich bildet. Weil die Farbe so rau ist, nimmt sie aber auch schnell Schmutz an. Deshalb sollte man vor einer Neulackierung das Deck gründlich mit Hochdruck und Entfetter reinigen.

Abkleben

Ganz wichtig: Die Beschläge müssen frei von Farbe bleiben. Auch kleine Kleckse stören den optischen Gesamteindruck. Akkurates Abkleben ist sehr zeitaufwendig, mitunter dauert es einen ganzen Tag, aber es verhindert aufwendige Nacharbeiten. Nehmen Sie nur gute Tapes, die längere Zeit auf dem Deck kleben können, ohne Reste zu hinterlassen.

Die Farbe wird ähnlich wie bei einer Außenhaut aufgebracht. Decks werden allerdings selten gespritzt, obwohl das der Schlüssel für optimale Ergebnisse ist. Bei einer Lackierung sind je nach Farbe später unterschiedliche Pinselstrukturen zu sehen. Es empfiehlt sich daher, zunächst eine kleine Fläche zur Probe zu bestreichen, um zu sehen, wie die Farbe verläuft.

Bis das Deck wieder betreten werden kann, vergehen je nach Umgebungstemperatur bis zu 24 Stunden und mehr. Belasten Sie es nicht zu früh, auch wenn es sich schon trocken anfühlt. Planen Sie beim Streichen einen »Fluchtweg« ein, damit sie das Boot wieder verlassen können.

Rollen eignen sich perfekt zum Auftragen von Antirutschfarbe. Leichte Strukturen im GFK-Deck behindern die Arbeit nicht.

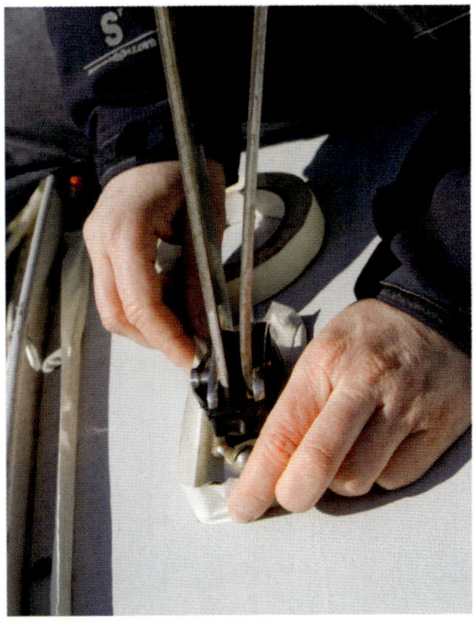

Decksbeschläge müssen abgeklebt werden, auch wenn die Arbeit fummelig ist. Mindestens einen halben Tag dafür einplanen.

Kleine Flächen lackieren

Manche Kleinteile wie Handläufe, Lukeneinfassungen oder Backskistendeckel sehen sehr schön aus, wenn sie frisch lackiert sind. Das gilt besonders für ältere Yachten, auf denen der Originallack wahrscheinlich schon beschädigt wurde. In jedem Fall erfordert die Erneuerung Zeit und Geduld für Detailarbeiten.

Benutzen Sie einen Schleifklotz. Das geht schneller, und es verbessert das Ergebnis.

Vorbereitung

Wenn möglich, sollte man kleine Teile abbauen. In der Werkstatt lassen sie sich viel einfacher als an Bord bearbeiten. Dieselbe Überlegung sollte man auch bei großen Bauteilen anstellen, aber der Blick fürs Detail ist noch wichtiger. Alte Farbanstriche blättern zunächst an den Kanten und in den Ecken ab, und die Lackierung kleiner Teile erfordert teilweise mehr Aufwand als die großer Stücke. Die Restaurierung eines Cockpits kann mehr Zeit in Anspruch nehmen als die Lackierung des Decks. Vor dem Schleifen sollte man die alte Farbe mit einer Klinge abziehen oder mit einem kleinen Delta-Schleifer bearbeiten. Sehr oft trifft man dabei auf zwei verschiedene Materialien. Zum Beispiel dort, wo der Kajütaufbau aus Holz auf ein GFK-Deck stößt. Die Vorbereitung dieser Ecken und Kanten ist oft besonders schwierig. Schützen Sie das GFK mit schwerem Tape. Eine Auswahl an Schleifklötzen in unterschiedlichen Größen und Formen ist bei diesen Arbeiten sehr hilfreich.

Mit einem kleinen Delta-Schleifer kommt man in schwierigen Ecken schnell voran.

Bauteile aus Aluminium lackieren

Wenn die Eloxalschicht auf Aluminium beschädigt ist, sehen Bauteile wie Lukeneinfassungen und Fußrelings schnell unansehnlich aus. Unglücklicherweise hält Lack nicht sehr gut auf der harten Eloxalschicht, und man sollte deshalb nicht zu frühzeitig mit der Nachbearbeitung starten. Mehrere schnell aufgetragene Farbschichten können bald wieder abblättern.

Die Vorbereitung beginnt mit dem Schleifen (mittleres Korn). Danach entfetten und reinigen. Ein spezieller Aluminium-Primer wird so bald wie möglich nach dem Schleifen aufgestrichen, weil rohes Aluminium schnell oxydiert. Nach der Behandlung mit dem Etch-Primer kann die erste Grundierung innerhalb von 90 Minuten aufgetragen werden – dabei Herstellervorschriften beachten und Schutzausrüstung tragen!

Bauteile aus Thermoplast

Diese Teile leiden stark unter der Sonne, sie bleichen aus und werden matt. Man sollte sie daher vor Sonnenlicht schützen und abdecken, was aber nicht immer möglich ist. Nachlackieren ist nicht angebracht. Man kann aber mit speziellen Poliermitteln per Hand die Oberfläche wieder glätten und auffrischen. Mit diesen Mitteln kann man auch trübe Halbschalen eines Kompasses aufpolieren.

Kleine Flächen können nicht mit einer Rolle bearbeitet werden. Ein Pinsel eignet sich dafür besser.

Aluminium sieht frisch lackiert sehr gut aus, muss aber sehr sorgfältig vorbereitet werden.

Antifouling

Alle Boote, die ständig im Wasser sind, müssen gegen Algen, Schleim und anderen organischen Bewuchs im Unterwasserbereich geschützt werden. Im Fachhandel gibt es viele verschiedene Antifoulings, von denen Sie das richtige je nach Revier und Boot wählen müssen.

Gesund und sicher

Antifoulings sind giftige Produkte. Daher immer Sicherheitsvorschriften beachten und Schutzkleidung/Ausrüstung tragen. Kontakt mit Augen und Haut unbedingt vermeiden. Bei Trockenschliff Atemschutzmaske und Schutzbrille verwenden.

Antifouling-Sorten

Es gibt grundsätzlich zwei verschiedene Varianten: Hart-Antifouling und Weich-Antifouling. Hart-Antifouling kann während der Saison mehrfach geschrubbt werden, deshalb ist es ideal für Regattayachten und schnelle Motorboote. Selbsterodierende Antifoulings eignen sich am besten für Fahrtenyachten und Verdränger.

Im Laufe der Saison wird der Wirkstoff des Antifoulings ausgewaschen und damit Bewuchs weniger effektiv verhindert. Nach dem Aufkranen/Slippen sollte deshalb das Unterwasserschiff mit einem Hochdruckreiniger gesäubert werden – dabei das Wasser auffangen und entsorgen! Lose Farbschichten werden mit Metallspachteln oder Klingen entfernt. Ein tragfähiger Untergrund kann mit dem gleichen Antifouling-Typ im Frühjahr überstrichen werden. Wenn Sie Bedenken hinsichtlich der Verträglichkeit haben, sollten Sie unbedingt vorab einen Sperrgrund auftragen.

Antifouling entfernen

Damit die Farbschichten nicht zu dick werden, müssen sie alle paar Jahre runter. Ansonsten reißt die Farbe und blättert ab. Daher jedes Jahr nur so dick wie nötig streichen. Richtig angewandte, selbsterodierende Antifoulings tragen sich innerhalb einer Saison von selbst ab, ein jährlicher Zuwachs wird damit verhindert. Wenn dennoch trocken geschliffen werden muss: nur mit starker Absaugung!

Verwenden Sie generell lieber ein Abbeizmittel, anschließend waschen und schleifen. Wenn man ganz auf den Grund geht, muss vorher die Wasserpasslinie ausgemessen oder markiert werden. Antifoulings sind nicht wasserdicht, daher wird vor dem neuen Farbaufbau eine Epoxid-Sperrschicht (vier Lagen) gegen Osmose aufgetragen. Falls schon Osmose vorhanden ist, muss diese vor dem Neuanstrich fachgerecht saniert werden.

Im Tidenslip kann der Rumpf gut bearbeitet werden. Nicht vergessen: Waschwasser oder Schleifgut auffangen und entsorgen.

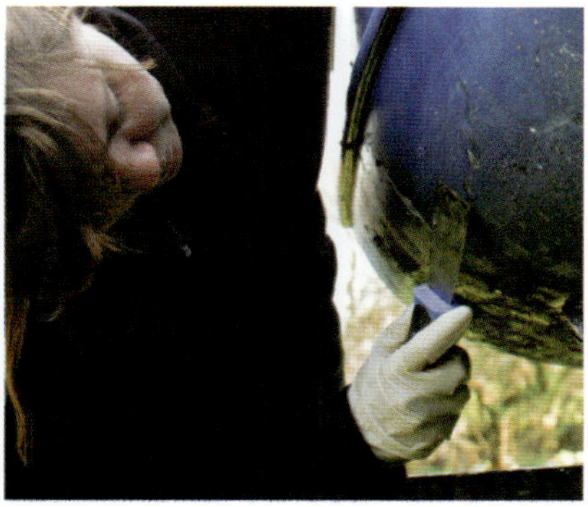

Vor dem neuen Anstrich müssen alle losen Farbteile abgezogen oder abgeschliffen werden.

Ein genaues Auge hilft, einen strakenden Wasserpass zu kleben. Treten Sie zur Kontrolle der Line regelmäßig zur Seite (rechts).

Tragen Sie Antifouling niemals mit einem Pinsel auf, mit einer Rolle arbeiten Sie effektiver und sauberer. Aber nicht in Pullover und Jeans, sondern in Schutzkleidung (unten)!

Antifouling auftragen

Mit einer Schaumrolle geht's am besten – insbesondere, wenn man einen langen Stiel verwendet. Man kann dann mit beiden Händen arbeiten und muss sich nicht so oft bücken oder auf die Leiter steigen. Keine zu große Rolle verwenden: ideal sind Rollen mit einer Breite von 15 bis 20 cm. Wenn man das richtige Antifouling verwendet, das auf das jeweilige Revier abgestimmt ist, genügt in der Regel ein satter Anstrich pro Saison. Den Wasserpassbereich kann man zweimal dünn streichen. Auch das Ruder verträgt zwei Schichten, weil hier stärkere Strömungen herrschen. Bei problematischen Revieren eine zusätzliche Schicht aufbringen. Nicht vergessen: Auch der Propeller muss mit Spezial-Antifouling beschichtet werden.

Holzglanz erhalten

Es ist schwer, eine Farbe dauerhaft in Bestform zu halten, aber eine gute Yachtlackierung sieht toll aus. Wie in vielen anderen Bereichen der Bootswartung gilt auch hier, dass durch regelmäßige Behandlung viel erreicht werden kann.

Vorbereitungsarbeiten

Bootslacke checkt man nicht nur einmal oder zweimal im Jahr. Sobald irgendwo Wasser eingedrungen ist, verbreitet sich der Schaden in Windeseile. Mindestens einmal im Monat muss man deshalb genauer hinsehen und nach dem Erkennen eines Problems umgehend handeln, damit aufwendigere Arbeiten vermieden werden.

Mit der Ziehklinge den losen Lack entfernen (nicht das Holz!), dann mit 180er-Papier schleifen. Anschließend entfetten und säubern. Den ersten Anstrich mit 20 Prozent Verdünnung nach Herstellervorschrift auftragen. Zwei weitere Schichten machen die Stelle wasserdicht, aber drei Schichten garantieren eine längere Lebensdauer.

Muss das gesamte Lacksystem erneuert werden, sollten Sie in ähnlicher Weise vorgehen wie eben beschrieben. Bei sehr großen Flächen kann man Abbeizmittel oder Heißluft verwenden. Aber Vorsicht: Heißluftpistolen sind bei Klarlackbeschichtungen sorgsam und mit Abstand einzusetzen, damit keine dunklen Brandflecken produziert werden.

Nutzen Sie zur Entfernung von losen Lackteilen eine Ziehklinge. Sogar stark vernachlässigte Oberflächen können erfolgreich aufgearbeitet werden.

Ein naturbelassenes, sehr schönes Teakdeck in silbergrau. Es ist besonders haltbar, wenn kein Plantagenholz verlegt wurde.

Zunächst sorgfältig schleifen, dann verdünnt lackieren, dann endlackieren (oben).

Ein Teakdeck ist schnell geschrubbt, man verringert damit aber die Substanz (rechts).

Pflege von Teak

Es gibt drei Möglichkeiten, mit Teakholz umzugehen: Entweder man belässt die natürliche Verfärbung, oder man bürstet es regelmäßig quer zur Faser, oder man schützt es mit Spezialdecksöl. Naturbelassene Teakdecks aus wild gewachsenem Teak bilden eine silbergraue Schicht, die relativ hart ist, und die im Zusammenspiel mit dem natürlichen Holzöl einen guten Schutz bildet. Wichtig ist das Verhindern von Algenbewuchs. Dafür das Deck regelmäßig mit grüner Seife reinigen und mit Salzwasser nachspülen.

Decks aus Plantagenteak sind erheblich weicher, haben breitere Jahresringe und sollten sehr vorsichtig geschrubbt werden. Unter Umständen kann es sinnvoll sein, dieses weiche Teak mit speziellem Decksöl zu behandeln. Es nimmt dann weniger Schmutz an, grünt nicht und verliert beim Bürsten weniger Substanz. Alle scharfen Reinigungs- oder Bleichmittel sollte man so wenig wie möglich einsetzen – und niemals einen Hochdruckreiniger!

Farbe über Lack

Wenn Wasser das Naturholz stark verfärbt hat und Bleichmittel nicht mehr reichen, folgt zwangsläufig eine Farblackierung. Dafür zunächst den alten Lack entfernen, dann sehr gründlich schleifen, so tief es geht, denn Farbe verbindet sich schlecht auf zuvor lackierten Flächen. Unter Deck ist das ein kleineres Problem, aber außen müssen immer alle Reste entfernt werden.

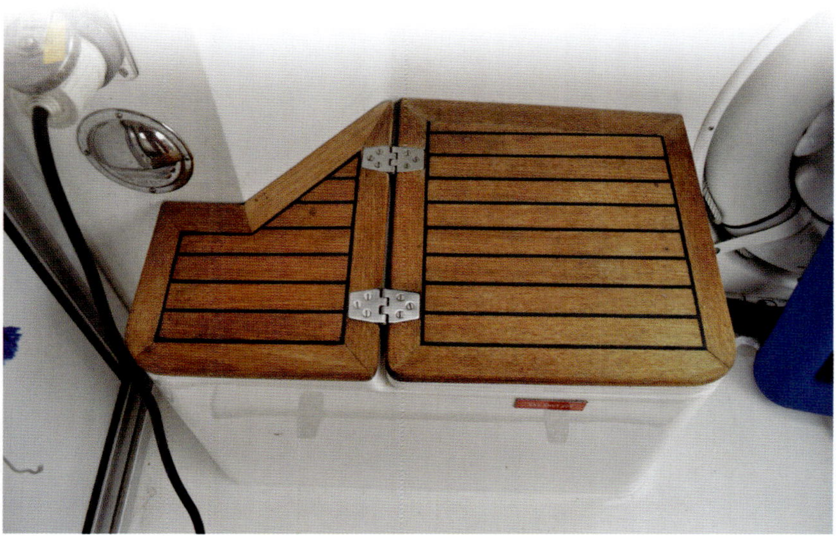

Dieses Teak sieht frisch mit Decksöl behandelt sehr gut aus – bei weicheren Plantagenhölzern lohnt sich so ein Schutz besonders.

Holz lackieren

Das Geheimnis einer perfekten, langlebigen Oberfläche liegt darin, das richtige Produkt in mehreren Schichten sorgfältig aufzutragen. Je nach Lacksorte gibt es unterschiedliche Verfahrensweisen.

Lacksorten

Es ist eine große Anzahl verschiedener Lacke mit ganz unterschiedlichen Eigenschaften auf dem Markt. Traditionelle Lacke, einkomponentig, sind relativ weich und elastisch und deshalb gut für Vollholz zu verwenden, das sich im Laufe der Jahreszeiten ausdehnt und wieder schrumpft. Normalerweise wird eine Lackschicht pro Tag aufgetragen. Zwischendurch kann man für ein perfekt glattes Finish die Flächen schleifen.

Polyurethanlacke sind deutlich härter, wetterfester und abriebfester. Sie können Dehnungsspannungen aber schlechter ausgleichen. Sie werden einkomponentig und zweikomponentig angeboten. Schnelles Trocknen ermöglicht bei gutem Wetter mehrere Anstriche pro Tag. Sogenannte Lacköle unterschiedlicher Hersteller sind besonders elastisch, dampfdurchlässig und holzschützend. Sie sollte man bei Vollholzyachten verwenden, wo viel Bewegung im Holz ist. DD-Lacke (zweikomponentig), die sehr hart abbinden, sollten in erster Linie bei formverleimten Booten oder Sperrholzyachten eingesetzt werden.

Klarlack verarbeiten

Klarlack lässt sich schwieriger verarbeiten als farbiger Lack, weil er transparent und damit schlechter zu sehen ist. Man muss schon dicht herangehen, um gestrichene von ungestrichenen Flächen zu unterscheiden. Deshalb sind beste Lichtverhältnisse wichtig.

Um eine perfekte Oberfläche zu erhalten, muss aber noch einiges mehr beachtet werden. Für eine gute Beschichtung sind mehrere Lagen notwendig, bei konventionellen Lacken bis zu einem Dutzend. Die erste Lackierung auf rohem Holz enthält 30 Prozent Verdünnung. Dann schleifen. Der nächste Gang enthält 10 bis 20 Prozent Verdünnung. Durch das Verdünnen dringt der Lack tief ein. Nun immer im Wechsel schleifen und lackieren. Dabei einen Schleifklotz und zunehmend feineres Papier nutzen, das schließlich ein 600er- bis 800er-Korn hat. Nach jedem Zwischenschliff gründlich mit einem speziellen Staubtuch (feucht) die Oberflächen reinigen. Nur teure Flachpinsel verwenden und diese nach jeder Lackschicht gründlich auswaschen und in einem Pinselreiniger hängen lassen. Auf die richtige Verarbeitungstemperatur gemäß Hersteller achten. Generell gilt: Lieber mehrere dünne Schichten als wenige dicke aufbringen.

Lackschicht schützen

Sonne und Frost sind die größten Feinde einer Lackierung. Große Flächen und Bereiche, wie zum Beispiel das Cockpit einer Holzyacht, profitieren deshalb von einer Persenning, die vor UV-Strahlung schützt.

Gute Wetterbedingungen sind für erfolgreiche Lackierarbeiten enorm wichtig – verschieben Sie sie also nicht auf kalte und feuchte Wintertage.

So erreichen Sie ein perfektes Ergebnis

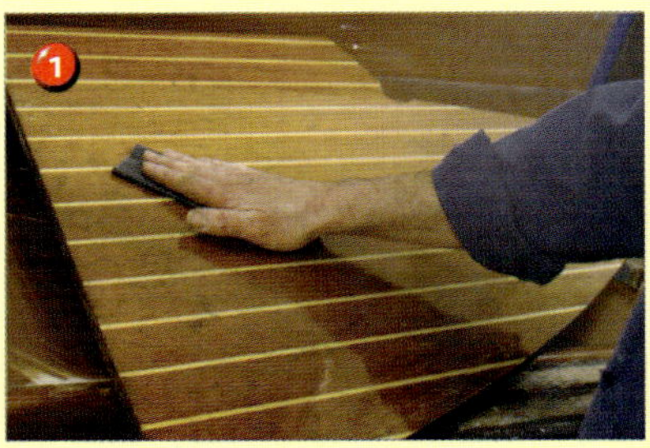

Schleifen Sie vor dem Auftrag der letzten Lackschicht mit 600er-/800er-Korn (nass).

Schlichten Sie die Lackoberfläche mit ganz wenig Andruck in Faserrichtung.

Das Schlussergebnis zeigt eine perfekte Oberfläche. Der Aufwand hat sich gelohnt.

Mechanische Systeme

5

Frischwasser

Fast alle Boote sind ab einer gewissen Größe mit einem Frischwassersystem ausgerüstet. Je größer das Schiff ist, desto komplexer ist die Einheit meistens ausgelegt. Eine jährliche Wartung ist unumgänglich, auch um sicherzustellen, dass alles sauber bleibt.

Frischwassertank
Der Frischwassertank wird durch den Einfüllstutzen im Deck befüllt. Tanks sind heute aus Kunststoff, Edelstahl oder GFK hergestellt. Manchmal findet man flexible Tanks, die einfach aus- und eingebaut werden können, die allerdings auch schnell verschleißen.

Primärfilter
Der Filter schützt die Pumpe vor Verunreinigungen, die sie blockieren oder beschädigen könnten. Oft ist er direkt auf der Pumpe angebracht. Mindestens einmal jährlich oder bei Ausfall der Wasserversorgung sollte der Filter gereinigt werden.

Wasserpumpe
Üblicherweise wird eine elektrische Pumpe verwendet. Sie hält das System auf Druck, sodass beim Drehen des Hahns am Becken Wasser fließt. Eine Wartung der Pumpe ist nicht erforderlich.

Die meisten größeren Yachten haben Drucksysteme, die Frischwasser im Handumdrehen liefern.

Druckausgleichsbehälter
Der Druckausgleichsbehälter sorgt für gleichmäßigen Druck im System, sobald eine Entnahmestelle geöffnet wird. So läuft die Pumpe nur, wenn der Druck im System einen Wert unterschreitet und nicht ständig, sobald Wasser entnommen wird. Dadurch reduziert sich der Verschleiß der Pumpe.

Warmwasserboiler
Der Boiler nimmt kaltes Wasser aus dem Tank und erwärmt es mithilfe eines Wärmetauschers, entweder über das Kühlwasser des laufenden Motors oder elektrisch bei angeschlossenem Landstrom.

Überdruckventil
Da der Druck im Boiler steigt, wenn das Wasser erwärmt wird, bedarf es eines Überdruckventils. Dieses öffnet sich, falls der Druck den Boiler zu zerstören droht. Bei Ersatz ist auf den korrekten Auslösedruck zu achten.

Überdruckabfluss
Sobald sich das Ventil öffnet, läuft Wasser in die Bilge. Daher empfiehlt es sich, den Ablauf vom Überdruckventil in ein kleines Gefäß zu führen, welches problemlos geleert werden kann.

Warm- und Kaltwasserhähne
Üblicherweise werden sowohl in der Pantry als auch in den Waschräumen die gleichen Armaturen wie zu Hause verwendet. Diese bedürfen keiner besonderen Wartung.

Hand- oder Fußpumpe
Eine Hand- oder Fußpumpe kann verwendet werden, wenn die Energieversorgung an Bord ausfällt oder es gar keine gibt. Einige Boote

verwenden manuelle Pumpen, um Seewasser in der Pantry zum Spülen oder Reinigen von Gemüse zu verwenden. So wird kostbares Süßwasser gespart.

Absperrventile

Durch Absperrventile werden Wartung und Fehlersuche vereinfacht. Ein Leck im Warmwassersystem kann zu einem Ausfall der Maschine führen. Gut, wenn man dann den Motorkreislauf separieren kann. Auch fließt bei einem Leck eventuell der gesamte Inhalt des Wassertanks in die Bilge. Leider sparen sich viele Werften den Einbau von Absperrventilen im Druckwassersystem. In diesem Fall sollten sie nachgerüstet werden.

Ein Bakterienfilter hilft, Wasser auch aus zweifelhaften Quellen trinkbar zu machen. Wechselintervall der Filterpatrone beachten.

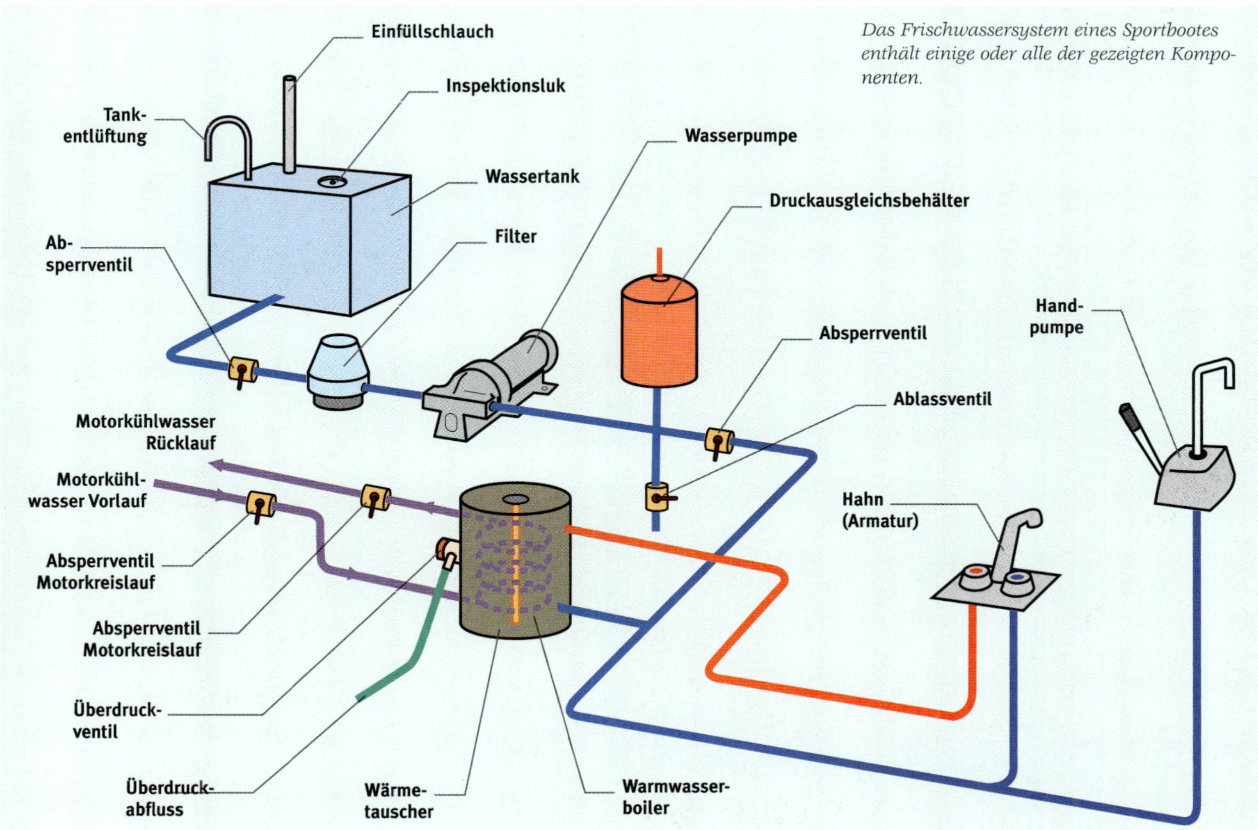

Das Frischwassersystem eines Sportbootes enthält einige oder alle der gezeigten Komponenten.

Leckabdichtung im Druckwassersystem

Wasserlecks sind schwer zu lokalisieren. Kleinere Leckagen bleiben sogar oft über einen längeren Zeitraum unentdeckt. Zu Beginn findet man meistens etwas Wasser im Schrank oder in der Bilge. Prüfen Sie dann, ob es sich um Frischwasser handelt (Farbe, Salzgehalt, Geruch).

Lecksuche

Es ist wahrscheinlicher, dass ein Leck an einer Verschraubung oder Verbindung entsteht, als in einem Schlauch oder Rohr. Ausnahme: Es wurde eine Schraube oder ein Nagel hindurchgetrieben. Ist kürzlich geschraubt worden, so sollte dort die Suche beginnen. Alternativ setzen Sie das System durch Einschalten der Pumpe unter Druck und überprüfen die Verbindungen in der Nähe des gefundenen Wassers. Hierbei hilft ein Küchenkrepp, auf dem Wasser sofort zu erkennen ist. Falls dort alles trocken bleibt, erweitern Sie den Suchradius. Lecks zwischen Tank und Pumpe lassen sich besser mit vollem Tank finden, da dann der Druck höher ist.

Eine leckende Verbindung

Zunächst wird man versuchen, die Verbindung durch Nachziehen der Verschraubung zu dichten. Hierfür mit einem Schlüssel die Verschraubung halten und mit dem anderen den Überwurf nachziehen. Achtung, nicht zu fest ziehen, sonst wird die Dichtung zerstört, was zu einem noch größeren Leck führt. Wenn das nicht hilft, muss die Verbindung zerlegt und gereinigt werden. Dann die Dichtung oder den Schneidring prüfen und bei Bedarf ersetzen. Anschließend alles wieder zusammensetzen und festziehen.

Handelt es sich nicht um eine Metall-, sondern um eine Kunststoffverbindung, wird sich diese möglicherweise nicht nachziehen oder lösen lassen. Dann schneiden Sie die Verbindung heraus und ersetzen sie durch eine neue. Sollte dafür das Rohr zu kurz sein, setzen Sie mit einer weiteren Verschraubung ein Stück ein. Vorübergehend kann auch

Installationen an Bord können sehr komplex sein. Sind sie wie hier ordentlich verlegt, wird die Fehlersuche erleichtert.

ein Schlauch mit Schellen auf den Rohrenden befestigt werden.

Ein Rohrleck

Das Leck kann nur durch Austausch des defekten Rohrstücks repariert werden. Befindet sich die Leckage an einer unzugänglichen Stelle, muss ein entsprechend längeres Rohrstück von einem zugänglichen Ort her eingeschoben und eingesetzt werden. Die meisten Werften verwenden feste oder flexible Kunststoffrohre. Feste Kunststoffrohre werden mit einmalig oder mehrfach verwendbaren Verschraubungen verbunden. Ebenfalls möglich sind hier Messingkomponenten (siehe S. 123). Feste Kunststoffrohre sollten mit einem speziellen Rohrschneider abgelängt werden. Diesen erhält man im Installateurfachhandel. Flexibler Plastikschlauch wird mit einer Gardenakupplung oder Schlauchtüllen mit Klemmen verbunden. Zum Schneiden eignet sich ein Brotmesser.

Eine Schneidringverbindung herstellen

Die Bauteile einer Kupfer-Schneidringverbindung. Einmal installiert, kann sie in der Regel immer wieder gelöst und fixiert werden.

Das Kupferrohr mit einem Rohrschneider ablängen, nicht mit einer Säge; die würde das Kupfer verformen und eine ausgefranste Oberfläche hinterlassen.

Überwurfmutter und Schneidring auf das Kupferrohr stecken. Alternativ kann ein festes Kunststoffrohr mit innerer Stützhülse verwendet werden (siehe S. 122/123).

Das Rohr so weit wie möglich in die Verschraubung drücken und handwarm anziehen. Den Arbeitsschritt auf der anderen Seite wiederholen.

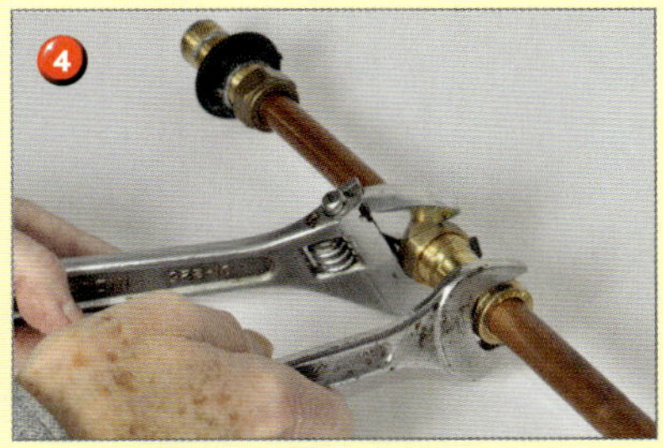

Dann die Verschraubung mit zwei Maulschlüsseln festziehen. Aber Vorsicht: Eine halbe Umdrehung nach Erreichen eines festen Widerstandes ist genug.

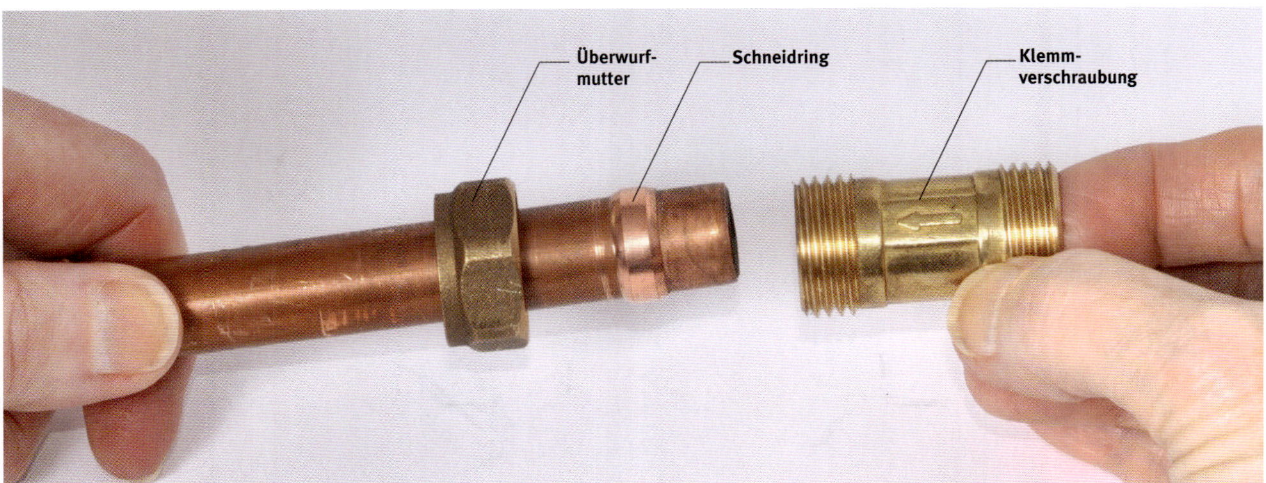

Die Komponenten einer Schneidringverschraubung. Eine solche Verschraubung kann immer wieder gelöst und fixiert werden.

Leckende Wasserhähne

Wenn ein Wasserhahn leckt, wird wertvolles Trinkwasser verschwendet. Auf modernen Schiffen sind in der Regel Armaturen montiert, die denen daheim sehr ähnlich sind. Auf älteren oder kleineren Schiffen sind auch Hand- oder Fußpumpen gebräuchlich.

Wasserhähne mit Gummidichtung
Während des Gebrauchs werden die Gummidichtungen verformt, ja, sie können sich sogar auflösen. Die Folge: Es tropft. Eine schnelle Lösung kann das Umdrehen der Dichtung sein, sofern noch vorhanden. Ersatzdichtungen kosten nur einige Cent und gehören an Bord.

Wasserhähne mit Keramikeinsatz
Wasserhähne mit Keramikeinsatz können nicht repariert werden. Falls sie tropfen, ist ein Austausch alslo unumgänglich.

Ein undichter Hahn verschwendet Trinkwasser und verunreinigt glänzende Oberflächen. Er sollte so schnell wie möglich repariert werden.

Alle Wasserhähne
Die Welle, auf die der Drehknopf montiert ist, wird mit einer Schaftdichtung zum Gehäuse der Armatur gedichtet. Diese verschleißt oder härtet mit der Zeit aus. Beginnt der Hahn unter dem Drehknopf zu lecken, sollten Sie die Dichtung stärker anziehen oder austauschen.

Entfernen des Drehknopfs

Als Erstes den Druck aus dem System ablassen. Dafür die Pumpe abschalten und den Hahn öffnen. Im unteren Teil kann eine Madenschraube den Knopf auf der Welle fixieren. In diesem Fall diese Schraube zunächst entfernen. Alternativ kann der Knopf mit einer Mutter fixiert sein. Um diese zu lösen, zunächst mit einem dünnen Schraubendreher die Kappe entfernen, darunter befindet sich die Mutter. Manche Knöpfe sind nur aufgesteckt. Sie können mit etwas Kraft einfach abgezogen werden.

Nachziehen der Dichtung

Verwenden Sie zum Anziehen der Mutter einen Schraubenschlüssel. Ist die Dichtung zu alt, wird das nicht helfen, und ein Austausch ist fällig. Bei Keramikeinsätzen ist ein neuer O-Ring erforderlich.

Ausbau der Schaftdichtung

Lösen Sie die obere Mutter und ziehen Sie sie nach oben. Nun zeigt sich, ob eine Dichtung oder ein O-Ring verwendet wird.

Ausbau des Einsatzes oder der Dichtung

Lösen Sie die unterste (größte) Mutter, um das Ventil freizulegen. Nun sieht man den Einsatz beziehungsweise die Dichtung.

Tipp

Falls ein störendes Leck nicht sofort beseitigt werden kann, einfach die Wasserpumpe bei Nichtgebrauch ausschalten.

Austausch einer Dichtung

1 Mithilfe eines dünnen Schraubendrehers die Kappe entfernen; sie ist zumeist ohne weitere Befestigung aufgesetzt.

2 Jetzt den Drehknopf abnehmen. Einige sind nur aufgesteckt; das Beispiel hier ist durch eine Schraube gesichert, die herausgedreht werden muss.

3 Das Verschlussventil sollte nun sichtbar sein. Es kann in den meisten Fällen mit einem Schraubenschlüssel von der Armatur gelöst werden.

4 Die Dichtung sitzt an der Unterseite des Ventils, manchmal ist sie durch eine kleine Schraube gesichert. Sollte kein Ersatz zur Hand sein, kann es vorübergehend helfen, die Dichtung umzudrehen.

Austausch der Dichtung

Die Dichtung wird üblicherweise mit einer kleinen Mutter oder einem Zapfen mit dickerem Kopf gehalten. Beim Austausch der Dichtung auf identische Maße achten.

Austausch des Einsatzes

Hierbei wird das komplette Innenleben des Hahns ausgetauscht, inklusive Dichtung, Schaftdichtung und Einsatz.

Ausguss bei manuellen Pumpen

Üblicherweise lässt sich der Ausguss drehen. An seinem Fuß kommt ein O-Ring zur Anwendung. Um diesen zu tauschen, muss der Ausguss meistens nur herausgezogen werden. Manchmal wird er zusätzlich durch eine Überwurfmutter gehalten.

Verschmutzte Wasserleitungen

An den Innenwänden von Wasserleitungen an Bord können sich gesundheitsschädliche Pilze oder Algen ablagern. Undurchsichtige Leitungen sind hierfür weniger anfällig, allerdings bleibt die Verschmutzung unbemerkt. Durchscheinendes Licht begünstigt das Wachstum der Biomasse in durchsichtigen Leitungen.

Wassertankeinfüllstutzen

Der Einfüllschlauch ist oft durchsichtig und es findet, obwohl er unter Deck montiert ist, zumeist genügend Licht, um Pilz- oder Algenwachstum zu beschleunigen. In einem transparenten Schlauch lässt sich allerdings das Wachstum beobachten, sodass er bei sichtbar werdender Verschmutzung sofort ausgetauscht werden kann.

Bei einem typischen Innendurchmesser von 38 mm wird man auf einen widerspenstigen Schlauch treffen. Der neue Schlauch ist aber flexibler und damit handlicher.

Tipp

Schläuche lassen sich manchmal nur schwer auf Tüllen aufbringen. Etwas Spülmittel kann hier helfen. Reicht das nicht, kann der Schlauch angewärmt werden, etwa in heißem Wasser. Im Zweifelsfall kann auch ein Föhn verwendet werden. Doch Vorsicht: Wird das Ende zu heiß, lösen sich die Weichmacher aus dem Kunststoff, und die Charakteristik des Materials ändert sich. Im Trinkwasser sind diese Stoffe sogar schädlich. Es ist also Sorgfalt geboten.

Zunächst sollten alle Schapps, durch die der Schlauch führt, zugänglich gemacht werden. Dann die Schellen am Einfüllstutzen und am Tank lösen und den Schlauch entfernen.

An schlecht erreichbaren Stellen kann der neue Schlauch mit dem alten durchgezogen werden. Dafür eine Verbindung herstellen, die nicht hängen bleibt, zum Beispiel mit einem Doppelnippel ohne Schlauchschellen. Eventuell werden auch zwei Leute benötigt: Einer zieht, und einer drückt.

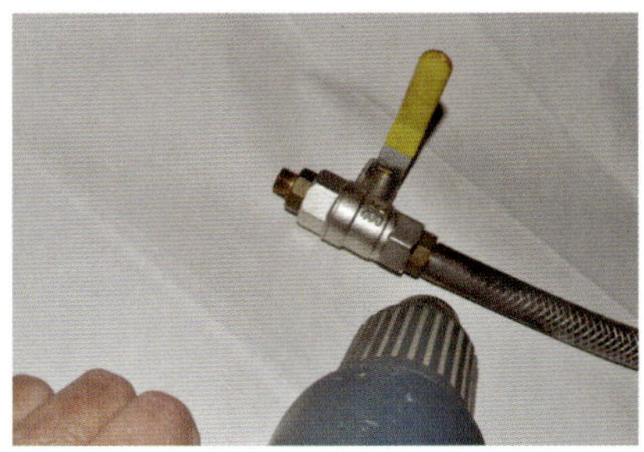

Eine Heißluftpistole auf niedriger Stufe oder ein Föhn helfen beim Entfernen klemmender Schläuche auf Tüllen.

Ein verschmutzter Einfüllschlauch. Der Weg zu sauberem Trinkwasser führt nur über einen Austausch (links).

Schläuche und Rohre des Wassersystems

Hier werden normalerweise undurchsichtige Schläuche oder Rohre mit Trinkwasserqualität verwendet. Da das System eigentlich immer unter Wasser steht, droht eher keine Kontamination, außer sie wird vom Tank eingeschleppt. Sollte dennoch ein Austausch erforderlich sein, ist wie oben erläutert vorzugehen.

Zusammenbau einer Kunststoffrohrverbindung. Um sie bei Bedarf problemlos wieder demontieren zu können, sollten Sie die wiederverwendbaren, teureren Verbindungen (siehe unten) einsetzen.

Ist der Schlauch an Ort und Stelle, kann er auf Länge geschnitten werden. Dann an Tank und Füllstutzen fixieren und die Verschraubungen anziehen.

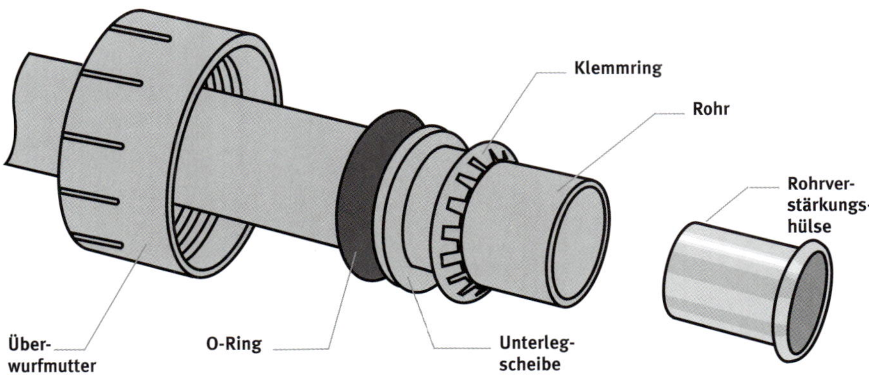

Wassertankentlüftung

Die Entlüftung wird auf demselben Weg ersetzt wie der Einfüllschlauch. Da sie deutlich dünner ist, zumeist nur 12 mm, wird die Arbeit leichter von der Hand gehen.

Kunststoffrohre verschrauben

So wird eine wiederverwendbare Verschraubung bei Kunststoffrohren hergestellt:

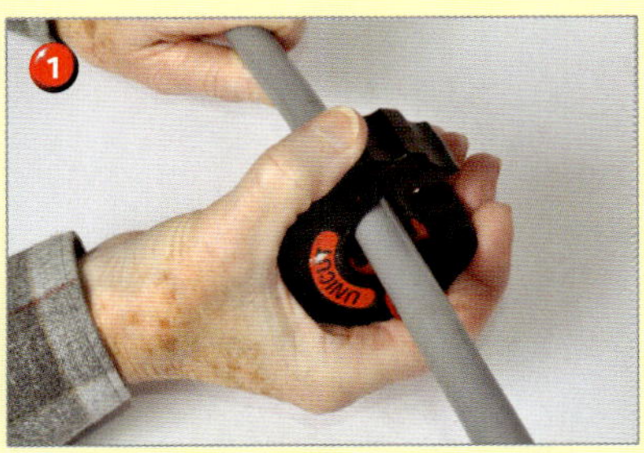

Das Kunststoffrohr mit einem Rohrschneider auf Länge bringen. Eine Säge ist ungeeignet, da sie keinen sauberen Schnitt hinterlässt, der aber unerlässlich ist.

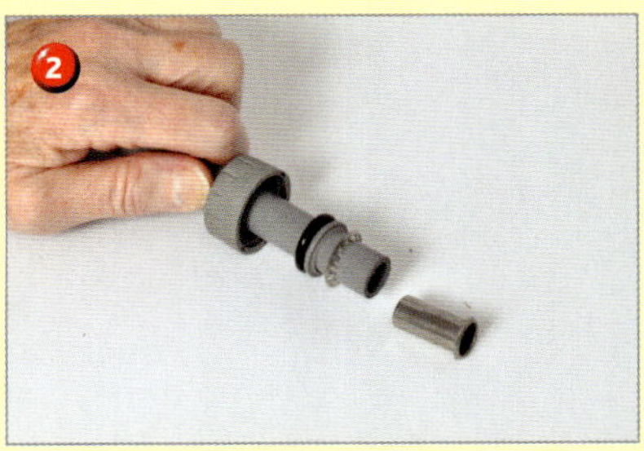

Unbedingt darauf achten, dass alle Komponenten in der korrekten Reihenfolge und Richtung verwendet werden. Sonst hält die Verbindung nicht.

Die Verstärkungshülse ist erforderlich, damit das weiche Kunststoffrohr beim Anziehen nicht plattgedrückt wird.

Reinigung eines Wassertanks

Wassertanks können durch Bakterien, Pilze und Algen verschmutzen. Um Gesundheitsschäden zu vermeiden, sollten die Behälter daher mindestens jährlich gereinigt werden. Dabei wird nicht nur den Tank, sondern gleich das ganze System gesäubert. Ein Filter sorgt für dauerhaft gute Wasserqualität.

Jährliche Reinigung

Für eine routinemäßige Reinigung sind flüssige Sterilisatoren völlig ausreichend. Viele Eigner verwenden Babyflaschen- oder Gebissreiniger. Zunächst lassen Sie das Wasser aus dem System ab. Hierzu öffnen Sie alle Hähne und lassen die Pumpen laufen. Bei einer Handpumpe kann der Tankinhalt eventuell in die Bilge geleert und von dort elektrisch außenbords gepumpt werden. Alternativ den Tank ansaugen und ablaufen lassen oder eine kleine elektrische Pumpe in den Tank führen.

Anhand der Dosierungsanleitung des Herstellers wird die korrekte Menge Reinigungsmittel ermittelt und in den Einfüllstutzen gegeben. Dann wird der Tank wieder mit Wasser befüllt. Nun alle Hähne öffnen, sodass das gesamte System mit Reiniger in Kontakt kommt. Den Tank wieder auffüllen und das Mittel etwa einen Tag wirken lassen. Dann wieder abpumpen und neu befüllen.

Dieser Kunststofftank verfügt über ein Inspektionsluk, durch das er gereinigt werden kann. Dennoch ist er nicht gut zugänglich.

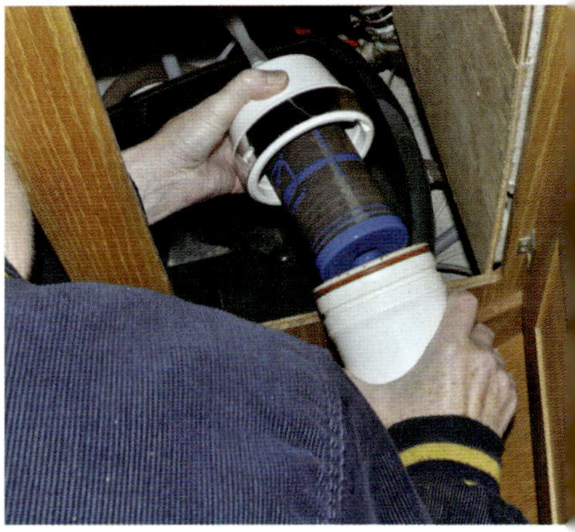

Ein Bakterienfilter bietet trotz hoher Kosten den besten Schutz gegen verschmutztes Trinkwasser.

Stark verschmutzte Tanks

Ist der Tank stark verschmutzt, bedarf es drastischer Maßnahmen. Falls er über ein Inspektionsluk verfügt, kann er gut von innen gereinigt werden. Interne Schwallbleche können die Arbeit jedoch erschweren. In diesem Fall wäre Dampfreinigung eine Option – insbesondere dann, wenn der Tank ausgebaut werden kann. Dafür den Tank so gut wie möglich mit Wasser spülen. Den Dampf des Generators, zum Beispiel eines Tapetenentferners, an der höchsten Stelle des Tanks einbringen und die Flüssigkeit unten ablaufen lassen. Diesen Vorgang möglichst lange aufrechterhalten. Dabei ist darauf zu achten,

Tipp

Bei großen Tanks wird während des Entleerens viel Energie verbraucht. Ein Landstromanschluss kann hier helfen. Um Überhitzung zu vermeiden, nach etwa zehn Minuten den Wasserpumpen eine Pause gönnen.

Ein angeklemmtes Thermometer misst die Temperatur des Dampfes (oben).

Dampf eines Tapetenentferners wird in einen verdächtigen Tank geblasen (links).

dass der Generator nicht austrocknet. Zwischendurch mit Frischwasser spülen. Prozedur wiederholen, bis der Tank sauber ist. Dann den Tank wieder einbauen und wie oben beschrieben mit Reiniger nochmals säubern, ausspülen und befüllen.

Wasserfilter

Die meisten Wasserfilter werden kein Wasser erzeugen, das unbedenklich getrunken werden kann. Aktivkohlefilter können Gerüche entfernen und den Geschmack verbessern, Bakterien gedeihen jedoch auch in diesen Filtern, sodass die Patronen jährlich gewechselt werden müssen. Sinnvoll sind diese Filter, wenn ein Reinigungsmittel verwendet wurde. Es gibt auch Filter, die Bakterien, organisches Material und Viren entfernen, allerdings reduzieren die sehr feinen Filterelemente die Durchflussrate erheblich. Diese Filter sind teuer, liefern jedoch Trinkwasserqualität. Die Patronen müssen nur gewechselt werden, wenn der Durchfluss zu niedrig wird.

SICHERHEITSTIPP

Eine regelmäßige Reinigung des Tanks macht die Verwendung von starken Sterilisatoren normalerweise überflüssig. Sollten sie doch verwendet werden, unbedingt die Anweisungen des Herstellers beachten und Schutzkleidung, Gesichtsmaske sowie Handschuhe tragen. Anschließend das System gut spülen, damit das Reinigungsmittel restlos entfernt wird

Dieser Tank kann von Bord gebracht werden. Tanks sind häufig so installiert, dass zunächst einige Einbauten entfernt werden müssen.

Wartung der Wasserpumpe

Auch wenn eine elektrische Pumpe an Bord ist, sollten Sie eine manuelle Pumpe als Ersatz haben. Außer der Reinigung der Filter ist keine regelmäßige Wartung erforderlich. Ist ein Druckausgleichsbehälter installiert, muss dieser unter Umständen nachgefüllt werden.

Ansaugen
Jedes Leck zwischen Tank und Pumpe wird die Pumpe daran hindern, den Unterdruck zum Selbstansaugen aufzubauen. Wenn sie also läuft, aber kein Wasser fließt, sollte hier die Suche beginnen. Sind alle Verbindungen geprüft, muss die Pumpe selbst betrachtet werden. Gut, wenn man dann die passende Bedienungsanleitung mit Explosionszeichnung zur Hand hat.

Handpumpen
Handpumpen werden mit einem Fußpedal oder einem Handhebel bedient. Im Inneren des Pumpenkörpers befinden sich eine Membrane oder ein Kolben sowie Dichtungen und Ventile, die den Wasserfluss steuern. Funktioniert das nicht, muss die Pumpe zerlegt werden. Anschließend alle Teile reinigen und verschlissene Komponenten ersetzen. Einfache Kolbenpumpen sind oft irreparabel, aber nicht teuer in der Anschaffung.

Elektrische Pumpen
Ein Elektromotor treibt die Pumpe an, die üblicherweise einen Druckschalter besitzt. Einige Pumpen laufen bei der immer gleichen Drehzahl. Sie detektieren einen Druckabfall im System, sobald der Hahn geöffnet wird, und pumpen nach dem Schließen so lange, bis der Druck wieder hergestellt ist. Andere Pumpen regeln ihre Drehzahl

> **Tipp**
>
> Erfolgt die Wasserversorgung ausschließlich über die elektrische Pumpe, kann der Einbau einer Handpumpe sinnvoll sein, für den Fall, dass die Elektrik einmal ausfällt. Alternativ sollten Sie immer eine Wasserreserve in Flaschen oder Kanistern an Bord haben.

Diese Pumpe ist gut zugänglich installiert. So sind Wartung und Ausbau ein Kinderspiel.

abhängig von der Öffnung des Hahns. Ist dieser weit geöffnet, ist die Drehzahl am höchsten.

Die Pumpe läuft nicht

- Prüfen Sie die Sicherung. Mit dem Multimeter ermitteln Sie, ob Spannung anliegt.
- Prüfen Sie, ob der Impeller frei läuft. Blockaden entstehen durch Frost oder seltenen Gebrauch.
- Überprüfen Sie, dass der Druckschalter nicht in der AUS-Stellung blockiert ist.

Die Pumpe läuft ständig

- Prüfen Sie, ob die Pumpe Wasser angesaugt hat.
- Gibt es ein Leck zwischen Pumpe und Hahn?
- Überprüfen Sie, dass der Druckschalter nicht in der AN-Stellung blockiert ist.

Die Pumpe geht immer an und aus

- Prüfen Sie, ob der Druck im Ausgleichsbehälter korrekt ist.

Der Ausgleichsbehälter

Der Ausgleichsbehälter schützt die Pumpe vor ständigen Schaltzyklen, wenn der Wasserhahn geöffnet ist. Er ist gefüllt mit komprimiertem Sauerstoff oder Stickstoff. Läuft die Pumpe, wird gegen diesen Druck Wasser in den Behälter gepresst. Die Erstbefüllung des Gases kann entweichen und muss daher gelegentlich ersetzt werden. Einfache Ausgleichsbehälter haben keine Membrane. Folgen Sie den Anweisungen zur Nachfüllung. Ausgleichsbehälter mit Membrane können mit einer Manometerpumpe wieder auf den spezifischen Druck gebracht werden.

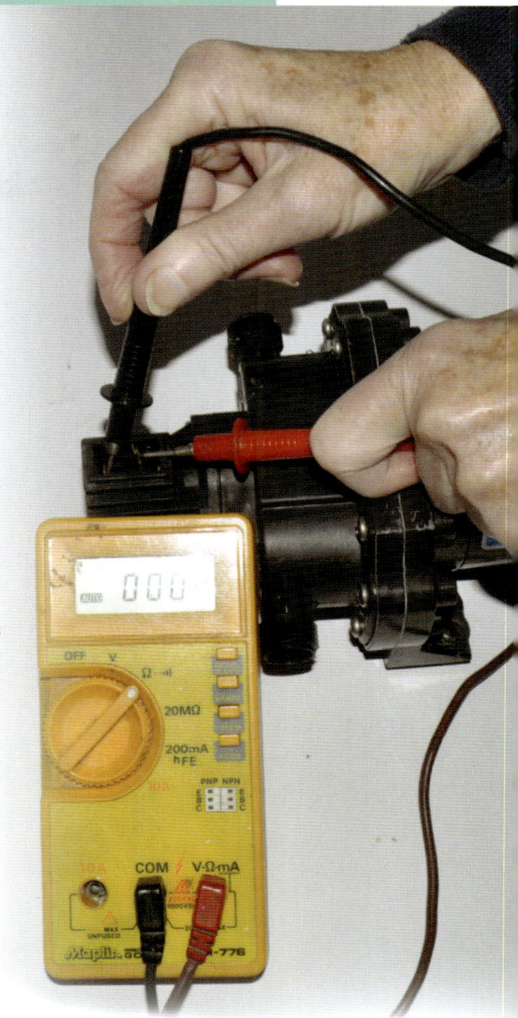

Den Druckschalter testet man am besten mit dem Durchgangsprüfer oder der Ohmschen Skala des Multimeters.

Druckschalter

Funktioniert die Pumpe nicht, obwohl die Stromversorgung in Ordnung ist, muss der Druckschalter überprüft werden.

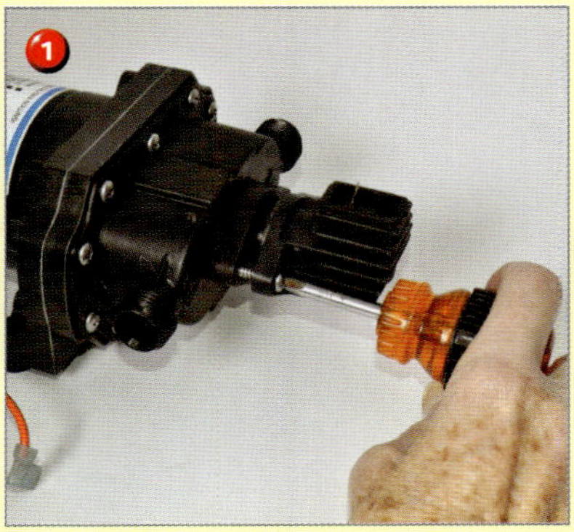

Bauen Sie die Schaltereinheit ab. Eine Feder wird den Schalter von der Pumpe wegdrücken.

Passen Sie auf, dass keine Teile wie etwa die Feder verloren gehen.

Stellen Sie sicher, dass der Schalter nicht blockiert ist. Im Zweifel mit einem Multimeter den Durchgang prüfen.

Das Gassystem

Flüssiggas wird in einer Flasche gelagert, um einen Kocher, einen Durchlauferhitzer oder eine Heizung zu versorgen. Gas ist explosionsgefährdet. Weil es schwerer als Luft ist, sammelt es sich im Fall eines Lecks in der Bilge, wo es nicht entweichen kann.

Die Gasflasche

Gasflaschen enthalten Propan oder Butan, abhängig von den verwendeten Endgeräten. Es handelt sich um Pfandflaschen, die in einigen Ländern einfach wiederbefüllt werden können, zum Beispiel an Tankstellen. Beim Austausch der Flasche darauf achten, dass sie geschlossen ist. Dann die leere Flasche abschrauben und bei der neuen auf eine sichere Verschraubung achten. Gas hat Linksgewinde!

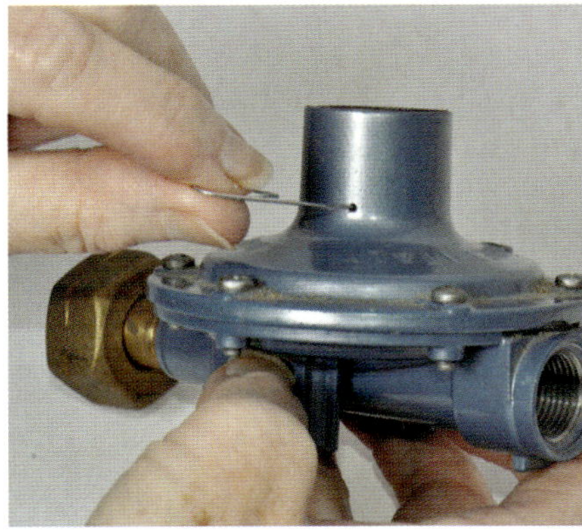

Falls nur eine kleine Flamme brennt, kann das Lüftungsloch im Gehäuse verstopft sein.

Flaschentausch. Nicht alle Gasfächer sind so gut zugänglich (unten).

Der Druckminderer

Das Gas wird durch den hohen Druck in der Flasche verflüssigt. Um es zu verwenden, muss es mithilfe des Druckminderers wieder in den gasförmigen Zustand gebracht werden. Für Propan und Butan werden verschiedene Druckminderer benötigt, die jeweils nur zu einer Sorte passen. Der Anschluss auf der Flasche oder der Druckminderer haben ein Verschlussventil. Dieses sollte verschlossen sein, wenn kein Gas benötigt wird.

Eine im Druckminderer befindliche Membrane ist auf einer Seite zur Außenluft offen. Ist diese Öffnung blockiert, wird die Flamme entweder sehr klein oder sie geht ganz aus. Dann sollten Sie das Lüftungsloch im Druckminderergehäuse auf Verunreinigungen überprüfen. Druckminderer sind mit einem Datumsstempel versehen. Bei Überschreitung des Höchstalters und bei Korrosion sollte der Druckminderer ausgetauscht werden.

Das Gasfach

Die Flasche und der Druckminderer müssen in einem nach außen selbstlenzenden Fach untergebracht sein, sodass austretendendes Gas nicht ins Boot gelangt. Die Lenzöffnung muss immer frei sein. Auch ein Leckdetektor und ein eventuell installiertes elektrisches Magnetventil sollten sich innerhalb des Gasfachs befinden.

Beim Einsatz von Lecksuchspray: bei jedem Öffnen der Flasche nach Blasen schauen.

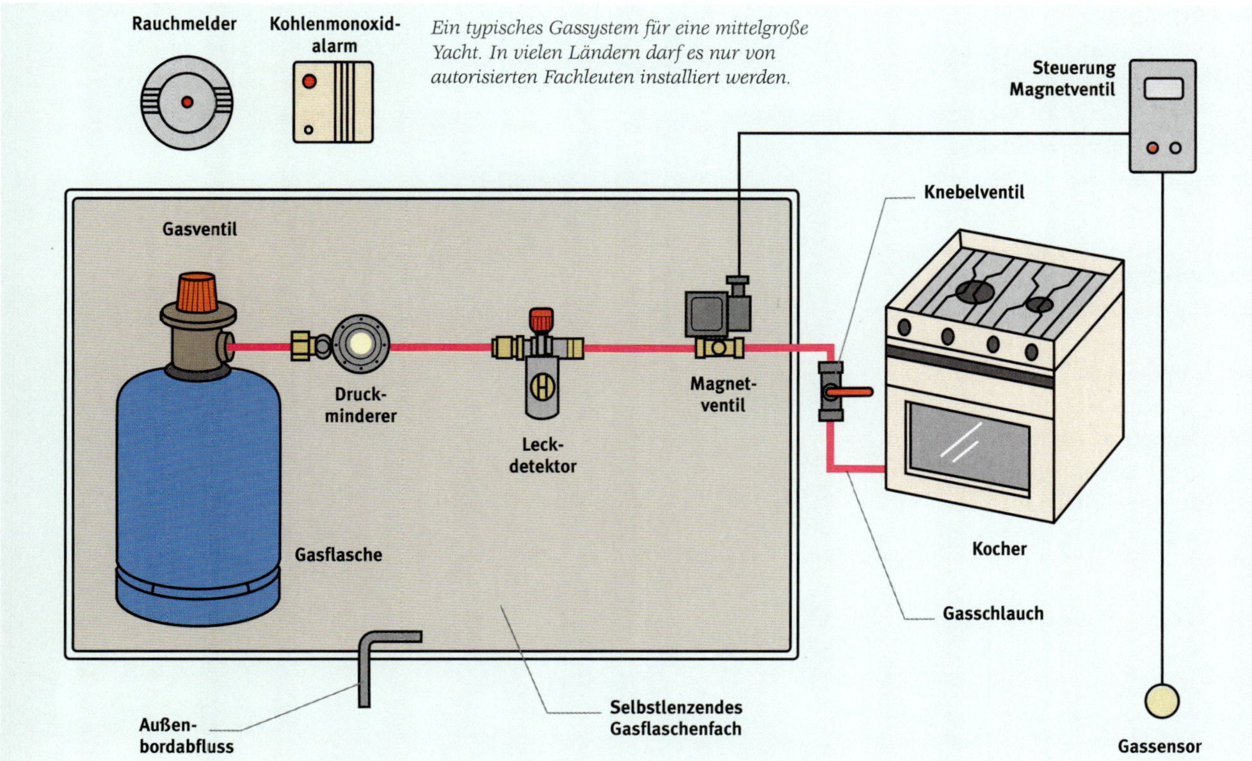

Ein typisches Gassystem für eine mittelgroße Yacht. In vielen Ländern darf es nur von autorisierten Fachleuten installiert werden.

Das Gassystem (2)

Bringen Sie einen elektronischen Gassensor so tief wie möglich, aber frei von Bilgewasser an.

Lecksuchspray

Blasenwerfendes Lecksuchspray zeigt sogar kleinste Leckagen an. Um zu überprüfen, ob das Gassystem dicht ist, sollte es regelmäßig nach Herstellerangaben damit eingesprüht werden.

Magnetventil

Das Magnetventil ermöglicht das Verschließen des Systems – entweder automatisch bei Erkennen einer Leckage oder durch Drücken eines Schalters. Die Ventile können mit einem Schraubendreher geöffnet werden, um das Gas auch bei Stromausfall nutzen zu können.

Knebelventil

Jeder Gasverbraucher benötigt ein in der Nähe installiertes Not-Aus-Ventil. Es muss auch im Fall eines Feuers zugänglich bleiben. Bei Nichtgebrauch bleibt es geschlossen.

Gasschläuche

Gasschläuche sind mit einem Datum versehen, da sie ein bestimmtes Alter nicht überschreiten dürfen. Auf jeden Fall müssen sie regelmäßig kontrolliert und beim kleinsten Anzeichen einer Beschädigung ausgetauscht werden.

Gasverbraucher

Alle Verbraucher an Bord müssen mindestens jährlich oder wie in der Bedienungsanleitung beschrieben gewartet werden. Ein Flammenwächter ist ebenfalls vorgeschrieben. Funktioniert dieser nicht, ist der Austausch unumgänglich.

Gasalarm

Wegen der Explosionsgefahr durch sich in der Bilge sammelndes Gas sollte dort ein Gasdetektor installiert sein. Diese Geräte vertragen kein Wasser und werden daher, falls durch Bilgewasser beschädigt, Fehlalarme auslösen. Ist der Detektor zusätzlich an das Gasventil gekoppelt, wird er auch die Gasversorgung

Diese Verschraubung wurde mit einem Lecksuchspray besprüht. Die Blasen deuten auf ein Leck hin.

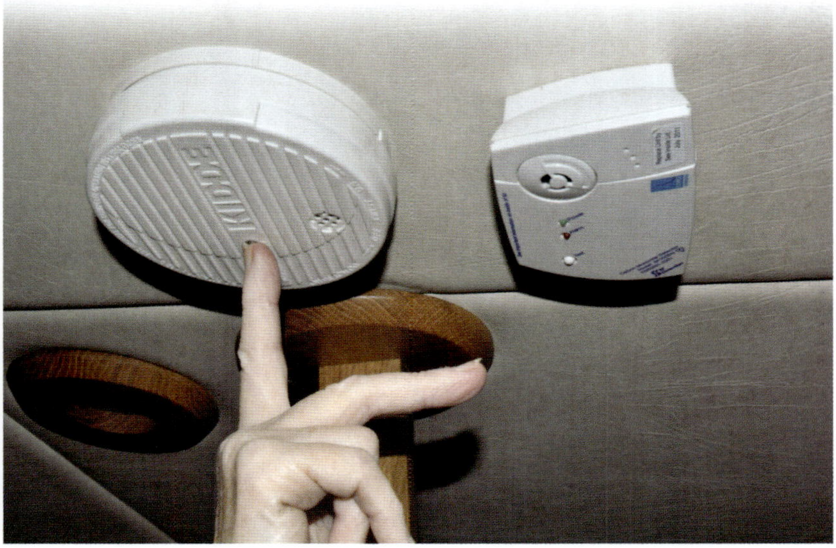

Ist der Rauchmelder nahe der Pantry montiert, sollte während des Kochens der »Kochen«-Knopf betätigt werden, um das Auslöseniveau heraufzusetzen.

Ob der Gasalarm funktioniert, wird durch Drücken des »Test«-Knopfes ermittelt. Einige Geräte haben zusätzlich einen Schalter für das Magnetventil der Gasflasche.

unterbrechen. Um dies zu vermeiden, gibt es teure, wasserfeste Detektoren. Das Alarmsystem sollte immer scharf geschaltet sein, genauso wie das Magnetventil immer geschlossen sein sollte, wenn kein Gas gebraucht wird.

Suche eines Gaslecks

Meldet der Sensor eine Gasansammlung, muss das Leck lokalisiert werden. Außerdem muss bei jedem Austausch einer Systemkomponente ein Lecktest durchgeführt werden. Am besten sprüht man auf jede Verbindung ein Lecksuchspray, bei dem die Blasen auch nach Rückgang des Drucks bestehen bleiben (Klempnerzubehör). Blasen an einer Verbindung verraten das Leck.

Kohlenmonoxid-Detektor

In schlecht durchlüfteten Räumen führt jede Verwendung von gasverbrennenden Geräten zu einer steigenden Konzentration von Kohlenmonoxid. Diese kann sogar gefährlich werden. Ein Detektor warnt rechtzeitig vor zu hohen Konzentrationen. Überprüfen Sie die Detektoren regelmäßig auf ihre Funktion.

Rauchmelder

Ein Rauchmelder zählt streng genommen nicht zum Gassystem. Aber er meldet Rauch in der Luft und damit einen möglichen Brand. Auch den Rauchmelder regelmäßig überprüfen.

SICHERHEITSTIPP

In vielen Ländern dürfen nur ausgebildete Gasinstallateure die Systeme warten und installieren. In jedem Fall erfordert der Umgang mit Gas an Bord höchsten Respekt und Umsicht. Ist man kein ausgebildeter Gasinstallateur, wird von eigenem Arbeiten an dem System dringend abgeraten. Setzen Sie lieber auf professionelle Hilfe. Achten Sie bei der Verwendung von Gasgeräten an Bord darauf, dass auch die Crew die folgenden Sicherheitsregeln einhält:

- Die Gasflasche und die Knebelventile nur öffnen, wenn das entsprechende Endgerät verwendet wird.
- Nach der Arbeit die Gasflasche und das Knebelventil sofort wieder schließen.

Gasleitungen und Verschraubungen

Gasanlagen müssen mindestens jährlich auf Lecks untersucht werden, und jegliche verschlissene oder durchgescheuerte Komponenten müssen ersetzt werden. Einige Schläuche und Verbindungen haben eine begrenzte Lebensdauer und müssen deshalb aus Sicherheitsgründen ausgetauscht werden.

SICHERHEITSTIPP

Die Wartung und Installation des Gassystems muss unbedingt von Fachleuten durchgeführt werden.

Kupferrohre

In einigen Ländern muss die ganze Anlage, außer direkt an der Flasche und am kardanischen Kocher, aus Kupferrohr bestehen. Das Rohr sollte ununterbrochen, mit möglichst wenigen Verschraubungen außer an den Verbrauchern, laufen. Wo das Rohr durch ein Schott läuft, kommen spezielle Schottverschraubungen oder Durchführungstüllen zum Einsatz, um Abrieb zu vermeiden. In regelmäßigen Abständen muss das Rohr befestigt sein. Der vorgeschriebene Abstand der Befestigungen variiert von Land zu Land. In einigen Ländern reicht eine visuelle Kontrolle auf Durchhang des Rohres.

Schläuche

Es dürfen nur für Flüssiggas zugelassene Schläuche verwendet werden, auf denen das Herstellungsdatum vermerkt ist. In Deutschland sind ausschließlich Verschraubungen mit Gewinden und Kupferdichtringen erlaubt. Verbindungen mit Schlauchschellen auf Tüllen oder direkt auf Rohren sind nicht zulässig. Die Linksgewinde sind genormt.

Gewinde werden am besten mit Teflonband oder Paste abgedichtet.

Die Gasrohre müssen in regelmäßigen Abständen befestigt sein. Ein Knebelventil in der Nähe jedes Verbrauchers ist ebenfalls vorgeschrieben.

Stahlflexschläuche

Diese Schläuche werden bereits ab Werk abgelängt und mit der passenden Verschraubung ausgestattet. Sie kommen dort zum Einsatz, wo Scheuerstellen entstehen können, wie etwa beim kardanischen Kocher. In Deutschland sind sie für Gasanlagen verboten.

Rohrverbindungen

Alle Rohrverbindungen müssen Pressverbindungen sein. Auch dort, wo Schläuche an Rohren befestigt werden müssen, ist dies durch entsprechende Verschraubungen sicherzustellen. Pressverbindungen bestehen aus dem Schneidring und der Überwurfmutter. Der Schneidring geht beim ersten Anziehen der Mutter eine dauerhafte und gasdichte Verbindung mit dem Kupferrohr ein, er kann später nicht mehr entfernt werden. Die Verbindung an sich kann durch Aufdrehen der Mutter jederzeit wieder gelöst und neu befestigt werden.

Herstellung einer Verbindung

Mit einem Rohrschneider das Rohr ablängen (eine Säge würde ausgefranste Enden hinterlassen, die nicht ordentlich dicht werden), dann die Schnittstelle mit einem Lochdorn oder einer Reibahle entgraten. Schließlich das Rohrende mit Stahlwolle von Dreck und Oxiden befreien. Jetzt die Überwurfmutter mit dem Gewinde Richtung Verschraubung auf das Rohr schieben, den Schneidring gleich hinterher. Das Rohr mit dem Ring in die Verschraubung drücken und die Mutter anziehen. Dichtmasse wird beim ersten Verschrauben nicht benötigt. Nach jedem zukünftigen Lösen und wieder Befestigen ist etwas Gasdichtpaste erforderlich.

Eine Verbindung herstellen

Quetschverbindungen auf Kupferrohr müssen sorgfältig hergestellt werden, um Lecks zu vermeiden. Ein Vorteil ist jedoch, dass die Verbindungen nach Bedarf gelöst und wieder befestigt werden können.

Das Rohr mit einem Rohrschneider auf Länge bringen. Eine Säge ist ungeeignet, da sie raue Enden hinterlässt.

Mit einem Lochdorn das Ende des Rohres bearbeiten, da es durch den Schneider zusammengedrückt wurde.

Der Schneidring wird durch das spätere Anziehen der Mutter in das Rohr gepresst.

Wenig Dichtmasse reicht aus.

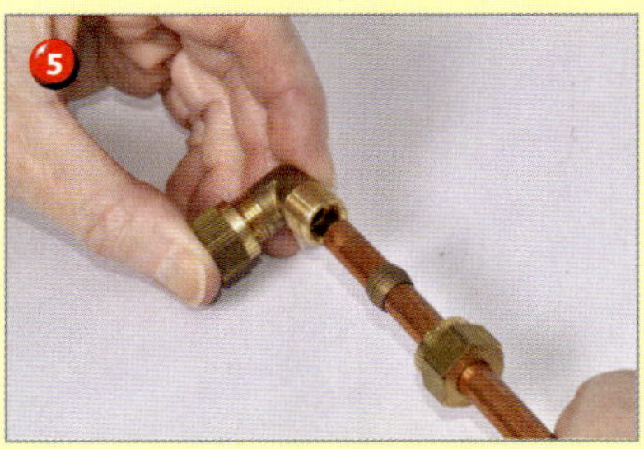

Das Rohr mit dem Ring darauf in die Verschraubung drücken. Es sollte keine Spalte offen bleiben.

Jetzt die Überwurfmutter, bitte nicht zu fest, mit einem Schlüssel anziehen.

Nach dem Anziehen der Verbindung musssen Sie diese auf Lecks testen. Zieht man die Überwurfmutter zu fest an, bricht der Schneidring. Ist sie zu lose, ist die Verbindung ebenfalls undicht.

Wartung von Bootstoiletten

Anders als ein WC im Haus braucht eine Bootstoilette mehr als eine regelmäßige Reinigung, um funktionsfähig zu bleiben. Daher ist es wichtig, dass jeder Benutzer weiß, worauf zu achten ist. Zumindest eine Person an Bord muss wissen, wie das WC gewartet wird.

Handhabung von Bootstoiletten

Bootstoiletten haben Abwasserrohre mit kleinen Durchmessern und Gummiventile. Beides verstopft schnell, sobald etwas anderes als Fäkalien oder lösliches Toilettenpapier hineingelangt. Das Lösen der Verstopfung kann eine unangenehme Arbeit sein.

Eine manuelle Toilette ist einfach konstruiert, aber sie verschleißt schnell. Sie sollten wissen, wie sie funktioniert, und Ersatzteile an Bord haben.

Entlüftungsventil

Ist die Toilette unterhalb der Wasserlinie eingebaut, sollte ein Entlüftungsventil im Zulauf montiert sein, um einen Siphoneffekt zu vermeiden, der Seewasser in die Toilette saugt. Das Ventil muss jährlich gereinigt und inspiziert werden. Oft sind die Ventile versteckt angebracht, sodass man sie suchen muss. Elektrische Toiletten verwenden oft auch elektrische Entlüftungsventile.

SICHERHEITSTIPP

Bei der Arbeit an Toiletten immer Schutzhandschuhe tragen. Die Putzmittel für das WC sowie die Handschuhe getrennt von anderen Reinigungsutensilien aufbewahren. Bei Arbeiten am WC und bei Nichtverwendung die Seeventile geschlossen halten, sonst kann über die Toilette Seewasser in das Schiff laufen, zum Beispiel, wenn das Entlüftungsventil defekt ist.

Manuelle Toilette mit integrierter Pumpe

Die meisten Boote verfügen über WCs mit einer integrierten, manuellen Kolbenpumpe, die die Schüssel spült und auch leerpumpt. In einer Richtung befördert der Kolben Wasser hinein, in die andere wird der Inhalt der Schüssel abgesaugt. Durch Umlegen eines Hebels kann bestimmt werden, ob gespült und abgepumpt oder nur abgepumpt wird. Entsprechend wird das Rückschlagventil des Zulaufs geöffnet oder geschlossen.

Wartung einer manuellen Toilette mit integrierter Pumpe

Um Ärger zu vermeiden, sollte die Toilette jährlich gewartet werden. Ein Ersatzteilset enthält alle Dichtungen und Ventile. Es sollte immer an Bord sein, falls kurzfristig das WC repariert werden muss. Achten Sie darauf, dass die Ersatzteile exakt zu der verwendeten Toilette passen. Eine Gebrauchsanleitung liegt dem Set bei.

Manuelle Vakuumtoiletten

Dieses System basiert auf einer guten Dichtung zwischen Deckel, Brille und WC-Becken. Sobald die Pumpe betätigt wird, bildet sich in der Schüssel ein Vakuum. Die Membranpumpe befördert den Inhalt der Schüssel außenbords und saugt aufgrund des dabei entstehenden Vakuums Spülwasser an.

Wartung einer manuellen Toilette

Die jährliche Wartung der Toilette sorgt für eine einwandfreie Funktion. In Verbindung mit einer Regelung, was ins WC darf und was nicht, entstehen kaum Probleme.

Für jede Toilette gibt es einen speziellen Dichtungssatz. Achten Sie darauf, dass er zu Ihrem WC passt.

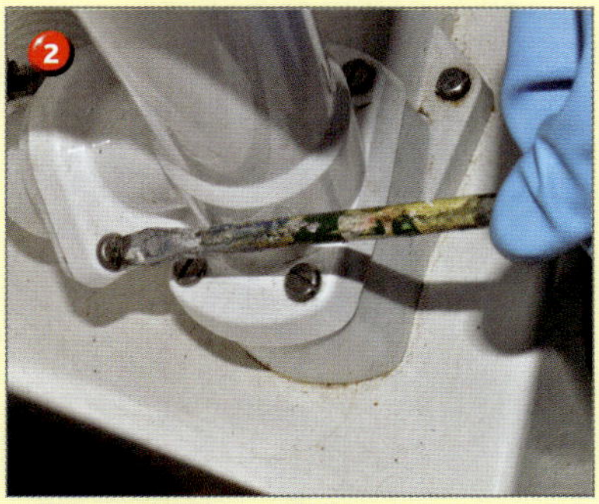

Entfernen Sie das Ventilgehäuse von der Pumpe. Dieses enthält das Rückschlagventil, das unbedingt ersetzt werden sollte.

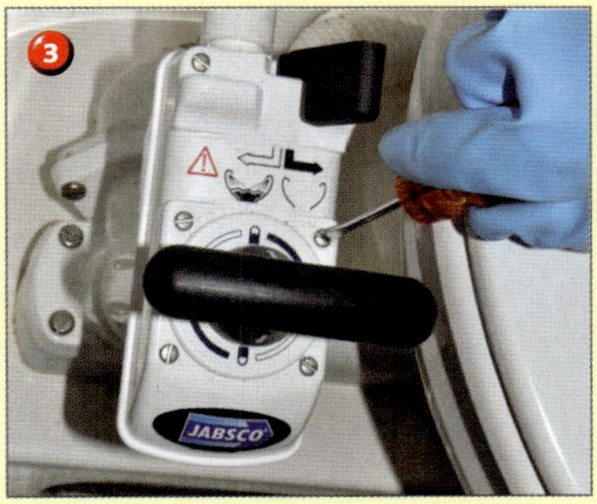

Entfernen Sie die Schrauben am Pumpengehäuse. Dabei muss der Pumphebel in der abgebildeten Position stehen.

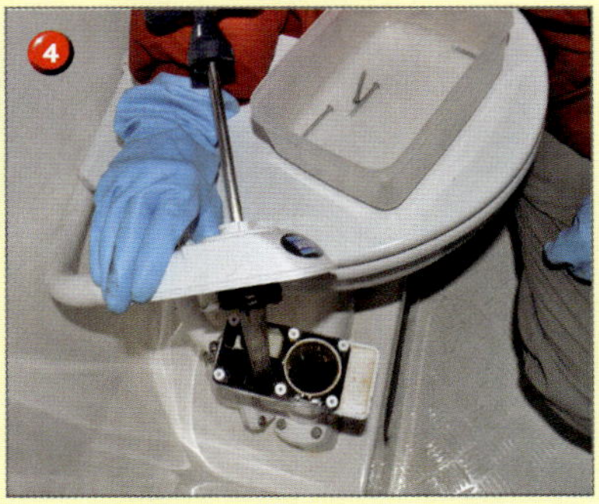

Entfernen Sie das Spühlrohr, dann heben Sie vorsichtig mit dem Pumphebel die Oberseite des Pumpengehäuses ab.

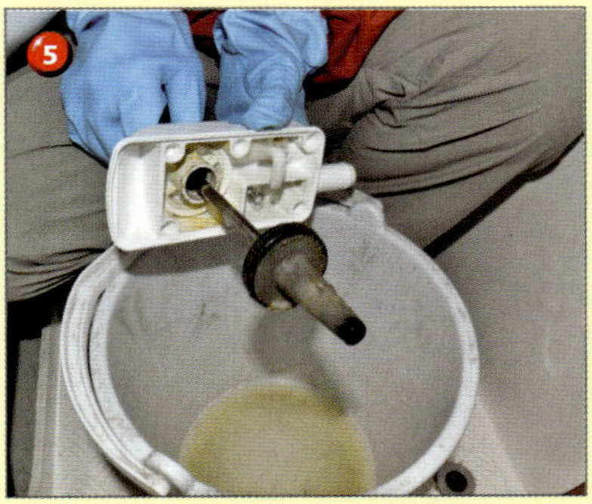

Überprüfen Sie die Kolbendichtung. Ist sie beschädigt oder verschlissen, tauschen Sie sie aus. Schmieren Sie alles mit Vaseline.

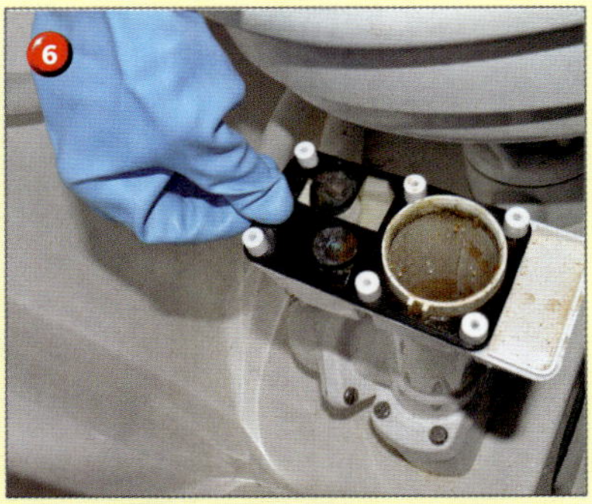

Ersetzen Sie die Dichtung und die Ventile. Achten Sie vorher darauf, wie alles zusammengehört. So gelingt der korrekte Zusammenbau.

Wartung von Bootstoiletten (2)

Tipp

Niemals Bleichmittel oder andere aggressive Chemikalien in die Toilette schütten, da diese die Gummikomponenten zerstören. Kleine Kalkablagerungen können durch regelmäßiges Spülen des Systems mit Essig entfernt werden. Bakterien wachsen im Einlassschlauch und erzeugen dabei Schwefelwasserstoff, der bei jedem Spülen freigesetzt wird und der nach faulen Eiern riecht. Um den Gestank zu vermeiden, den Zulaufschlauch regelmäßig tauschen oder Frischwasser zum Spülen verwenden.

Wartung einer manuellen Vakuumtoilette

An der Toilette selbst wird nur die Dichtung unter dem Sitz geprüft. Damit sie einwandfrei funktioniert, muss sie sauber gehalten werden. Ist das Gummi ausgehärtet, muss die Dichtung ersetzt werden. Die Größe des Lüftungslochs im Entlüftungsventil des Zulaufs bestimmt die Menge des verbleibenden Wassers in der Schüssel nach dem Spülen. Das Loch sollte also auch sauber gehalten werden. Vergrößert man es beim Reinigen, wird dies einen nachteiligen Effekt auf das Wasserniveau in der Schüssel haben.

Die Wartung der Pumpe ist einfach. Entfernen Sie dafür die Abdeckung. Dann sehen Sie zwei Rückschlagventile, die jährlich getauscht werden müssen (Ersatzteilsets sind erhältlich). Die Pumpenmembrane muss nicht so oft getauscht werden. Die Pumpen

Eine Vakuumtoilette, wie diese Lavac, hat eine Dichtung unter dem Deckel. Wenn die Pumpe betätigt wird, entsteht in der Schüssel ein Vakuum. Im Schapp dahinter sind die Pumpe und das Entlüftungsventil zu sehen.

Seewasserpumpe und Ansaugfilter einer elektrischen Toilette. Der Filter sollte regelmäßig geprüft werden, weil sich dort Verunreinigungen ablagern können.

gleichen oft denen zum Handlenzen (siehe S. 142 und 143 für weitere Details zur Wartung).

Elektrische Toiletten

Elektrische Toiletten gibt es in vielen verschiedenen Varianten:

- Sehr ähnlich zu einer manuellen Toilette mit integrierter Pumpe, aber in diesem Fall elektrisch betrieben. Der Spülen-/Leeren-Schalter befindet sich oben auf dem Pumpengehäuse.
- Eine Vakuumtoilette mit einer elektrischen Membranpumpe. Es gibt nur einen AN-/AUS-Schalter.
- Eine elektrische Toilette, bei der Pumpe und Ventile unter der Schüssel versteckt sind. Die Bedienung erfolgt über ein Steuerungspanel. Diese Toiletten werden üblicherweise mit Wasser aus dem Frischwassertank versorgt. Alternativ kann auch Seewasser verwendet werden, wofür eine Extrapumpe benötigt wird.

Wartung einer elektrischen Toilette

Genau wie für manuelle Toiletten gibt es Wartungskits. Halten Sie sich an die Gebrauchsanweisungen. Ähnlich wie manuelle Toiletten müssen auch elektrische jährlich gewartet werden, um Ventile und Dichtungen zu tauschen. Einige Modelle erfordern weniger Aufwand – die exakten Arbeiten und Intervalle entnehmen Sie dem Handbuch.

Wird Seewasser zur Spülung verwendet, sollten gelegentlich der Impeller der Seewasserpumpe und der Simmerring getauscht werden.

Fehlerbehebung bei einer elektrischen Toilette

Fällt der Strom aus, kann die Toilette nicht benutzt werden. Falls die Pumpe nicht funktioniert, sollte zunächst die Sicherung überprüft werden. Ist sie in Ordnung, den Überlastschalter sowie die elektronische Steuerung untersuchen. Spült die Toilette nicht, die Frisch- oder Seewasserpumpe überprüfen. Dazu die Seiten zur Fehlerbehebung im Handbuch zurate ziehen.

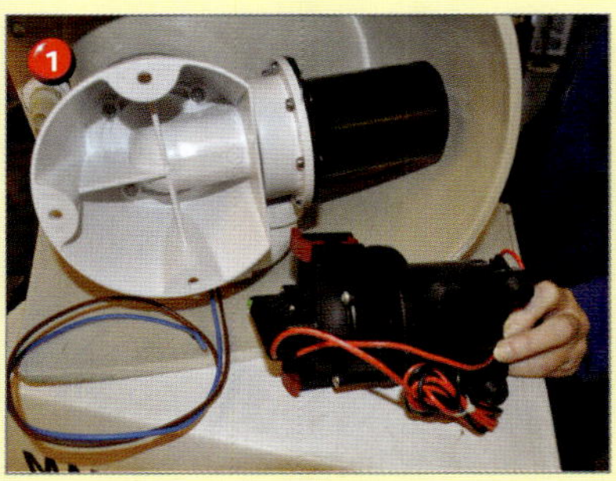

Die Zerhackerpumpe ist üblicherweise am Fuß der Toilette installiert, deshalb muss sie für die Wartung der Pumpe eventuell ausgebaut werden.

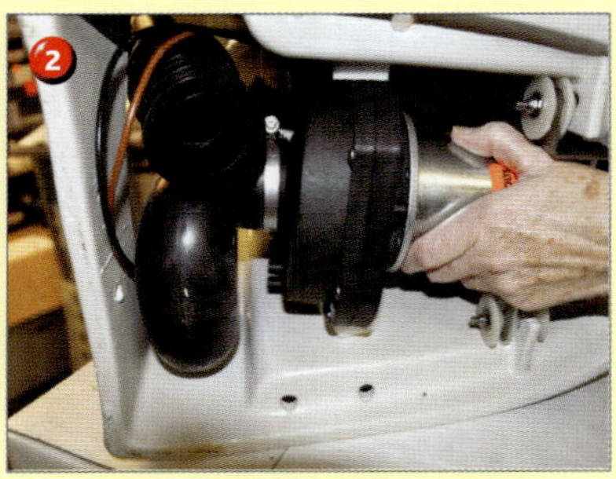

Gleiches gilt für elektrische Toiletten, unter deren Schüssel eine Schaufelradpumpe montiert ist.

Verstopfte Toiletten

Wenn die Toilette verstopft ist, müssen zumeist einige Pumpen und Ventile zerlegt werden. Das ist eine unangenehme Aufgabe, die aber vermeidbar ist, wenn vorher einige Regeln beachtet werden. Weisen Sie deshalb alle Crewmitglieder und Gäste in die Handhabung des WCs ein!

> **Tipp**
>
> Ein komplettes Ersatzteilset für die Toilette sollte immer an Bord sein. Einzelne Teile können verwendet werden, wenn nach dem Lösen einer Verstopfung die Toilette wieder zusammengebaut wird.

Verstopfungen vermeiden

In die Toilette gehören ausschließlich Fäkalien. Toilettenpapier sollte so wenig wie möglich in die Schüssel gelangen. Spezielles Papier, das sich bei Wasserkontakt auflöst, ist ebenfalls hilfreich.

Ist die Toilette verstopft …

… nicht weiterpumpen! Der Versuch, eine Verstopfung durch kräftiges Pumpen zu lösen, kann in einer unerfreulichen Explosion enden. Überprüfen Sie, ob die Seeventile geöffnet sind. Ist das System verstopft, zunächst einen Eimer bereitstellen, in den die ausgebauten Teile gelegt werden können. Schutzhandschuhe tragen.

Verstopfung einer manuellen Toilette

Wahrscheinlich ist das Auslassrohr zwischen der Schüssel und dem Rückschlagventil blockiert. Falls unten in der Schüssel eine Verstopfung sichtbar ist, entfernen Sie sie mit der Hand, und probieren Sie vorsichtig mit der Pumpe, ob die Toilette wieder funktioniert. Falls nicht, schließen Sie beide Seeventile. Folgen Sie den Anweisungen zur Wartung der Pumpe und entfernen Sie sie und das Rückschlagventil aus dem Auslassrohr. Dabei wird Abwasser auf den Boden gelangen. Entfernen Sie jeglichen Schmutz aus den Rohren zwischen der Schüssel und dem Rückschlagventil. Überprüfen Sie als Nächstes die Pumpe. Falls sie auch frei ist, so ist wahrscheinlich der Schlauch zwischen der Toilette und dem Seeventil oder dem Fäkalientank blockiert.

Entfernen Sie die Schläuche vom Dreiwegeventil, falls vorhanden, und überprüfen Sie dieses auf

Eine gut gewartete Pumpe befördert viel Spülwasser und wird daher nicht so schnell verstopfen.

Verstopfung. Ist es frei, reinigen Sie die angeschlossenen Schläuche mithilfe einer flexiblen Schlauchbürste. Alternativ können die Schläuche entfernt und an anderer Stelle gesäubert werden. Dann bauen Sie alles wieder zusammen. Prüfen Sie, ob alle Schlauchschellen fest sind, öffnen Sie die Seeventile und pumpen Sie vorsichtig.

Verstopfung einer manuellen Toilette mit elektrischer Pumpe

Gehen Sie wie bei einer manuellen Toilette vor.

Verstopfung einer Vakuumtoilette

Überprüfen und, falls erforderlich, reinigen Sie den Auslass der Toilettenschüssel. Entfernen Sie die Abdeckung der Membranpumpe sowie jeglichen Schmutz. Dann die Rückschlagventile an Ein- und Auslass reinigen und wieder einbauen. Ist das System immer noch verstopft, analog zur manuellen Toilette vorgehen.

Verstopfung einer elektrischen Toilette

Folgen Sie den Anweisungen zur Wartung der Toilette, um die Verstopfung zu finden.

Zerhacken des Abwassers

In einer manuellen Toilette werden die festen Bestandteile des Abwassers durch das Gummi des Rückschlagventils oder durch die Membran der Pumpe zerkleinert. Dieser Vorgang ist nur teilweise erfolgreich, sodass Verstopfungen wahrscheinlicher sind als bei elektrischen Toiletten, bei denen eine Zerhackerpumpe alle Bestandteile zerkleinert.

Entfernen einer Verstopfung

Eine Verstopfung in der Toilette erfordert das Zerlegen der Pumpe. Dabei kann der Boden verschmutzt werden (siehe Tipp auf S. 141).

1 Entfernen Sie den Auslass an der Unterseite der Pumpe. Dort befindet sich auslassseitig ein Gummiventil, das abgebaut und gereinigt werden sollte.

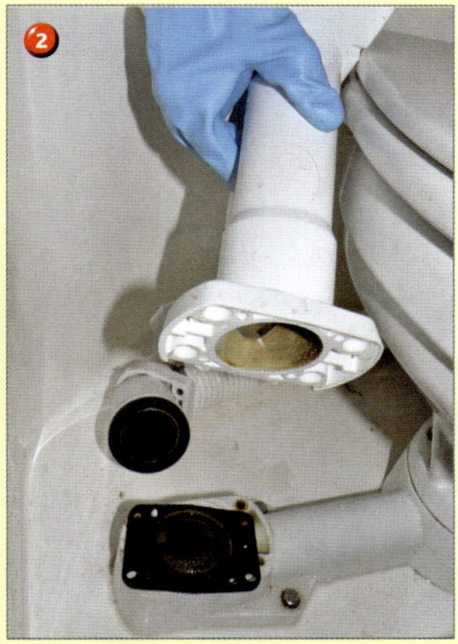

2 Schrauben Sie die Unterseite der Toilettenpumpe ab. Dann demontieren Sie die Pumpe vom Toilettensockel.

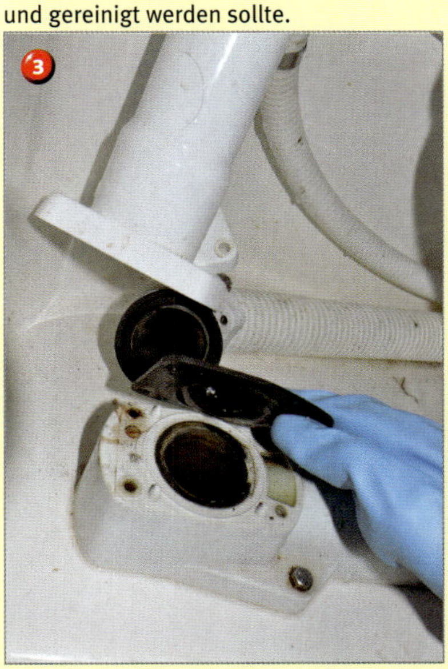

3 Bauen Sie das Gummiventil an der Unterseite der Toilette aus und säubern Sie es. Stellen Sie sicher, dass die Pumpe nicht verunreinigt ist.

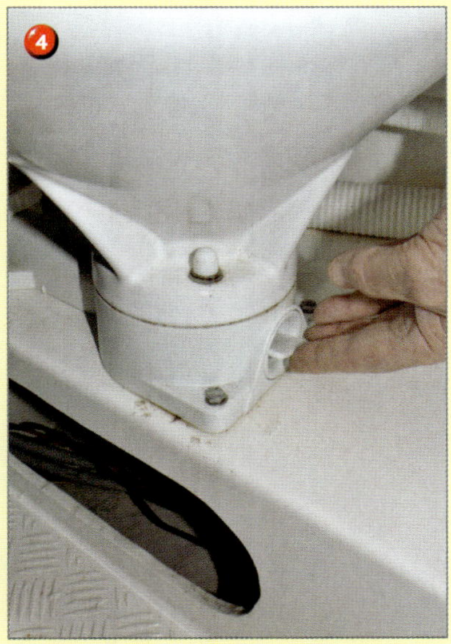

4 Eventuell muss das Ablaufventil am Toilettenboden entfernt werden, um eine Verstopfung durchzudrücken. Der Zusammenbau erfolgt in umgekehrter Reihenfolge.

Schwarzwassersysteme

Nicht immer ist es sinnvoll, Toilettenabwasser direkt über Bord zu pumpen. Tatsächlich ist es in einigen Ländern und auf bestimmten Gewässern sogar verboten und bei Nichtbeachtung drohen empfindliche Strafen. Zuweilen wird sogar das Auslassventil blockiert. Viele Boote verfügen deshalb über einen Fäkalientank.

Fäkalientanksystem

Beim Einbau eines Fäkalientanks gibt es folgende Möglichkeiten:

- Das gesamte Abwasser wird in den Tank gepumpt.
- Das Abwasser wird über ein Dreiwegeventil direkt über Bord oder in den Tank gepumpt.
- Der Tank wird ausschließlich über eine Absaugung an Deck geleert.
- Der Tank wird über eine Absaugung an Deck oder durch das geöffnete Ablassventil geleert.
- Der Tank wird über eine Absaugung an Deck oder durch eine an Bord installierte Absaugpumpe geleert.

Entleeren und Reinigen

Fäkalientanks müssen regelmäßig geleert werden. Idealerweise werden sie danach mit Frischwasser gespült, um Ansammlungen von Feststoffen zu vermeiden. Einige Systeme haben einen Spülwassereinlass an Deck installiert, sodass sie während der Leerung an der Abpumpstation gespült werden können. Der Tank sollte so oft wie möglich mit Frischwasser gespült werden.

Einige Systeme haben einen Geruchsfilter im Entlüftungssystem des Tanks. Dieser muss jährlich gewechselt werden. Weitere Wartungsarbeiten fallen beim Fäkalientank nicht an.

Dieser kleine Tank ist durchscheinend, sodass man seinen Füllstand überprüfen kann. Die Reinigung ist aber schwierig, wenn er nicht ausgebaut wird.

Ein leicht zugängliches Inspektionsluk im Tank erleichtert die Reinigung. Das ist leider nicht selbstverständlich.

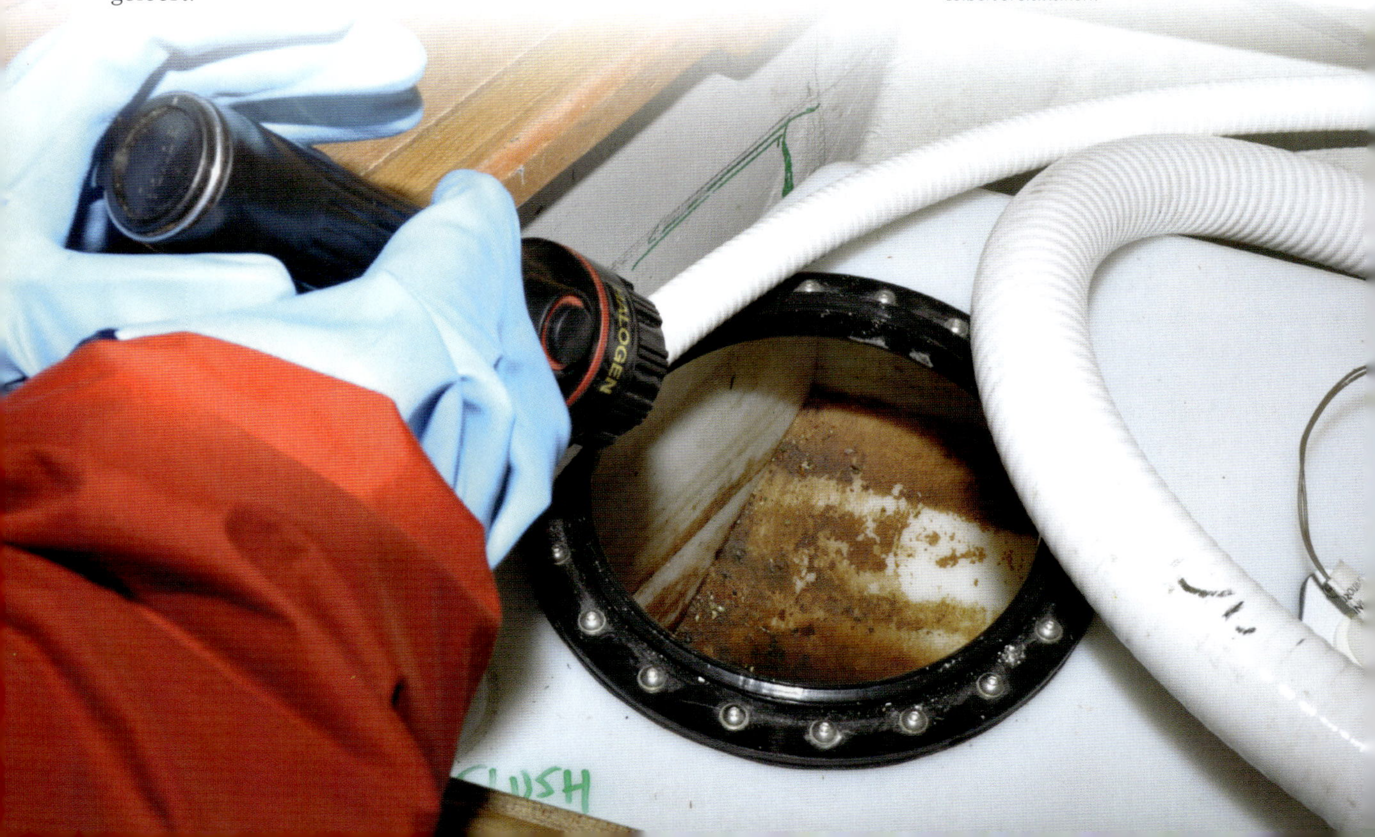

Tipp

Mit einem Nass-Trocken-Sauger lassen sich sehr gut die Verunreinigungen nach dem Öffnen einer verstopften Toilette beseitigen. Man kann damit auch das Innere eines Fäkalientanks reinigen. Denken Sie daran, Filter und Staubbeutel vorab zu entfernen.
Das Gerät muss nach Gebrauch gut gereinigt und desinfiziert werden. Nach dem Trocknen Filter und Staubbeutel wieder einbauen.

Am einfachsten lässt sich der Fäkalientank an einer Abpumpstation einer Marina leeren.

An Bord installierte Ablasspumpe

Handelt es sich nicht um ein schwerkraftunterstütztes System, so kann, falls erlaubt, auf offenen Gewässern der Tank mithilfe einer an Bord installierten Ablasspumpe gelenzt werden.

Eine Handpumpe verfügt über ein Rückschlagventil und eine Membran, die gelegentlich gereinigt und ersetzt werden müssen (siehe S. 142 und 143).

Eine elektrische, zerhackende Ablasspumpe verfügt für gewöhnlich über eine rotierende Edelstahlklinge und eine Pumpe mit einem Gummi-Impeller. Da es sich dabei um ein Verschleißteil handelt, sollte Ersatz an Bord sein.

Reinigung des Fäkalientanks

Gelegentlich sollte die Innenseite des Fäkalientanks gereinigt werden. Vor dem Öffnen des Inspektionsluks den Tank mehrfach mit Frischwasser spülen, dann das Innere des Tanks inspizieren und bei Bedarf säubern.

Wartung der Bilgepumpe

Mit einer Bilgepumpe kann ins Boot eingedrungenes Wasser entfernt werden. Diese Pumpen fristen ihr Dasein für gewöhnlich an einem vergessenen Ort, bis ein Notfall eintritt. Dann hofft der Eigner, dass sie ausreichend dimensioniert und funktionsfähig sind.

Überprüfen Sie regelmäßig den Schwimmschalter der elektrischen Pumpe.

Wasser aus der Bilge pumpen

Wasser sammelt sich am tiefsten Punkt des Bootes, obwohl mitunter Strukturbauteile im Wege sind. Um alle Abteilungen mit der Hauptbilge zu verbinden, gibt es üblicherweise Drainagelöcher.

Ein Ansaugfilter im Pumpensumpf hindert Schmutz daran, die Bilgepumpe zu blockieren. Um eventuelle Verunreinigungen schnell entfernen zu können, muss der Ansaugfilter leicht zugänglich sein. Die Bilgepumpe saugt Wasser aus dem Pumpensumpf und drückt es oberhalb der Wasserlinie außenbords. Die Pumpe wird entweder manuell oder elektrisch betrieben. Idealerweise gibt es beide Systeme an Bord.

Eine manuelle Bilgepumpe verfügt üblicherweise über eine Membran. Sie sollte, etwa im Cockpit, so installiert sein, dass sie auch über einen längeren Zeitraum bequem verwendet werden kann. Um die Pumpen zu testen, kann etwas Wasser in den Pumpensumpf geschüttet werden.

Wartung einer Handlenzpumpe

Diese Pumpen sind normalerweise sehr einfach zu warten. Sie haben

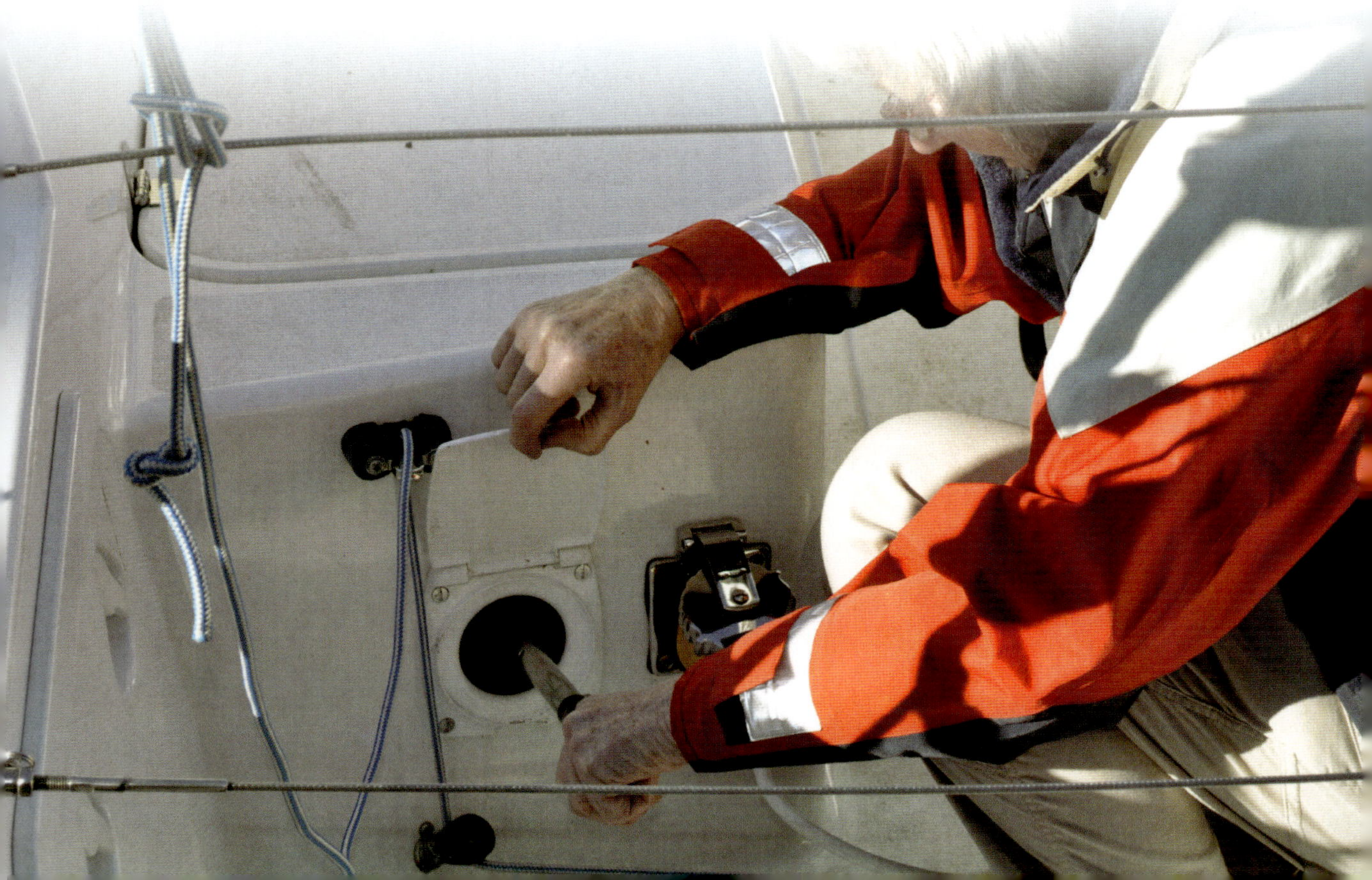

Sehen Sie die Bilgepumpe nicht als selbstverständlich an. Prüfen Sie regelmäßig, ob sie einwandfrei funktioniert, und stellen Sie sicher, dass die Bedienelemente gut zugänglich sind.

entweder eine aufgeschraubte Frontplatte, die einfach abgedreht werden kann, oder einen Gummibalg, der mit einer sehr großen Schlauchschelle am Gehäuse befestigt ist. Das Ersatzteilset wird Herstellerangaben zum Einbau enthalten. Die Membran muss nur getauscht werden, wenn sie rissig oder löchrig ist. Die beiden Rückschlagventile härten mit der Zeit aus und müssen häufiger ersetzt werden.

Instandhaltung einer elektrischen Bilgepumpe

Elektrische Bilgepumpen funktionieren entweder nach dem Membran- oder nach dem Zentrifugalprinzip. Letztere braucht keine Pflege. Elektrische Membranpumpen werden so wie manuelle gewartet. Fällt der Motor aus, sind meistens korrodierte Kontakte die Ursache. Sie sollten daher überprüft werden.

Schwimmschalter

Elektrische Pumpen werden entweder über einen Schalter am Panel oder über einen Schwimmschalter aktiviert. Letzterer neigt zur Blockade, sodass der Schwimmer gelegentlich mit der Hand auf Funktionalität überprüft werden muss. Da er sich in der, womöglich feuchten, Bilge befindet, müssen die Kontakte auf Korrosion überprüft werden.

Membranpumpen haben häufig eine Inspektionsöffnung, durch die Verstopfungen entfernt werden können.

Auslegung der Pumpe

Wussten Sie, dass durch eine runde 38-Millimeter-Öffnung, die 30 Zentimeter unterhalb der Wasserlinie liegt, pro Stunde etwa 6750 Liter Wasser ins Boot eindringen? Eine gut zu bedienende Handlenzpumpe wird etwa 1800 Liter pro Stunde abpumpen, gute Fitness des Pumpenden vorausgesetzt. Die meisten elektrischen Pumpen leisten nicht viel mehr. Oft können sie das Schiff nicht einmal gegen ein 25-Millimeter-Loch im Rumpf halten. Die Angaben dazu auf dem Gehäuse beachten.

Wartung einer Handlenzpumpe

Die Pumpenmembrane kann leicht getauscht werden, nachdem einige Gehäuseteile entfernt wurden.

Die beiden Rückschlagventile sollten geprüft und bei Bedarf getauscht werden.

Wartung von Seeventilen

Alle Rumpfdurchführungen, die unter oder nahe bei der Wasserlinie liegen, müssen über Seeventile abgesichert sein. Sie können geschlossen werden, sobald ein Leck durch einen Siphoneffekt oder ein defektes Bauteil entsteht.

SICHERHEITSTIPP

Alle Borddurchlässe und Seeventile müssen jährlich inspiziert werden. Achten Sie beim Austausch darauf, dass Bronze in Marinequalität verwendet wird. Heimwerkerqualität wird durch aggressives Salzwasser schnell galvanisch angegriffen. Jede Arbeit an Seeventilen sollte an Land durchgeführt werden. Die Ventile müssen regelmäßig bewegt werden, um sicherzustellen, dass sie sich nicht festfressen. Die meisten Eigner schließen die Ventile, wenn sie nicht in Gebrauch sind.

Verschiedene Seeventile

Diese Seeventile werden üblicherweise verwendet:

✪ Traditionelle Seeventile

Auch bekannt als »Kingston Ventil« oder »Blakes Seeventil«. Sie sind aus auszinkungsbeständigem Messing hergestellt und direkt mit der Borddurchführung verbaut. Sie bestehen aus einem konischen Stopfen und einem entsprechenden Ventilsitz. Geöffnet werden sie durch eine 90°-Drehung des Hebels. Eine jährliche Wartung ist erforderlich.

✪ Kugelhähne

Diese bestehen aus Marinebronze oder GFK. Ein Hebel wird um 90° gedreht, um eine Kugel in die Positionen »offen« oder »geschlossen« zu bewegen. Eine Reparatur ist nicht möglich; bei einem Defekt müssen sie ausgetauscht werden.

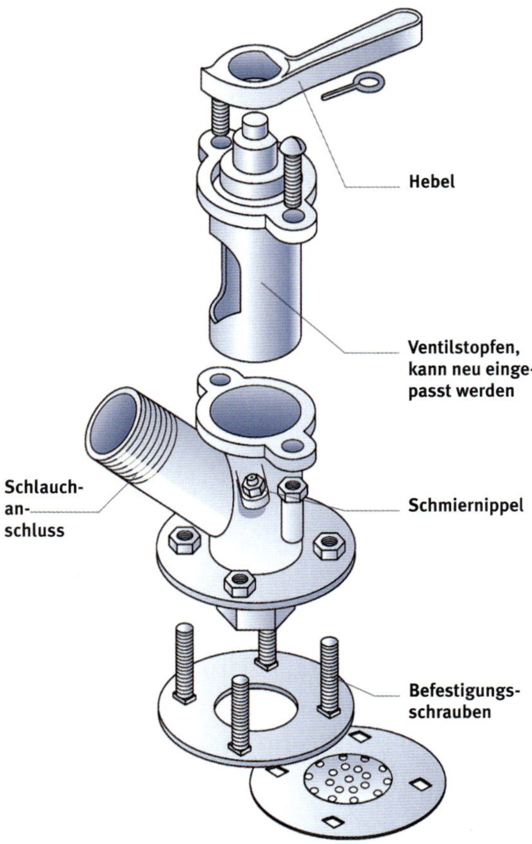

Dieses Kugelventil ist aus faserverstärktem Kunststoff. Es ist korrosionsfrei und von Zertifizierungsstellen zugelassen (oben).

Ein traditionelles Blakes Ventil kann zerlegt und gewartet werden. Aktuelle Versionen haben einen Schmiernippel (links).

Dieses Schieberventil verfügt über einen zylindrischen Ansaugfilter, der am Potenzialsausgleich des Schiffes angeschlossen ist.

✪ Schieberventile

Ein Schieber bewegt sich durch Drehung eines Bedienrades auf und ab. Der Schieber blockiert schnell, und das Ventil gibt keine Auskunft über seinen Öffnungsstatus. Obwohl diese Ventile einfach gewartet werden können, etwa durch neue Schmierung oder Austausch des Simmerrings, sollten sie unterhalb der Wasserlinie nicht angebracht werden.

Wartung eines traditionellen Seeventils

Der konische Stopfen ist entweder rechtwinklig oder in Linie des Borddurchlasses montiert. Für die speziellen Bauteile gibt der Hersteller detaillierte Installations- und Wartungshinweise. Der Stopfen wird genau in die Form des Gehäuses hineingeläppt, sodass eine dichte Passung entsteht (siehe links). Zur Wartung des Ventils das Boot aus dem Wasser holen. Den Angaben folgend zunächst den konischen Stopfen entfernen. Jetzt Stopfen und Gehäuse mit einem fettlösenden Mittel reinigen. Dann die Oberfläche des Stopfens dünn mit Läppmittel bestreichen. Den Stopfen in das Gehäuse drücken und ihn dort etwa zehnmal hin- und herdrehen.

Den Stopfen herausziehen und prüfen, ob die Passflächen gleichmäßig mit Läppmittel bedeckt sind. Falls nicht, die offenen Stellen mit der Paste bestreichen, den Stopfen erneut einsetzen, die Halteplatte leicht anziehen und erneut drehen. Diesen Vorgang wiederholen, bis alle Passflächen genau schließen. Dann das Ventil reinigen, mit Seeventilfett bestreichen und zusammenbauen.

Austausch eines Seeventils

Entfernen Sie den Schlauch. Bewegt sich dabei der Borddurchlass, muss dieser ebenfalls abgebaut werden.

Ist der Borddurchlass entfernt, befreien Sie den Rumpf von innen und von außen von Schmutz und Dichtungsresten.

Setzen Sie den Durchlass neu ein, und schrauben Sie das neue Seeventil an. Mit Teflonband oder Paste abdichten. Dann den Schlauch aufsetzen und mit Schlauchschellen (unterhalb der Wasserlinie immer zwei!) anziehen.

Durchlass und Seeventil sind installiert. Prüfen Sie beim Zuwasserlassen (bevor die Krangurte entfernt werden), ob es dicht ist.

Kochausrüstung

Gas ist noch immer der gebräuchlichste Brennstoff für Kocher auf Sportbooten. Es existieren allerdings einige Alternativen, wie Diesel, Spiritus und Petroleum. Sogar elektrisch kann gekocht werden, wenn Landstrom verfügbar ist.

Die Wahl des Brennstoffes hängt von der lokalen Verfügbarkeit und vom Bootstyp ab.

Gasbetriebene Kocher und Öfen

Fällt bei Gaskochern der Flammenwächter aus, muss dieser sofort erneuert werden. Da der Wächter direkt in die Gasversorgung integriert ist, sollte er von einem Fachmann ausgetauscht werden.

Entsteht kein Zündfunke, zunächst an der Unterseite des Kochers den Zünder auf Verunreinigungen und Ruß testen. Beides verhindert die Entstehung eines Funkens. Piezozünder nutzen eine Elektronik, die einen Funken erzeugt, sobald man sie betätigt. Hier ist keine Wartung erforderlich. Bei Fehlfunktion einfach austauschen.

Gaskocher haben oft ein eingebautes Zündsystem. Eine möglicherweise vorhandene Batterie muss gelegentlich ersetzt werden.

Bei Kochern, die zur Erzeugung des Funkens eine Batterie brauchen, muss diese gelegentlich ersetzt werden. Die Bedienungsanleitung wird hierbei helfen.

Da viele Kocher nicht speziell für den Einsatz an Bord gebaut wurden, können auch korrodierte Kontakte Zündprobleme verursachen.

Dieselkocher

Einige Dieselkocher haben recht komplizierte elektrische Steuerelemente, die an das elektrische Bordsystem angeschlossen sind. Alle Kocher müssen für routinemäßige Wartung oder Reparaturen zumindest teilweise zerlegt werden. Um eine sichere Funktion zu gewährleisten, hierbei unbedingt die Anweisungen im Handbuch befolgen.

Ein Kocher funktioniert nicht selbstverständlich. Er sollte regelmäßig gepflegt werden, sonst fällt er aus, wenn er am meisten benötigt wird.

Petroleumkocher

Petroleumkocher haben oft ein elektronisches Zündsystem und einen Abzug, oder sie werden vor Öffnung des Petroleumventils mit Spiritus vorgeheizt. Die Instandhaltung erfolgt gemäß den jeweiligen Herstellerangaben.

Spirituskocher

Spirituskocher verfügen über einen Docht in einem Brennstoffreservoir. Eine Wartung ist nicht erforderlich.

Landstromabhängige Geräte

Die landseitig zur Verfügung gestellte Absicherung beschränkt sich häufig auf 10 oder 16 Ampere. Deshalb sollte bei 230 Volt nicht mehr Leistung als etwa 3000 Watt abgefragt werden. Auch die Verwendung eines Generators erzeugt nicht unendlich viel Strom. Der Eigner sollte daher den Gebrauch von Küchengeräten auf kleine Einheiten wie Toaster, Mikrowelle oder Wasserkocher beschränken, wobei auch diese nicht alle zugleich benutzt werden können, wenn man nicht die Sicherung am Steg auslösen möchte.

Da es sich um normale Haushaltsgeräte handelt, bedürfen sie außer der Reinigung keiner weiteren Pflege. Sind sie defekt, werden sie entsorgt.

Austausch des Zünders

Um den Zünder zu tauschen oder zu reinigen, muss die Verkleidung des Brenners demontiert werden.

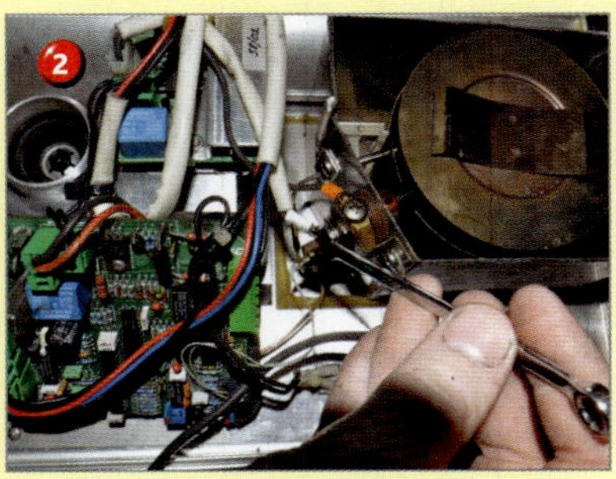

Dann kann der Zünder ausgebaut und bei Verschmutzung gereinigt oder getauscht werden.

Kühlung

Kühlung verbraucht viel Energie. Daher sollten der Gebrauch und die Energieversorgung gut überdacht werden. Zur Versorgung einer Klimaanlage reichen die Bootsbatterien nicht aus, dafür wird ein Landanschluss oder ein Generator benötigt.

Kühlschränke

In einem Kompressorkühlschrank komprimiert ein Kompressor Gas, wodurch dieses erwärmt wird. Diese Energie wird durch einen Luft- oder Wasserwärmetauscher entzogen. Das jetzt kühle, komprimierte Gas darf sich nun schnell ausdehnen. Dabei entsteht Expansionskälte. Das kalte Gas zirkuliert in der Verdampferplatte, die den Schrank kühlt.

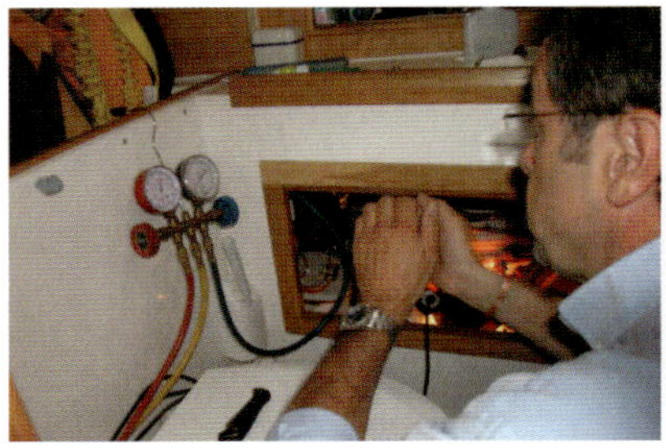

Wenn der Kühlschrank warm ist, obwohl der Kompressor läuft, könnte Kühlmittel fehlen. Es muss dann nachgefüllt werden.

Kompressoren

Kompressoren werden auf Booten in der Regel durch Elektromotoren angetrieben, die durch die Akkus an Bord versorgt werden. Bei der Wartung ist hauptsächlich auf saubere und gut sitzende Kontakte zu achten.

Seltener sind über die Schiffsmaschine angetriebene Kompressoren. Sie werden über eine elektronisch betätigte Kupplung zugeschaltet, sobald der Motor läuft. Anschlüsse, Treibriemen und die Kupplung müssen regelmäßig überprüft werden.

Luftgekühlte Wärmetauscher

Hierbei bläst ein Ventilator Luft an einem Kühlgitter vorbei, durch das ein Kältemittel fließt. Das Gitter muss frei von Staub bleiben, und die elektrischen Kontakte müssen gelegentlich kontrolliert werden. Die Luft muss frei durch den Wärmetauscher fließen können, die kühle Zuluft darf nicht die warme Abluft ansaugen.

Ein Kühlschrank hält Lebensmittel frisch und Getränke kalt, dafür benötigt er allerdings viel Kapazität aus den Bordbatterien.

Funktioniert der Kühlschrank nicht, prüfen Sie zunächst die Sicherung. Der Widerstand in der Sicherung kann zu einem Spannungsabfall führen, der die Niederspannungsabschaltung des Kühlschranks aktiviert.

Kompressor und Wärmetauscher müssen regelmäßig gereinigt und entstaubt werden.

Wassergekühlte Wärmetauscher

Bei dieser Lösung wird Wärme entzogen, indem Seewasser durch einen Wärmetauscher innerhalb oder außerhalb des Rumpfes gepumpt wird. Neuerdings existieren sogar Borddurchlässe, die als Wärmetauscher funktionieren. So vermeidet man einen weiteren Borddurchlass. Das Seewasser wird entweder elektrisch oder mithilfe des Dieselmotors gepumpt. Beides braucht regelmäßige Pflege.

Das Kältemittel

Im Laufe der Zeit kann Kältemittel aus dem System entweichen. Obwohl der Kühlschrank scheinbar normal läuft, wird er nicht kalt genug, und es bildet sich kein Eis auf der Verdampferplatte. Bei einer Wartung sollte das Kältemittel entweder aufgefüllt oder gleich durch Trockenkältemittel ersetzt werden. Hierfür brauchen Sie allerdings spezielles Werkzeug.

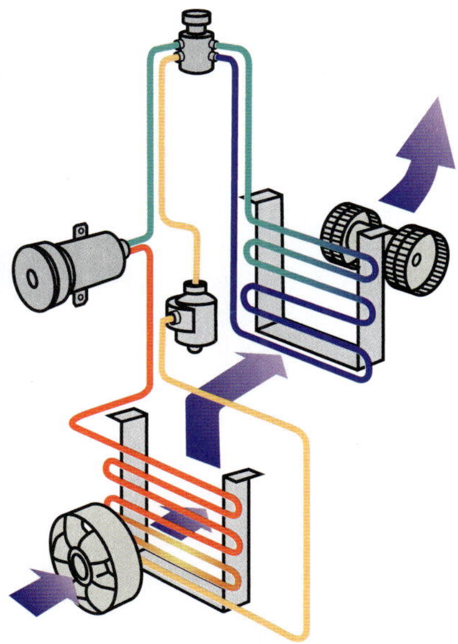

Eine Klimaanlage funktioniert wie ein Kühlschrank. Kühle, trockene Luft zirkuliert im ganzen Boot.

- *Niederdruckgas*
- *Hochdruckkühlflüssigkeit*
- *Hochdruckgas*
- *Niederdruckkühlflüssigkeit*

Klimaanlagen

Klimaanlagen funktionieren ähnlich wie Kühlschränke. Die Anlagen sind aber viel größer und benötigen Landstrom oder einen Generator an Bord. Die Anlage muss entsprechend der Bedienungsanleitung gewartet werden, was meistens nur ein Fachmann kann.

Wartung von Kajütheizungen

Wenn man die Saison verlängern möchte, machen Heizungen das Leben an Bord vor allem nachts deutlich komfortabler. Jede Art von Heizung bedarf der Wartung. Aus Sicherheitsgründen muss diese jährlich erfolgen. Defekte müssen behoben werden, sobald sie auftreten.

Heizungen in der Kajüte

Eine Heizung kann im Salon aufgestellt werden. In diesen Fall wird ein Abzug benötigt, um die Verbrennungsgase nach außen abzuleiten. Da bei einer Verbrennung Sauerstoff verbraucht wird, ist während des Heizens für gute Durchlüftung zu sorgen. Man unterscheidet zwei Arten von Heizungen für die Kajüte:

- **Fester Brennstoff** Diese Heizungen stehen auf einer feuerfesten Unterlage. Die Wartung beschränkt sich darauf, den Kamin auf Verrußung zu überprüfen. Der Abzug des Kamins sollte für guten Zug sorgen und das Rückschlagen von Verbrennungsgas ausschließen.

- **Tröpfchenweise zugeführter Diesel oder Petroleum** Diese Heizungen haben oft einen eingebauten Tank, von dem sie mit Diesel versorgt werden. Alternativ kann der Brennstoff aus dem Dieseltank der Maschine gepumpt werden. Die Stromversorgung für Pumpe und Ventilator, falls vorhanden, muss genauso wie die gesamte Heizung anhand der Wartungsvorgaben des Herstellers regelmäßig überprüft werden.

Tipp

Der Batteriezustand ist wichtig für eine ordentliche Funktion der Heizung, speziell während des Startens. Eine Sicherung hat einen relativ hohen Eigenwiderstand, der für einen Abfall des Spannungsniveaus an der Heizung sorgt. Das kann Startprobleme verursachen. Ein Sicherungsautomat ist besser als eine Schmelzsicherung. Alle Kabel müssen entsprechend dick ausgelegt und Übergangswiderstände müssen vermieden werden, um ausreichend Spannung bereitzustellen. Viele Probleme entstehen durch zu seltenen Gebrauch. Daher sollte man die Heizung mindestens einmal pro Monat eine Stunde laufen lassen.

Das Zuflussventil und der Brenner einer tröpfenweise befüllten Dieselheizung. Mit geöffneten Klappen lässt sie sich unkompliziert inspizieren.

Außerhalb des Salons montierte Heizungen

Diese Heizungen saugen ihre Verbrennungsluft von außen an und stoßen Abgase außenbords aus. Durch die Verwendung eines Wärmetauschers fließt heiße Frischluft in die Kabine, zumeist durch Schläuche mit einem Durchmesser von 100 mm und angetrieben durch einen Ventilator. Einige Systeme

Eine Dieselwarmluftheizung verfügt über eine elektronische Zündung, die den Brenner startet, wenn die Heizung eingeschaltet wird. Die Glühkerze kann ausfallen. Sie muss dann ersetzt oder gereinigt werden.

SICHERHEITSTIPP

Nutzt die Heizung Kabinenluft für die Verbrennung, sollte ein Kohlenmonoxidalarmgerät installiert werden. CO ist unsichtbar, geruchlos und giftig.

erwärmen Wasser in einem Wärmetauscher, welches dann durch Rohre zu Heizkörpern oder ventilatorbetriebenen Wärmetauschern im ganzen Schiff transportiert wird. Weiterhin erwärmen diese auch das Wasser im Boiler und sogar im Kühlkreislauf des Motors. Diesel, Petroleum oder Flüssiggas werden als Brennstoffe verwendet.

Instandhaltung externer Heizungen

Externe Heizungen haben eine elektronische Steuerung, eine Kraftstoffpumpe, eine Glühkerze und einen Zirkulationsventilator oder eine Zirkulationspumpe. Wartung und Zugänglichkeit sind unterschiedlich, daher müssen die Herstellerangaben genau befolgt werden.

Ausfall externer Heizungen

Selten verwendete Heizungen neigen eher zu Ausfällen. Achten Sie daher darauf, die Heizung regelmäßig in Betrieb zu nehmen, auch im Sommer. Die Verwendung der Heizung für mindestens eine Stunde minimiert das Risiko von schlechter Zündung oder Verschleiß von Motor- und Ventilatorenlagern.

Wartung einer Dieselheizung

Entfernen Sie die Verkleidung. Unterbrechen Sie die elektrische Verbindung und bauen Sie den Glühkerzenstecker aus.

Entfernen und inspizieren Sie die Glühkerze. Ist sie verkohlt, kann sie gereinigt werden. Bei Beschädigung muss sie getauscht werden.

Die Kraftstoffpumpe befindet sich in der Kraftstoffzuleitung. Können Sie die Pumpe nicht finden, schalten Sie die Heizung ein, und suchen Sie nach einem klickenden Geräusch.

Prüfen Sie den elektrischen Anschluss der Kraftstoffpumpe. Ist er korrodiert, muss er gereinigt werden. Der Zusammenbau erfolgt in umgekehrter Reihenfolge.

Wartung von Steueranlagen

Das vielleicht wichtigste System an Bord ist die Steuerung. Gleichzeitig wird sie oft als selbstverständlich betrachtet und kaum gepflegt. Obwohl die meisten Steuersysteme wenig Wartung brauchen, sollte man sie regelmäßig inspizieren. Eine Notpinne muss immer verfügbar sein.

Am Spiegel montierte Ruder

Dadurch, dass die Ruderlager außen angebracht sind, ist die Inspektion sehr einfach. Die am Spiegel montierten Führungsstücke, um die sich das Ruder dreht, nennt man Zapfen. Auf ihnen dreht sich der Augbolzen. Bolzen und Zapfen verschleißen mit der Zeit und müssen dann ausgetauscht oder repariert werden. Ist Ersatz nicht zu beschaffen, können sie von guten Schlossern nachgebaut werden. Der Drehpunkt einer anhebbaren Pinne verschleißt ebenfalls. Das Ausbohren der Löcher und die Verwendung eines größeren Drehbolzens ist hier die einfachste Reparatur. Ein passendes, an Bord mitgeführtes Stück Holz kann als Notpinne dienen.

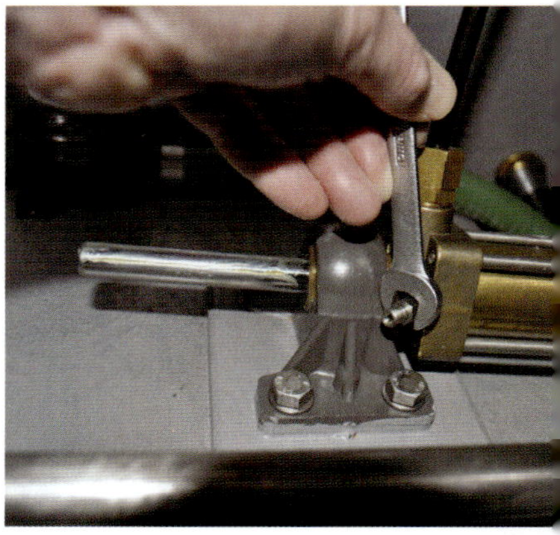

Das Hydrauliksystem muss entlüftet werden, wenn die Steuerung gefühllos wird oder wenn etwas geleckt hat.

Im Rumpf montierte Ruder

Der Ruderschaft wird im Ruderkoker montiert, der einige Lager enthält und an seiner Oberseite wasserdicht ist. Wann immer das Boot an Land kommt, sollte überprüft werden, ob die Lager abgenutzt sind. Dafür an der Unterseite des Ruders rütteln. Um die Lager zu erneuern, muss das Ruder ausgebaut werden.

Der wasserdichte Abschluss ist oberhalb der Wasserlinie montiert, sodass bei stillliegendem Schiff kein Wasser eindringen kann. Sollte sich während des Segelns eine Leckage zeigen (wegen Wellen oder Krängung), muss diese untersucht werden. Mit großer Vorsicht kann dies im Wasser geschehen, vorausgesetzt, das obere Ende des Ruderkokers befindet sich deutlich über der Wasserlinie.

Radsteuerung mit Kabelübertragung

Die Kabel müssen mindestens jährlich inspiziert werden, dabei speziell auf gebrochene Kardeele achten, die den Austausch des

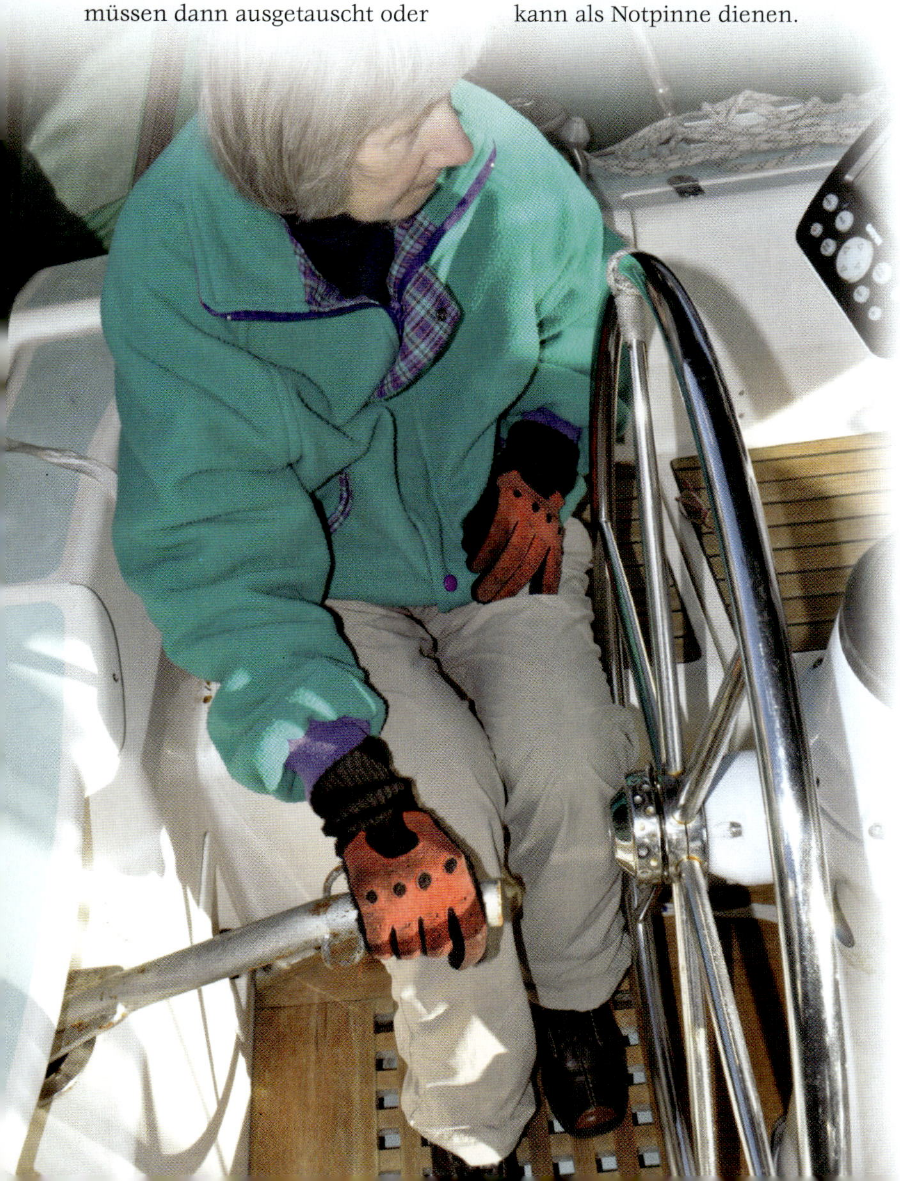

Testen Sie mindestens einmal jährlich die Notpinne.

Stahlseils erforderlich machen. Alle Drehpunkte, Verbindungen, Spanner und Spannhülsen müssen überprüft und die Seilspannung muss angepasst werden. Die Spanner von Hand anziehen, um eine zu hohe Spannung zu vermeiden. Die Sicherungsmuttern mit einem Schlüssel anziehen.

Schubstangenlenkung

Am Ende jeder Stange befinden sich Lager mit Spannern und Sicherungsmuttern. Der Zustand der Lager sowie die Sicherungsmuttern müssen jährlich überprüft werden.

Hydraulische Steuerungen

Ein Hydraulikzylinder bewegt das Ruder, er ist über Schläuche mit der Hydraulikpumpe verbunden. Die Pumpe kann in der Steuersäule oder weiter entfernt montiert sein. Sie wird dann über Stangen oder Kabel vom Rad angetrieben.

Ein Tank mit Hydraulikflüssigkeit versorgt das System. Der Füllstand muss regelmäßig überprüft werden. Ersatzflüssigkeit (entsprechend Bedienungsanleitung) muss an Bord sein. Jedes Leck muss sofort gefunden und abgedichtet werden.

Mindestens jährlich (und bei Verdacht auf ein Leck) den Hydraulikzylinder auf Leckagen überprüfen. Einmal jährlich alle Drehpunkte auf Verschleiß sowie alle sicherheitsrelevanten Teile kontrollieren.

Drehpunkte und Lager

Mindestens einmal jährlich inspizieren und schmieren.

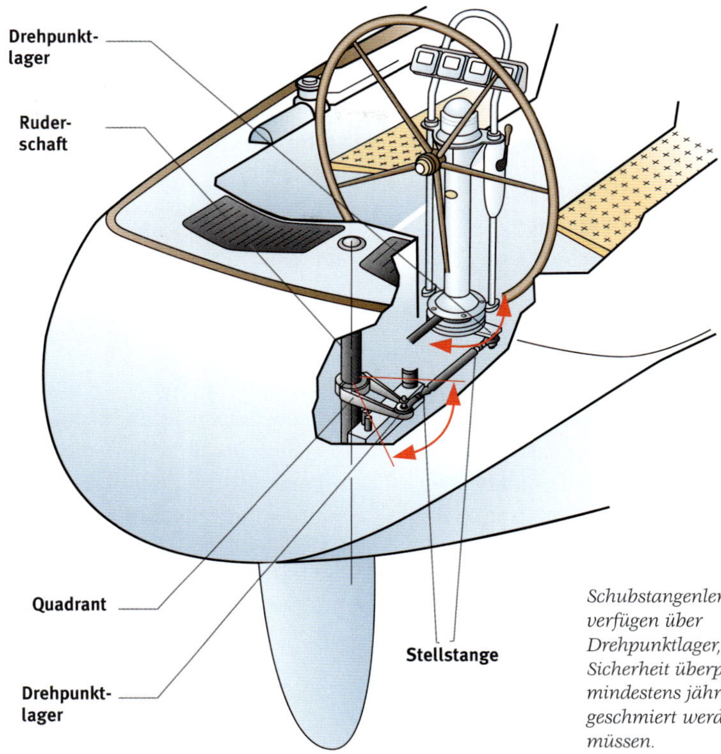

Schubstangenlenkungen verfügen über Drehpunktlager, die zur Sicherheit überprüft und mindestens jährlich geschmiert werden müssen.

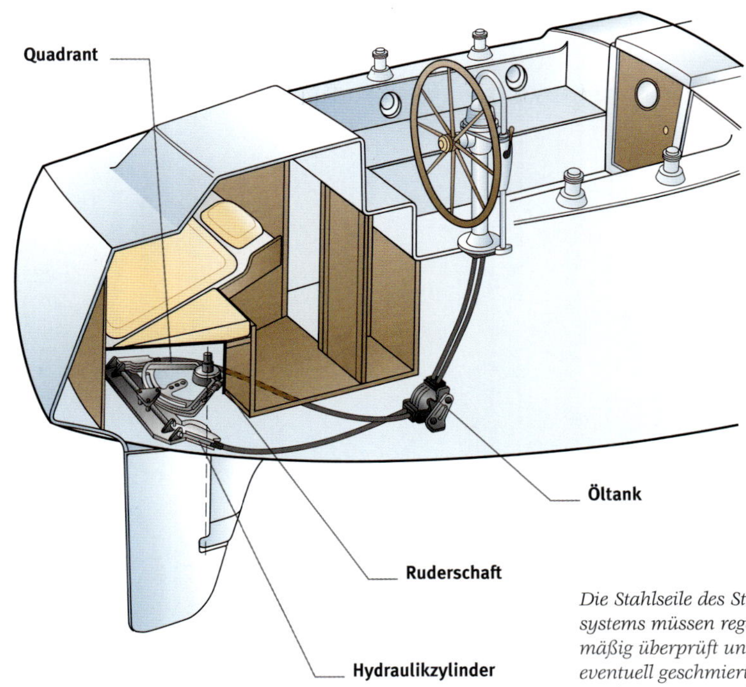

Die Stahlseile des Steuersystems müssen regelmäßig überprüft und eventuell geschmiert werden. Den Herstellerangaben folgen.

Ankerwinschen

Je größer das Boot oder je älter die Crew ist, desto notwendiger wird eine Ankerwinsch. Ein vernünftiger Anker mit Kette bringt einiges an Gewicht auf die Waage, und beides zusammen ist schwer einzuholen. Wer viel ankert, braucht eine manuelle oder eine elektrische Ankerwinsch.

Manuelle Ankerwinschen

Zumeist sind manuelle Ankerwinschen an Deck installiert, und sie drehen sich um eine horizontale Achse, auf der eine Kettennuss auf der einen Seite und ein Verholspill auf der anderen Seite sitzen. Sie werden mit einem langen Hebel bewegt. Einige Modelle haben eine vertikale Achse mit Nuss und Spill auf der Oberseite. Sie werden mit einer Winschkurbel bedient.

Wartung einer manuellen Ankerwinsch

Eine Kupplung lässt den Anker durch die Schwerkraft ausrauschen. Um sicherzustellen, dass die Kupplung und der manuelle Lösemechanismus nicht verklemmen, sollte die

Tipp

Um die Ankerwinsch zu entlasten, immer nach dem Ausbringen des Ankers die Ankerkette mit einer starken Klemme oder einer Kralle mit einer Leine verbinden und diese an Deck belegen. Die Achsen der Winsch sind nicht dafür ausgelegt, starke Ruckbelastungen aufzunehmen.

Ankerwinschen mit vertikaler Achse werden sowohl auf Segelyachten als auch auf Motorbooten immer populärer.

Einheit regelmäßig gewartet werden. Die Kupplung ermöglicht auch die Verwendung des Verholspills ohne Drehung der Kettennuss.

Für die Wartung die Sperrklinke einlegen und mit dem Hebel die Kupplung lösen. Falls nötig, die Kettennuss von ihrer Welle hebeln. Mit einer Fettpresse so lange Fett durch den Nippel auf der Welle pressen, bis Fett entlang der Welle austritt. Dann die Kupplung wieder befestigen.

Das Getriebegehäuse enthält Öl, das jährlich daraufhin überprüft werden muss, ob es durch eingedrungenes Wasser milchig geworden ist. Dann ist ein Ölwechsel fällig. Das Handbuch gibt Auskunft über die Ölqualität und die erforderliche Menge. Ist das Öl noch in Ordnung, den Ölstand prüfen.

Zwischen der Stahlwelle und dem oft aus Aluminium gefertigten Verholspill bildet sich häufig Korrosion, die die Demontage sehr erschwert, wenn dort nicht regelmäßig gereinigt und geschmiert wurde.

Elektrische Ankerwinschen

Elektrische Ankerwinschen haben eine horizontale oder eine vertikale Achse. Im letzten Fall heißt die Winsch Ankerspill. Der Antriebsmotor ist über oder unter Deck montiert. Bei horizontalen Modellen wird die Winsch manuell wie eine Handankerwinsch bedient. Bei vertikalen Modellen wird mit einer Winschkurbel die Kupplung gelöst und die Kettennuss gedreht. Wegen der fehlenden Übersetzung bedarf es großen physischen Einsatzes, wenn die Winsch manuell bedient wird.

Wartung manueller Ankerwinschen

Eine manuelle Ankerwinsch muss jährlich gewartet werden, um reibungslos zu funktionieren. Im Handbuch sind die Arbeitsschritte beschrieben. Hier ein typischer Ablauf:

Die Kupplung der Kettennuss wird durch den Wellennippel mit wasserfestem Fett geschmiert.

Der Kupplungsring wird gegen den Uhrzeigersinn aufgedreht. Dabei auf eine geschlossene Sperrklinke achten (anders als gezeigt).

Sicherstellen, dass die Kettennuss zur Seite verschoben werden kann, um den Kupplungskonus zu lösen.

Den Sicherungsbolzen des Verholspills losschrauben.

Das Verholspill abziehen. Dabei aufpassen, dass der Splint nicht verloren geht.

Den Splint entfernen, die Splintnut reinigen und neu fetten. Dann wieder zusammenbauen.

Ankerwinschen (2)

Wartung elektrischer Ankerwinschen

Die Kupplung einer elektrischen horizontalen Ankerwinsch funktioniert genau wie bei einem manuellen Modell. Es gelten dieselben Überlegungen zur Wartung. Ein Ankerspill mit manuellem Freilauf sollte regelmäßig verwendet werden, um sicherzustellen, dass die Kupplung frei läuft. Erforderliche Wartungsarbeiten sind im Handbuch beschrieben.

Für beide Typen gilt, dass jährlich der Ölstand im Getriebe geprüft werden muss. Bei Bedarf füllen oder, im Falle einer Verschmutzung, tauschen. Tritt Öl aus den Simmerringen aus, sind diese zu tauschen.

Elektromotor über Deck

Viele Hersteller empfehlen den jährlichen Tausch der Dichtung zwischen Motorgehäuse und Winschengehäuse. Dazu die Sicherungsmuttern und Bolzen vom Gehäuse entfernen, dann das Gehäuse vorsichtig abnehmen. Den Motor und die elektrischen Kontakte überprüfen. Bei Bedarf reinigen und mit wasserabweisendem Kontaktspray besprühen. Als Nächstes die Dichtung zwischen den Gehäusen von Motor und Winsch ersetzen. Falls erforderlich, zuvor die Passflächen reinigen. Die Gehäuse wieder aufsetzen und die Verschraubungen anziehen. Zuletzt die Befestigungsbolzen der Ankerwinsch im Deck nachziehen.

Elektromotor unter Deck im Ankerkasten

Hier ist der Motor am stärksten gefährdet, sodass er jährlich überprüft werden muss. Das Motorgehäuse genau wie die elektrischen Kontakte werden sehr feucht und bleiben es auch. Die Kette kann gegen den Motor schlagen. Zur Wartung des Motors:

- Überprüfen Sie die Bolzen, die die Winsch auf dem Deck befestigen, auf festen Sitz.
- Reinigen und trocknen Sie regelmäßig alle Teile im Ankerkasten.
- Überprüfen Sie elektrische Anschlüsse auf Korrosion und erneuern Sie sie bei Bedarf.
- Lackieren Sie beschädigte Teile neu.
- Besprühen Sie alle Oberflächen mit einem wasserabweisenden Spray.

Im Ankerkasten montierte Winschmotoren sind Kondenswasser stark ausgesetzt und müssen daher regelmäßig kontrolliert werden.

Elektromotor unter Deck, aber nicht im Ankerkasten

Motor und elektrische Anschlüsse sind geschützt in einem trockenen Umfeld montiert. Zur Wartung einfach die Befestigungsbolzen und elektrischen Anschlüsse auf festen Sitz überprüfen. Bei Bedarf nachziehen.

Bedienschalter

Im Deck montierte Schalter sind Korrosion ausgesetzt, sobald ihre wasserdichten Schalterabdeckungen beschädigt sind. Daher ihren Zustand mindestens jährlich prüfen. Im Cockpit montierte Schalter sind weniger anfällig, müssen jedoch ebenfalls auf Beschädigung und Funktion kontrolliert werden.

Wartung einer elektrischen Ankerwinsch

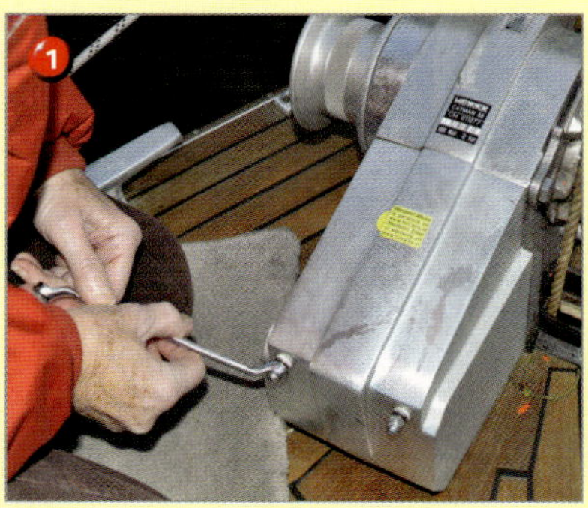

Entfernen Sie die Abdeckung gemäß Handbuch. Sollte die Gehäusedichtung beschädigt sein, wird sie ausgetauscht.

Überprüfen Sie den Motor und die elektrischen Verbindungen auf Korrosion und reinigen Sie sie bei Bedarf. Besprühen Sie die Verbindungen mit Kontaktspray.

Ankerwinsch-Batteriehauptschalter und Schmelzsicherung oder Sicherungsautomat

Diese bedürfen normalerweise keiner Wartung. Fliegt die Sicherung regelmäßig raus, muss die Ursache gefunden und behoben werden.

Ankerwinschbatterie

Die Ankerwinsch kann ihren Strom von der Servicebatterie, der Starterbatterie oder ihrer eigenen Batterie beziehen. Der durch die Ankerwinsch verbrauchte Strom ist sehr hoch. Daher müssen alle Verbindungen sauber und gut gesichert sein, um Übergangswiderstände zu reduzieren. Die wartungsfreien Batterien bedürfen keiner weiteren Aufmerksamkeit.

Überprüfen Sie mindestens jährlich alle elektrischen Verbindungen auf festen Sitz und Sauberkeit. Stellen Sie anschließend sicher, dass der Akku weder durch die Maschine noch durch das Ladegerät geladen wird. Dann die Batteriespannung wie folgt überprüfen (24-Volt-System in Klammern):

- Bei geladenem Akku sollte die Leerlaufspannung mindestens 12,8 Volt betragen (25,6 Volt).
- Bei unter Last laufender Ankerwinsch darf der Wert keinesfalls unter 10 Volt abfallen (20 Volt).

Nach Ausschalten der Winsch muss die Leerlaufspannung schnell wieder erreicht werden. Überprüfen Sie die Verbindungen erneut, falls die Spannungen deutlich niedriger als oben genannt sind. Wenn die Verbindungen in Ordnung sind, muss die Batterie ersetzt werden.

Diese Winsch ist an Deck montiert, wo sie einfach überprüft, gewartet und gereinigt werden kann.

Das Grundgeschirr

Der Anker und seine Kette oder Leine werden entweder nur im Notfall verwendet, oder sie sind fester Bestandteil des Bordalltags. In beiden Fällen muss das Grundgeschirr in gutem Zustand gehalten und markiert werden, sodass es bei Bedarf zuverlässig funktioniert.

Um Längen zu markieren, können verschiedenfarbige Kabelbinder verwendet werden.

Was ist Grundgeschirr?

Das Grundgeschirr besteht aus dem Anker und aus allem, was ihn mit dem Boot verbindet.

- Der Anker
- Die Verbindung von Anker und Ankertau
- Die Ankertau
- Die Verbindung von Ankertau und Boot

Manchmal ist die Ankerkette recht kurz und wird durch eine Leine ergänzt. Als Ganzes werden Ketten und Ankerleine als Ankertau bezeichnet. Die Verbindung am Anfang der Ankerkette mit dem Boot muss aus Tauwerk bestehen, sicher mit dem Boot verbunden und lang genug sein, um sie von Deck aus einfach zu erreichen. Diese Leine kann im Notfall einfach gekappt werden, was nicht möglich ist, wenn die Kette fest mit dem Boot verbunden ist.

Markieren des Ankertaus

Um ein Slippen des Ankers zu verhindern, ist eine Minimallänge des Ankertaus in Abhängigkeit von der Wassertiefe erforderlich. Weiterhin beeinflussen das Wetter, der Ankergrund und das Material des Ankertaus (nur Kette, mit Kettenvorlauf, nur Leine) die erforderliche Länge. Die abgelassene Länge kann von einem Kettenzähler ermittelt werden. Üblicher ist allerdings die Markierung des Taus. Eine weitere Möglichkeit ist, falls es keine Ankerwinsch gibt, die erfor-

Die farbliche Markierung der Kette mit Dosenspray ermöglicht eine Kontrolle der gesteckten Länge.

derliche Taulänge an Deck auszulegen, bevor sie über Bord geworfen wird.

Es gibt mehrere Methoden, um eine Kette zu markieren:

- ✪ Alle fünf Meter wird die Kette mit einer anderen Farbe (Lack) markiert
- ✪ Kettenmarkern verwenden
- ✪ Kabelbinder als Markierungshilfen: Sie sind günstig, können einfach ersetzt werden und sind im Dunkeln tastbar. Um bestimmte Längen zu markieren, kann eine unterschiedliche Anzahl an Kabelbindern angebracht werden.

Auch Leine kann mit Kabelbindern in den Schlägen markiert werden. Ob man das Vielfache von Fuß oder Meter zur Markierung wählt, hängt von den verwendeten Seekarten ab.

Wartung des Grundgeschirrs

Mindestens einmal pro Jahr sollte das ganze Ankertau auf dem Boden ausgelegt und überprüft werden. Sorgfältig den Wirbel zwischen Anker und Kette auf Defekte überprüfen. Auch den Gesamtzustand der Kette inklusive der Verzinkung kontrollieren. Sind Anker und Kette verzinkt, der Wirbel aber aus Edelstahl, so kann galvanische Korrosion die Verzinkung angreifen.

Ist ein Teil des Ankertaus aus Leine, so ist die Kette-Leine-Verbindung zu überprüfen und bei Bedarf zu erneuern. Den Zustand der Leine auf der gesamten Länge kontrollieren. Ebenso die Leine prüfen, die das Ankertau mit dem Boot verbindet. Hierbei auf eine sichere Verbindung sowohl zum Boot als auch zum Ankertau und auf eine korrekte Länge achten.

Spleißverbindung Kette und Leine

Die Verbindung zwischen Kette und Leine ist großem Verschleiß ausgesetzt, und sie muss sauber um die Kettennuss laufen. Hier eine etablierte Methode für einen Spleiß:

Binden Sie Isolierband an einer Stelle um die Leine, die mindestens den 15-fachen Durchmesser vom Ende entfernt liegt, und legen Sie davor die Kardeele auseinander.

Legen Sie zwei Kardeele von der einen Seite und ein Kardeel von der anderen Seite durch das erste Kettenglied.

Ziehen Sie ein Kardeel fest durch den Schlag der Leine. Dabei drehen Sie das Kardeel, um den Schlag zu festigen.

Jetzt ziehen Sie das zweite Kardeel unter dem Schlag und über das erste Kardeel hindurch.

Wiederholen Sie den Vorgang mit dem dritten Kardeel. Dann entfernen Sie das Tape und ziehen die drei Kardeele fest.

Ziehen Sie nach mindestens fünf Durchgängen den Spleiß fest, längen Sie die Enden ab und versiegeln Sie sie mit Hitze.

Elektrik

6

Elektrische Installation und Erdung

Auf modernen Yachten wird Elektrik zum Betrieb von Geräten und für den Antrieb genutzt. Solange Sie keine neuen Schaltkreise verlegen, beinhaltet die Wartung hauptsächlich einen Sicherheits-Check und die Überprüfung von Kabelverbindungen.

Niederspannungsnetz

Wie beim Auto besteht das elektrische System auf einem Boot aus einem Gleichstromniederspannungsnetz (meist 12 Volt, auf großen Schiffen gelegentlich auch 24 Volt), das sich aus den Schiffsbatterien speist. Diese Batterien werden beim Betrieb des Antriebsmotors durch einen an Bord befindlichen Generator oder durch Anschluss an ein Stromnetz geladen. Trotz der niedrigen Spannung können Installationsfehler oder unzureichende Wartung zum Ausbruch eines Feuers führen.

Die Batterie

Die Batterie speichert Elektrizität und gibt sie bei Bedarf ab. Da ihre Kapazität vergleichsweise gering ist, muss der Eigner den Betrieb von elektronischem Zubehör rationieren, vor allem, wenn sein Schiff nicht regelmäßig an ein Stromnetz angeschlossen ist. Die Kapazität einer Batterie wird in Amperestunden angegeben. Stark vereinfacht bedeutet das, dass eine vollgeladene 100-Amperestunden-Batterie eine Stunde lang 100 Ampere oder 100 Stunden lang 1 Ampere liefert.

Tipp

- Die Starterbatterie sollte nie zur Versorgung von Elektrogeräten verwendet werden, damit immer genügend Leistung zum Starten des Motors zur Verfügung steht, auch wenn die Versorgungsbatterie entladen ist.
- Beim Einbau eines neuen elektrischen Geräts oder bei der Fehlersuche haben sich Schaltpläne als unschätzbare Hilfe bewährt. Leider liefern die Werften häufig keine Schaltpläne, weshalb der Eigner, wenn möglich, selbst einen erstellen sollte.

Dies ist ein typischer Schaltplan für eine Segelyacht. Er kann je nach Schiffstyp leicht variieren.

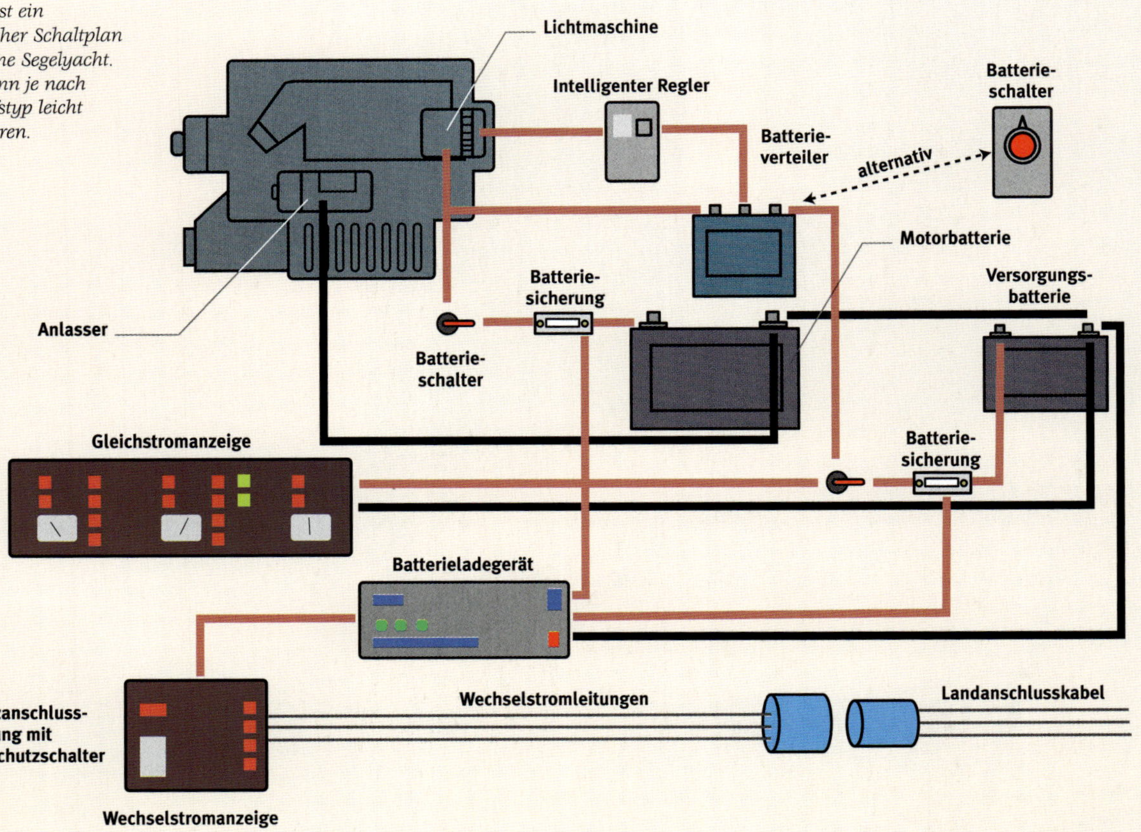

Die Batterieleistung liefert aber nur einen Anhaltspunkt, denn elektrische Geräte werden durch ihre Ausgangsleistung klassifiziert, die in Watt angeben wird und sich aus der Multiplikation des Stroms in Ampere mit der Spannung in Volt ergibt. So würde zum Beispiel bei 12 Volt Spannung eine 25-Watt-Glühlampe für ein Navigationslicht Strom von etwas mehr als 2 Amperestunden verbrauchen und eine vollgeladene 100-Amperestunden-Batterie in 48 Stunden entleeren.

Batterien können zu mehreren Gruppen oder Reihen zusammengeschlossen sein, um die Ladekapazität oder die Spannung zu erhöhen. Es kann auch mehrere Reihen geben: eine für elektrische Geräte und eine als Starterbatterie.

Batterien müssen gut gesichert werden, damit sie bei Krängung nicht verrutschen (rechts).

Ein Motorboot mit zwei Maschinen hat zwei verschiedene Systeme, eventuell mit einem Batterieverbindungsschalter (unten).

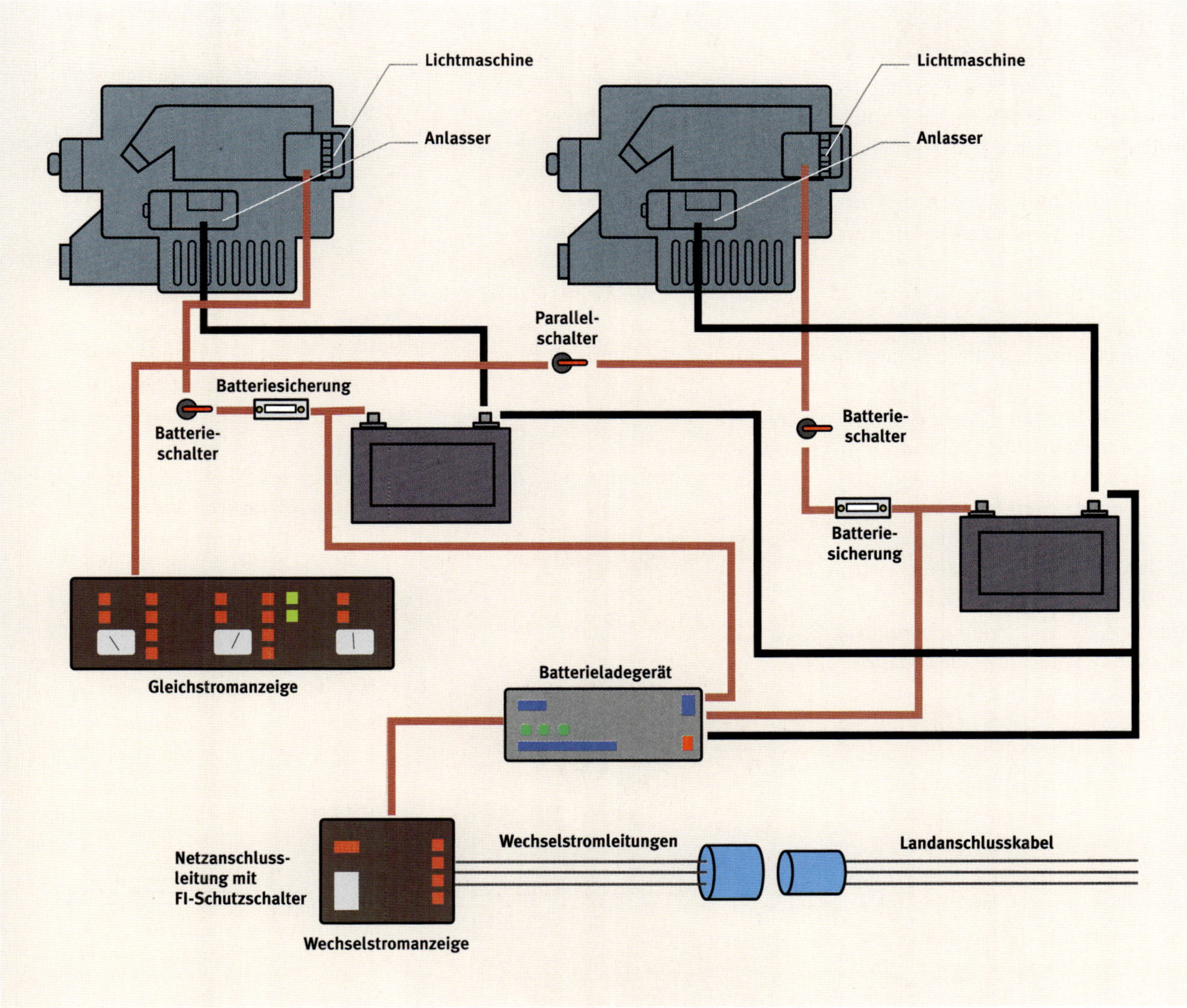

Elektrische Installation und Erdung (2)

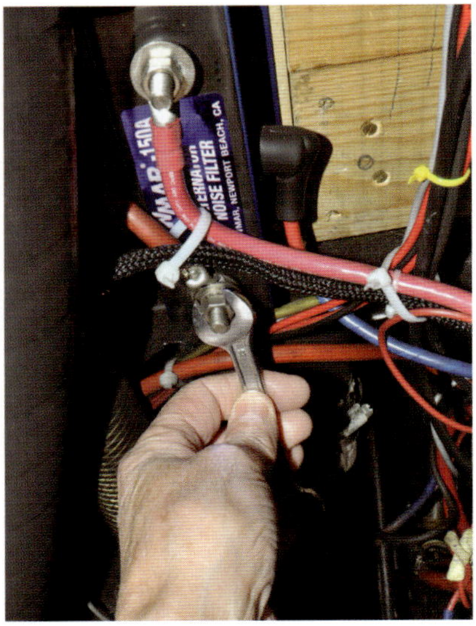

Empfindliche elektronische Geräte brauchen einen Rauschfilter.

Batterietrennschalter

Eine Batterie sollte man unbedingt von allen elektrischen Schaltkreisen trennen können, und dies bewirkt der Batterietrennschalter. Hierfür gibt es zwei Gründe: zum einen, damit die Batterie bei Auftreten eines Fehlers von allen Schaltkreisen getrennt werden kann, und zum anderen, um die Batterie nicht unbeabsichtigt zu entladen, falls versehentlich nicht alle Schaltkreise abgeschaltet wurden. Ist mehr als eine Batterienreihe vorhanden, sollte man sowohl die einzelnen Reihen voneinander als auch jede Reihe von ihren Schaltkreisen trennen können. Hierzu werden ein einzelner Multifunktionsschalter oder mehrere einzelne Schalter installiert.

Niedervoltverteilungssystem

Das Verteilungssystem besteht aus separaten Schaltkreisen, jeweils mit eigenen Sicherungen oder Trennschaltern, um die Auswirkungen beim Versagen eines Schaltkreises zu begrenzen. Es ist meist auf einer Tafel mit Leuchtdioden montiert, die anzeigen, wenn der Schaltkreis eingeschaltet ist. Niederspannungskreise haben zwei Leitungen. Im Allgemeinen ist die positive Leitung mit der Sicherung bzw. dem Trennschalter verbunden, während die negative Leitung direkt an eine der Klemmleisten der Batterie angeschlossen wird.

Batterieladesysteme

Die Batterie wird durch eine Lichtmaschine, die Teil des Motors ist, geladen. Läuft der Motor, wird sie geladen. Zusätzlich kann ein Netzladegerät eingebaut werden, sodass die Batterie auch mit Landstrom geladen werden kann.

Doppelmotoranlagen

Bei einer solchen Anlage lädt jeder Motor seine Batterien. Häufig lädt ein Motor eine längere Reihe Batterien, die dann die Versorgung von elektrischem Gerät an Bord übernimmt. In der Regel gibt es einen Batterieverbindungsschalter, sodass beide Motoren gestartet werden können, auch wenn eine der Batterien(reihen) entladen sein sollte. Da jeder Bootsbauer die Anschlüsse der Geräte an die Batterien nach seinem Schema festlegt, muss sich der Eigner anhand der Gebrauchsanweisung einen Überblick verschaffen.

Sicherheitshinweis

- An der Elektrik sollten immer nur sachkundige Personen arbeiten. Im Zweifel beauftragen Sie lieber einen Fachmann.
- Die Normen zur farblichen Kennzeichnung und Benennung von Plus, Minus und spannungsführenden Kabeln können national unterschiedlich sein. Machen Sie sich mit der Kennzeichnung der auf Ihrem Boot verlegten Kabel und installierten Geräte vertraut.
- Niederspannungsminus und Netzstromerde sind manchmal direkt oder indirekt miteinander verbunden. Die Behörden schreiben dafür unterschiedliche Vorgehensweisen vor, sodass Sie aus Sicherheitsgründen professionelle Hilfe in Anspruch nehmen sollten.

Netzspannungssystem

Viele Eigner statten ihr Schiff mit Geräten aus, die Netzstrom benötigen (Wechselstrom mit 240 V) und somit nicht direkt aus der Bordbatterie gespeist werden können. Für diesen Fall muss ein separates Kabelsystem installiert sein, das über Landstrom versorgt wird. Bei

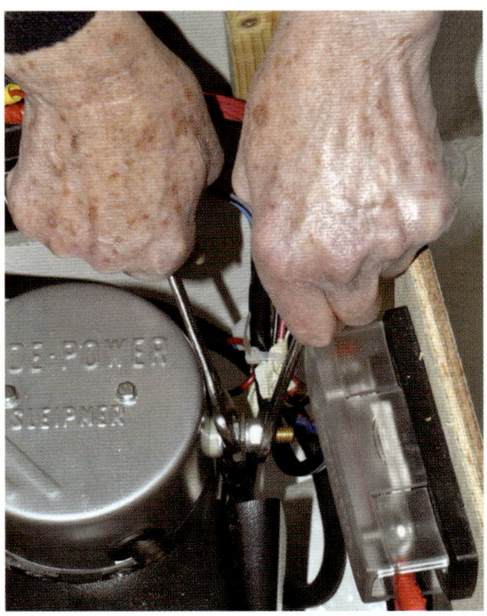

Wenn zwei Muttern auf einem Anschlussbolzen sitzen, ziehen Sie beide mit Schraubenschlüsseln fest, damit sich der Bolzen nicht drehen und das Gerät von innen beschädigen kann.

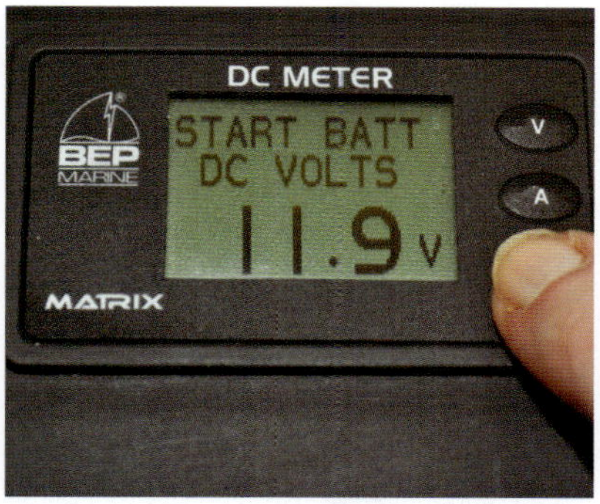

Eine Batterieanzeige gibt Informationen über den Ladezustand (oben).

Eine gutes Ladegerät verfügt über eine Ladezustandskontrolle (rechts).

unsachgemäßem Umgang mit Netzstrom besteht die Gefahr tödlicher Unfälle. Bei Bedarf an Netzstrom besteht auch die Möglichkeit, Niedervoltgleichstrom in Netzstrom mit Wechselspannung umzuwandeln. Dies beansprucht die Batterien stark, daher installieren einige Eigner einen separaten Motor, der die Batterien lädt.

Netzstromversorgung

Das Schiff wird über ein Landstromkabel mit Netzstrom versorgt. Dieses Kabel besteht aus drei Drähten: Plus, Minus und Erde. Die nächste Komponente ist ein spezieller Schutzschalter, der bei Auftritt eines Fehlers in Sekundenbruchteilen die Stromzufuhr unterbricht. Sein Testschalter sollte häufiger betätigt werden, um eine einwandfreie Arbeitsweise sicherzustellen. Der Strom wird dann, wie in normalen Hauselektroinstallationen, über Schutzschalter an Steckdosen weitergeleitet.

Die Bedientafel für die Elektrik steuert jeden Schaltkreis.

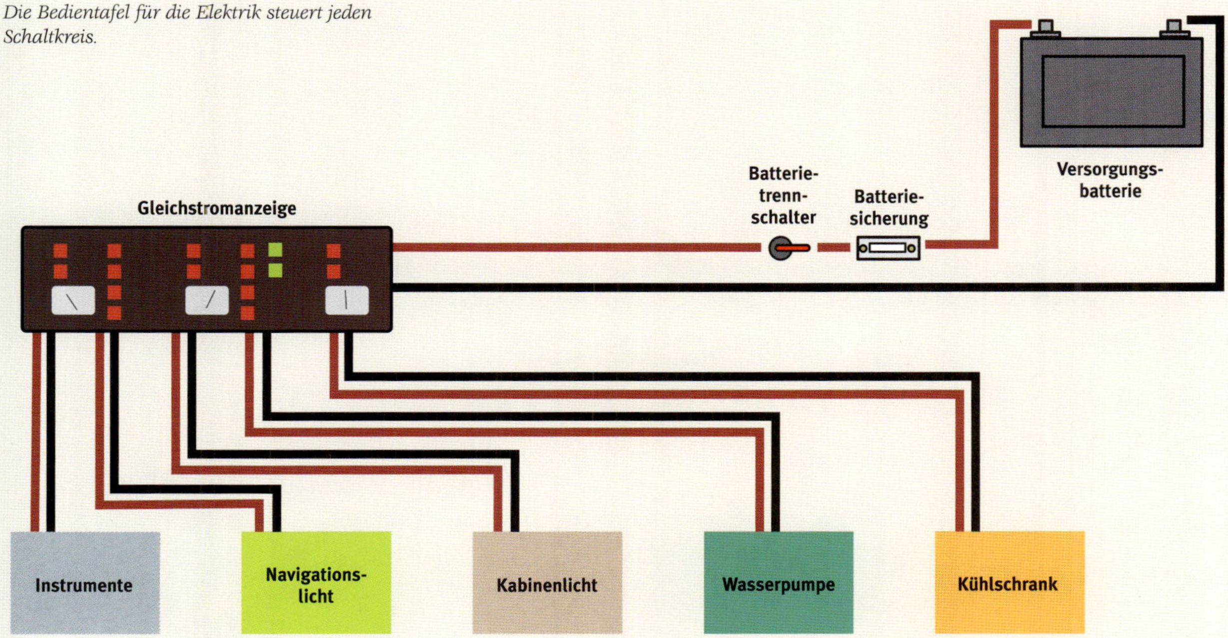

Sicherungen und Schutzschalter

Wenn eine Kabelisolierung schadhaft ist oder sich ein Stecker löst, kann es zur Berührung des positiven und des negativen Kabels (Plus und Minus) kommen. In diesem Fall unterbrechen eine Sicherung oder ein Schutzschalter die Stromzufuhr, um eine Überhitzung oder gar ein Feuer zu verhindern.

Schaltkreisabsicherung

Schaltkreise sollten durch Sicherungen oder Schutzschalter gesichert sein. Eine Sicherung enthält ein kurzes Stück Draht. Wenn der durchfließende Strom stärker wird als der Nennwert des Drahtes, überhitzt er und bricht. Sicherungen werden danach eingeteilt, welche Stromstärke sie vertragen und wie lange es dauert, bis sie bei Überlastung »durchbrennen«. Eine durchgebrannte Sicherung sollte immer gegen eine gleichen Typs und gleicher Stärke ersetzt werden.

Ein Schutzschalter zeigt an, wenn er ausgelöst hat, was bei einer Stromstärke etwas über dem Nennwert des Schalters geschieht. Es gibt thermische und magnetische Schalter. Sicherungen und Schutzschalter sollten so ausgelegt sein, dass sie der maximal durch ihren Schaltkreis fließenden Stromstärke entsprechen. Wenn eine Sicherung durchbrennt oder ein Schutzschalter auslöst, werden sämtliche Elektrogeräte in diesem Schaltkreis ausgeschaltet. Idealerweise sollte jedes Kabelstück, auch die stärkeren

Auf eine Schalttafel montierte Schutzschalter mit Leuchtanzeigen sind ideal.

Den elektrischen Widerstand von Sicherungen testet man mit einem Multimeter.

Es wird sich nicht vermeiden lassen, einige Sicherungshalter zu installieren. Merken Sie sich, wo sie liegen.

Batteriekabel, gesichert sein. Das erfordert neben den kleinen Sicherungen in den Schaltkreisen eine hochwertige Sicherung nahe der Batterieklemmen.

Zubehörabsicherung

Geräte haben eigene Sicherungen, die bei einem internen Fehler vor weiteren Schäden schützen. Sie sind entweder im Gerät oder in einem Sicherungshalter des Gerätestromkabels montiert. So schaltet bei einer Fehlfunktion nur dieses Gerät ab.

Fehlersuche

- Wenn nur ein Gerät ausgefallen ist, prüfen Sie dessen Sicherung.
- Funktionieren mehrere Geräte nicht, prüfen Sie die Schaltkreissicherung bzw. den Schutzschalter.
- Ob eine Sicherung durchgebrannt ist, kann man feststellen, indem man sie ausbaut und sie optisch oder mit einem Messgerät prüft.
- Schutzschalter springen heraus oder ihre Funktionsanzeige erlischt.

Einbau neuer Geräte und Wartung der Schaltkreise

Jedes neue Zubehörgerät und seine Verkabelung sollten durch Sicherungen oder Schutzschalter gemäß der Einbauanweisungen abgesichert sein. Die Wartung von Schaltkreisen besteht darin, alle Anschlüsse auf Korrosion und Fehler zu prüfen. Stellen, die korrodieren könnten, kann man mit einer Schutzschicht aus Vaseline oder Silikon-Gel behandeln.

Wenn möglich, positionieren Sie alle Sicherungshalter gut zugänglich und an einer Stelle.

Tipp

- Alle Sicherungen sollten leicht zugänglich und nicht hinter Schalttafeln versteckt sein.
- Einige Geräte, zum Beispiel Kühlschränke, erfordern einen hohen Anlaufstrom. Wenn die Verkabelung unzureichend oder die Batteriespannung zu niedrig ist, kann der zusätzliche Widerstand durch eine Sicherung dazu führen, dass das Gerät abschaltet oder gar nicht erst startet, weil die am Gerät ankommende Spannung zu niedrig ist. Um das Problem zu lösen, kann die Sicherung durch einen Überspannungs-Schutzschalter ersetzt werden.

Stecker löten und ersetzen

Die meisten elektrischen Steckverbindungen sind irgendwo im Dunklen verborgen, obwohl ihr zuverlässiges Funktionieren entscheidend für den Betrieb der elektrischen Systeme an Bord ist. Vibration, unsanfte Handhabung und Korrosion führen zu einer graduellen Zerstörung der Steckverbindungen und schließlich zum Ausfall der Geräte.

> **Tipp**
>
> Üben Sie das Löten mit einem Ersatzdraht, bevor Sie sich an die eigentliche Aufgabe wagen.

Stecker nie unter Zug installieren

Auf Yachten werden üblicherweise vier Arten von Steckern verwendet: Löt-, Crimp- oder Pressverbindungen, Schraub- und Klemmverbindungen. Sie alle werden im folgenden Text behandelt. Es gilt für alle Steckverbindungen, dass sie niemals unter mechanischem Zug stehen sollten, da sie sonst ausfallen könnten. Daher immer die Verdrahtung zu beiden Seiten des Steckers ausreichend bemessen!

Lötstecker

Lötstecker sind sehr haltbar und haben, sorgfältig verlötet, sogar bei angerosteter Oberfläche einen elektrischen Widerstand nahe null. Die Arbeitsschritte beim Löten:

- Entfernen Sie die Isolierung eines ausreichend langen Drahtes.
- Reinigen Sie die Spitze des heißen Lötkolbens, und schmelzen Sie dann ein kleines Stück Flussmittelkernlot, sodass der Lötkolben mit Zinn überzogen ist.
- Nun erhitzen Sie mit dem heißen Lötkolben die beiden Drähte und überziehen sie mit Lötzinn.
- Führen Sie die beiden Drähte zusammen, und erhitzen Sie mit dem Lötkolben den Treffpunkt so, dass das Zinn schmilzt und sich verbindet.
- Legen Sie den Lötkolben aus der Hand, und halten Sie beide Teile absolut still, bis das Zinn ausgehärtet ist.

Lötstecker

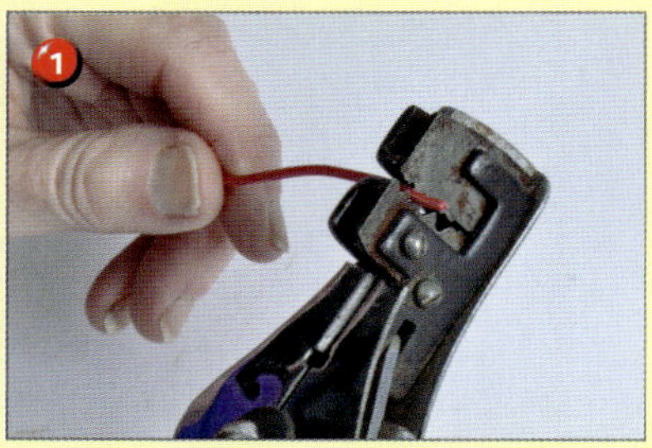

Mit einer Abisolierzange entfernen Sie das Ende der Plastikummantelung.

Geben Sie auf jedes Teil etwas Zinn.

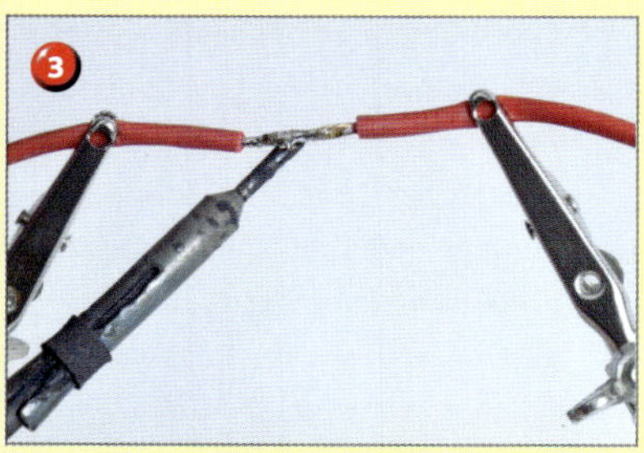

Führen Sie die Drähte zusammen, und erhitzen Sie sie mit dem Lötkolben. So schmilzt das Zinn und die Drähte verbinden sich, ohne dass noch mehr Zinn verwendet werden muss.

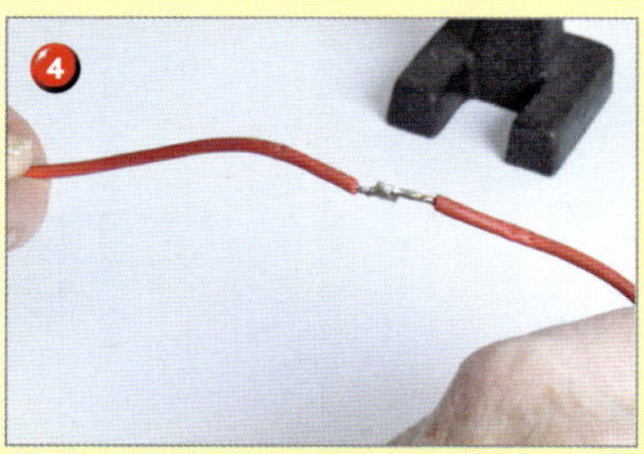

Die Drähte sind nun fest verbunden. Wenn die Verbindung nicht mehr trennbar sein muss, kann man die Drähte vor dem Löten zusammendrehen.

Dreht man vor dem Löten die zu verbindenden Drahtenden umeinander, erhält man eine höhere mechanische Festigkeit, die Verbindung lässt sich aber schwieriger trennen. Nach dem Löten sollte die Verbindungsstelle isoliert werden. Wollen Sie dafür Hülsen oder Schrumpfschläuche verwenden, vergessen Sie nicht, diese vor dem Löten über den Draht zu ziehen.

Crimp- oder Pressstecker

Hier wird der Stecker mittels einer Crimpzange auf den Draht gepresst. Man erhält eine gute Haltbarkeit, wenn man die Zange mit ausreichendem Druck zusammenpresst. Ratschenwerkzeuge können einen viel stärkeren Druck erzeugen. Die elektrische Leitfähigkeit ist bei fest zusammengepressten Steckern gut, allerdings kann zwischen Stecker und Draht Korrosion auftreten. Die Arbeitsschritte:

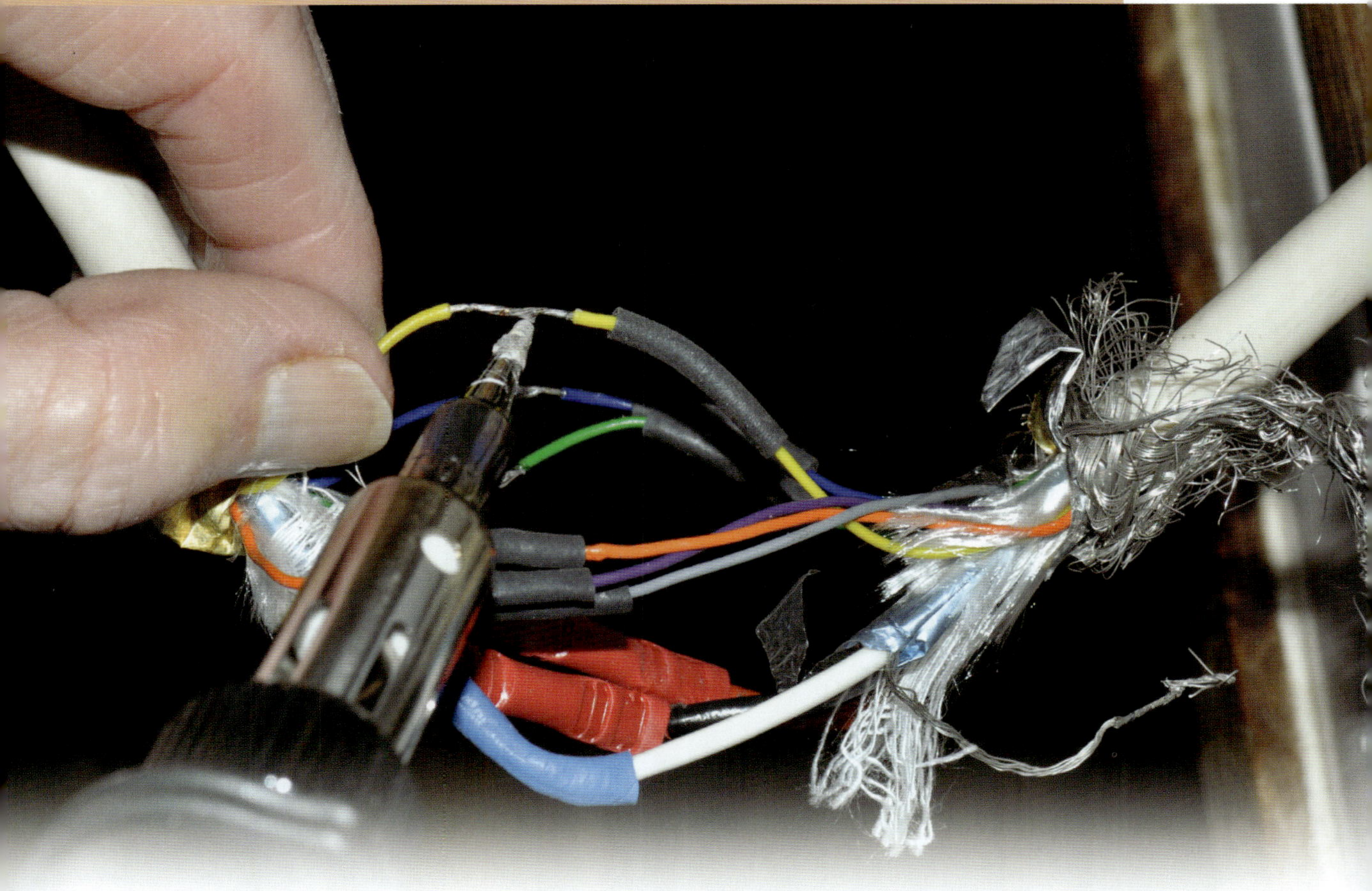

✪ Wählen Sie den richtigen, farblich gekennzeichneten Stecker, der dem Durchmesser des Drahtes entspricht.
✪ Entfernen Sie so viel von der Isolierung des Drahtes, dass er in die Hülse des Steckers passt.
✪ Stecken Sie den Draht in den Stecker.
✪ Passen Sie den Amboss der Crimpzange unter Beachtung der farblichen Kennzeichnung der Steckergröße an.
✪ Pressen Sie den Stecker mithilfe der Ratschvorrichtung der Crimpzange zusammen.

Schraubstecker

Geschraubte Steckverbindungen lassen sich leicht wieder auseinanderbauen. Sie können aber korrodieren und sollten deshalb mit reichlich Silicon versiegelt werden. Gehen Sie wie folgt vor:

✪ Entfernen Sie ein kleines Stück der Isolierung vom Draht.
✪ Stecken Sie den Draht in den Stecker.
✪ Ziehen Sie die Sicherungsschraube fest an.
✪ Sollte die Gefahr von Korrosion bestehen, überziehen Sie ihn mit einer Schutzschicht aus Silikon.

Klemmstecker

Anstelle einer Schraube sichert diesen Stecker eine Hebelzwinge. Klemmstecker sind oft kleiner als Schraubstecker und können gut an eine Schalttafel gelötet werden.

Zum Löten verwenden Sie am besten einen Gaslötkolben. Jede Verbindung wird einzeln isoliert (oben).

Eine Schwerlast-Crimpzange kann mit einem Hammer oder in einem Schraubstock zusammengepresst werden (unten).

Einbau und Wartung der Batterie

Für die meisten Eigner sind Batterien ein wichtiger Gehilfe an Bord. Dennoch werden sie oft versteckt, vergessen oder falsch benutzt, sodass ihr Zustand sich langsam verschlechtert, bis sie plötzlich komplett ausfallen. Eine sachgemäße Installation, Nuzung und Wartung verlängern das Leben einer Batterie deutlich.

Mit einer starken Holzleiste kann die Batterie oft am besten gesichert werden.

Batterietypen

Die Bauart und Technik einer Batterie hängen davon ab, wie sie genutzt werden soll und was sie kosten darf. Das Starten des Motors erfordert eine hohe Stromleistung in einem sehr kurzen Zeitraum, was eine Bleisäurebatterie von vernünftiger Qualität gut leisten kann. Wird sie nur zu diesem Zweck verwendet, kann sie sechs Jahre oder länger halten.

Die Versorgung von elektrischen Geräten an Bord verlangt eine vergleichsweise geringe Strommenge, die aber über einen langen Zeitraum geliefert wird. Hier kommen Bleisäure-, Vlies-, Gel- oder (am oberen Ende der Preisskala) Nickel-Cadmium-Batterien infrage. Außer den Bleisäure- und einigen Vliesbatterien sollten diese Typen nicht als Starterbatterie eingesetzt werden.

Wenn Bleisäurebatterien möglichst lange ihren Dienst versehen sollen, dürfen sie nicht auf unter 50 Prozent ihrer Kapazität entladen werden, bevor man sie wieder auflädt.

Batteriekapazität

Die Batteriekapazität wird in Amperestunden gemessen (siehe S. 162). Eine typische Bootsbatterie hat ungefähr 100 Amperestunden, eine größere würde zu viel wiegen. Abhängig vom Strombedarf kann man mehrere Batterien zu einer »Bank« verbinden. Die Verbindung sieht so aus:

- Reihenschaltung Minus zu Plus. Hier wird die Spannung aller

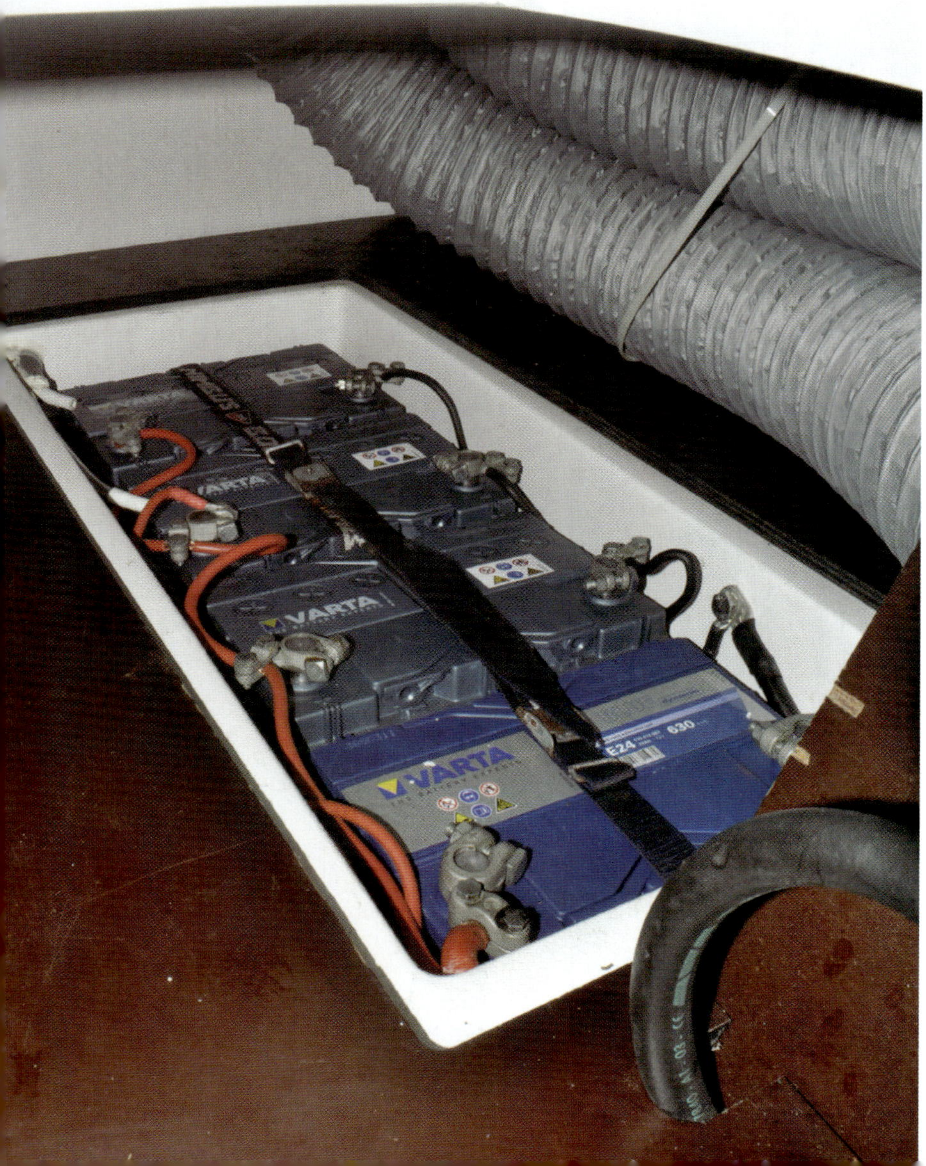

Diese Batterien stehen gut gesichert in einer Spezialbox. Beachten Sie hinten links die weißen Lüftungsschläuche.

Die Batterieverdrahtung sollte durch eine Sicherung geschützt sein, aber viele Hersteller beachten dies nicht.

Batterien addiert, also liefern zwei 12 V/100 Ah-Batterien in Serie eine Spannung von 24 V aber nur 100 Ah wie die jeweils einzelne Batterie.

✪ Parallelschaltung Plus zu Plus und Minus zu Minus. Hier wird die Stromleistung aller Batterien addiert, zwei 12 V/100 Ah-Batterien liefern parallel geschaltet 200 Ah, aber nur 12 V wie jede Batterie einzeln.

Batteriegruppen

Idealerweise findet man an Bord eine Starter- und eine Versorgungsbatterie, die zwar gemeinsam geladen werden, ansonsten aber voneinander getrennt sind. Zur Versorgung der Bordelektrik können mehrere Batterien zusammengeschlossen werden, weil viel mehr Strom benötigt wird, als zum Starten des Motors.

Boote mit einem Motor

Sowohl die Starter- als auch die Versorgungsbatterie werden von einer am Motor installierten Lichtmaschine geladen. Die Batterien (-reihen) sind voneinander getrennt, sodass die Starterbatterie immer vollständig geladen bereit steht.

Boote mit zwei Motoren

Jeder Motor lädt eine eigene Batteriereihe. Häufig ist an einem Motor eine reine Starterbatterie angeschlossen, während der andere eine kombinierte Starterversorgungsbatterie lädt. Für den Fall, dass diese einmal entladen ist, gibt es einen Verbindungsschalter, sodass auch der zweite Motor über die reine Starterbatterie des ersten gestartet werden kann.

Einbau der Batterie

Batterien müssen fest installiert werden. Sie sind sehr schwer und können beträchtlichen Schaden anrichten, wenn sie sich bei rauem Wetter losreißen. Idealerweise werden sie in einen säurefesten Behälter eingepasst, der eventuell überlaufende Batteriesäure auffängt. Zur Sicherung der Batterie verwendet man starke Gurte oder kräftige Holzleisten, die zumindest einmal im Jahr auf festen Sitz und guten Halt geprüft werden müssen.

Tipp

✪ Handelt es sich bei der Anschlussklemme der Batterie um einen Klemmstecker, besteht die Gefahr, beim Heraushebeln das Anschlussstück aus dem Batteriegehäuse mit herauszuziehen. Deshalb sollte man zunächst den Klemmbolzen lockern und dann die Klemme mit einem Schraubenzieher auseinanderspreizen, sodass man sie leichter abziehen kann.

✪ Zum Säubern des Batteriegehäuses oder zum Entfernen von übergelaufener Batteriesäure nimmt man am besten eine Natronlösung. Sie zischt beim Neutralisieren der Säure.

✪ Beim Laden einer Batterie kann durch das Austreten von Wasserstoff ein Kohlenmonoxidalarm ausgelöst werden. Das deutet möglicherweise auf eine nicht mehr ganz einwandfrei funktionierende Batterie hin.

Einbau und Wartung der Batterie (2)

Belüftung der Batterie

Bleisäurebatterien setzen während des Ladevorgangs entzündbaren Wasserstoff frei. Dieser wird aus allen Batteriezellen zusammengeführt und durch ein Ventil im oberen Gehäuse entsorgt. Manchmal sitzt ein Schlauch an diesem Ventil, sodass das Gas sicher abgeleitet werden kann. Offene Flammen in der Nähe einer ladenden Batterie müssen vermieden werden. Der Batterieentlüftungsschlauch sollte aus dem Schiffsinneren herausführen oder zumindest in der Nähe des Einstiegs enden.

Wenn es sich nicht um eine wirklich »wartungsfreie« Batterie handelt, muss sie regelmäßig mit destilliertem (deionisiertem) Wasser aufgefüllt werden.

Wartung der Batterie

Wenn es sich nicht um ein wartungsfreies Modell handelt, muss man bei Bleisäurebatterien destilliertes oder deionisiertes Wasser auffüllen, da es beim Laden der Batterie über die Entlüftung entweicht. Der Wasserstand der Batterie sollte regelmäßig kontrolliert werden: je öfter die Batterie geladen wird, desto häufiger. Anschließend sollte das Batteriefach gesäubert und getrocknet werden. Andere Batterien können nicht aufgefüllt werden.

Der Ladestand wird über eine Dichtemessung mit einem Hydrometer ermittelt, das vorab kalibriert werden muss. Die Temperaturen des Elektrolyts und der ursprünglichen Batterieflüssigkeit beeinflussen allerdings das Ergebnis, sodass keine absolut zuverlässige Information über den Ladestand erzielt wird.

Wenn Batterien geladen werden, entweicht Wasserstoff. Deshalb sollte die Batterie bzw. ihr Fach entlüftet werden.

Auf einigen Yachten befindet sich ein einziger Batterieschalter mit vier Positionen: AUS – BATTERIE 1 – BATTERIE 2 – BEIDE BATTERIEN.

Daher empfiehlt sich, die Dichte der neuen, vollständig geladenen Batterie zu messen, damit man später Referenzwerte hat. Alle Batteriestecker sollten jährlich auf ihren Sitz überprüft, gereinigt und mit Vaseline gefettet werden.

Batterien auswechseln

Der Austausch einer Batterie stellt häufig ein Problem dar. Idealerweise sollten alle Batterien, die von einer Quelle geladen werden, gleichen Typs und Alters sein. Im Laufe eines Schiffslebens und mit dem Einbau weiterer elektrischer Zubehörteile gerät das Batteriesystem jedoch häufig aus dem Gleichgewicht. Die Versorgungsbatterie wird zwar größer, schafft es aber kaum noch, den Motor zu starten. Ein häufig kostenorientierter Kompromiss wird gesucht. Die beste Lösung ist hier der Einsatz von Batterien mittlerer Preislage, die sowohl zum Starten als auch zur Versorgung dienen. Das gilt aber nur, wenn man keine allzu hohen Ansprüche stellt.

Nur mit einem Hydrometer kann der Ladezustand einer Batterie akkurat bestimmt werden.

Batterien laden

Eine Batterie zu laden ist komplizierter als man es sich vorstellt. Wenn man das Boot regelmäßig ohne Landstromzugang über die bordeigenen Batterien versorgt, wird das standardmäßig installierte Ladesystem kaum den Anforderungen genügen.

Lichtmaschinenregler

Ein Standardregler lädt die Batterien während einer durchschnittlichen Maschinenlaufzeit maximal bis zu 75 Prozent ihrer vollen Leistung. Will man eine vernünftige Lebensdauer der Batterien erreichen, sollte der Ladestand nie unter 50 Prozent sinken. Das bedeutet, dass nur 25 Prozent der angegebenen Kapazität zur Verfügung stehen. Durch den Einbau eines »intelligenten« Reglers erhöht man den Ladestand der Batterien in kurzer Zeit auf 90 Prozent, sodass eine Kapazität von 40 Prozent für den Verbrauch zur Verfügung steht. (Eine Batterie von 50 Prozent auf 80 Prozent zu bringen, dauert nicht so lange wie die Erhöhung von 90 auf 95 Prozent.)

Leistung der Lichtmaschine

Werden Batterien nachgerüstet, muss auch eine größere Lichtmaschine angeschafft werden. Als Faustformel gilt: Die Gesamtkapazität aller Batterien in Amperestunden sollte nicht größer sein als das Vierfache der Lichtmaschinenleistung. Bei einer Lichtmaschinenleistung von 50 Ampere sollte also die von ihr geladene Batteriegruppe insgesamt nicht mehr als 200 Amperestunden haben. Die Starterbatterie kann man aus dieser Rechnung ausklammern, weil der Verbrauch beim Starten des Motors nicht sehr hoch ist.

Die Netzstromschalttafel sollte einen FI-Schalter haben, der regelmäßig getestet werden muss.

Dieser Schutzschalter ist ungünstig in einem feuchten Fach untergebracht. Das kann zu lästigem Herausspringen führen.

Batterieladegerät für Netzstrom

Hat man einen Netzstromzugang, können die Batterien über ein Ladegerät für Netzstrom geladen werden. Empfehlenswert sind »intelligente« Ladegeräte aus dem Schiffszubehör, die die Batterien vollständig laden und die gefahrlos angeschlossen bleiben können. Weil zumeist ausreichend Ladezeit (zum Beispiel über Nacht) zur Verfügung steht, reichen Geräte mit einer

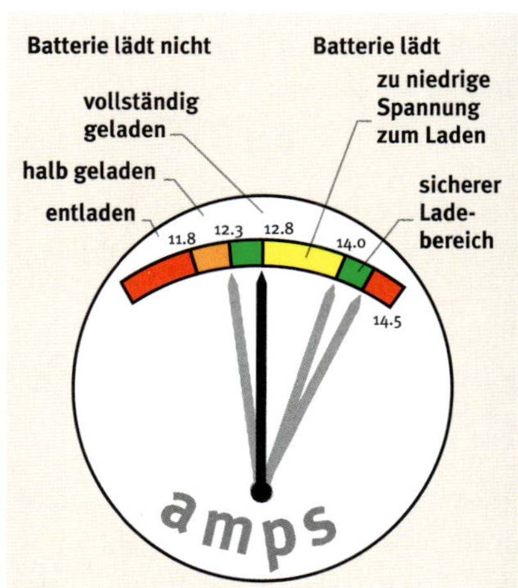

Gute Kenntnisse über Batteriespannung sind nützlich. So hat zum Beispiel eine vollständig entladene 12-Volt-Batterie im Ruhezustand immer noch eine Spannung von etwa 11,8 Volt.

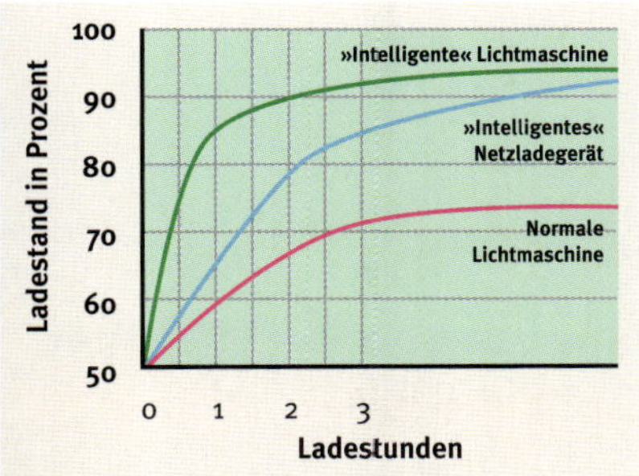

Relative Ladeleistung. Ein normaler Lichtmaschinenregler kann eine Batterie nicht innerhalb einer akzeptablen Zeitspanne vollständig laden. Der Einbau eines »intelligenten« Reglers reduziert die Ladezeit und erhöht die effektive Batteriekapazität.

Leistung von etwa einem Zehntel der Batteriekapazität aus. So kann eine Batteriereihe mit insgesamt 200 Amperestunden über Nacht mit einem 20-Ampere-Ladegerät aufgeladen werden.

Gleichstromgeneratoren

Ältere Motoren können statt einer Lichtmaschine einen Gleichstromgenerator haben, der Gleichstrom erzeugt, aber sehr leistungsschwach hinsichtlich der Batterieaufladung ist. Noch ältere Maschinen sind teilweise mit einem »Dynastart«, einem kombinierten Startermotor/Generator, ausgerüstet.

Stromgenerator

Steht ein Stromgenerator zur Verfügung, können gleichzeitig das Netzladegerät sowie weitere Netzstromgeräte versorgt werden.

Landstromanschluss

Das Anschlusskabel muss im Gebrauch einiges aushalten, deshalb sollten sowohl die Stecker an beiden Enden als auch das Kabel häufig auf Beschädigungen überprüft werden.

Ein schnell auslösender FI-Schutzschalter soll bei einem Fehler im Kabel oder im elektrischen System der Yacht die Menschen an Bord vor einem Stromschlag bewahren.
Er sollte an einem trockenen Ort montiert und häufig, am besten vor jedem Anschließen an einen Landstromzugang, getestet werden.

Wartung des Ladesystems

Prüfen Sie mindestens einmal im Jahr die Sicherheit und Sauberkeit aller Steckverbindungen. Wenn Sie das Gefühl haben, dass die Batterien nicht richtig laden, prüfen Sie die Leistung der Lichtmaschine, indem Sie ein Amperemeter anschließen. Auch das Alter der Batterien sollte in Betracht gezogen werden.

Der Schutzschalter des Wechselstromkreises sollte regelmäßig gecheckt werden, ebenso wie die Polarität beim Anschließen von Landstrom.

Bei diesem Stromkabel ist die Ummantelung abgerissen. Sie sollte erneuert werden.

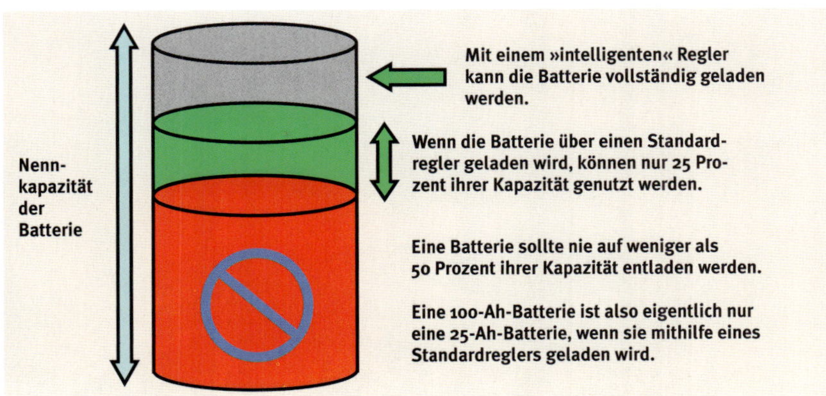

Ladeleistung eines »intelligenten« Reglers im Vergleich zu einem Standardgerät.

Kabinenbeleuchtung

Sanftes Kabinenlicht ist zum Entspannen ganz wunderbar. Als helles Arbeitslicht brauchen Sie aber mehr als eine Lichterkette aus Niedrigwattglühlampen. Glücklicherweise gibt es viele verschiedene Niederspannungsbeleuchtungssysteme; einige sind allerdings recht teuer.

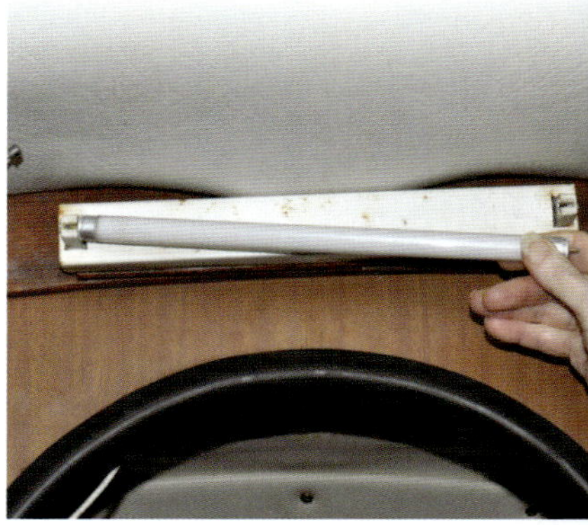

Wechseln Sie beim Ausfall einer Neonleuchte zunächst die Röhre. Sollte das keinen Erfolg bringen, muss die Leuchte wahrscheinlich komplett ersetzt werden.

Neonleuchten

Der Vorteil von Neonleuchten ist ihr niedriger Stromverbrauch. Außerdem sind 12-Volt-Leuchten durch ihre starke Verbreitung auf dem Wohnmobilmarkt nicht teuer. Die preiswerten Modelle sind allerdings nicht für den Einsatz auf Yachten hergestellt, daher können sie korrodieren. In diesem Fall wäre die günstigste Wartung der Ersatz durch eine neue Leuchte. Der Nachteil von Neonleuchten besteht darin, dass vor allem die günstigen Modelle elektromagnetische Strahlung produzieren, die zu Störungen an Navigations- und Unterhaltungselektronik führen kann.

Glühlampen

Leuchten mit Glühlampen sind sehr ineffizient, weil ein Großteil der Energie in Hitze verwandelt wird. Die Glühlampen sind in der Anschaffung günstig, haben aber eine vergleichsweise kurze Lebensdauer. Wenn sie ausfallen, kann ein empfindlicher Schutzschalter herausspringen. Ihre Wartung beinhaltet nur die Prüfung ihrer Kontakte auf Korrosion.

Halogenleuchten

Halogenleuchten geben mehr Licht pro Amperestunde als Glühlampen ab und sind sehr gute Arbeitsleuchten. Sie sind allerdings auch teurer.

Eine gute Kabinenbeleuchtung erhöht den Lebenskomfort an Bord. LEDs beanspruchen die Batterien nur gering.

In manchen Decksleuchten werden Halogenlampen mit blanken Stiftkontakten verwendet. Diese Kontakte korrodieren, die Lampe funktioniert dann nicht mehr und sitzt in der Fassung fest. Reinigen Sie die Kontakte deshalb jährlich. Berühren Sie dabei den Glaskörper der Lampe nicht mit den Fingern, weil sie durch das Hautfett vorzeitig ausfallen kann.

LED-Leuchten

LEDs haben eine lange Lebenserwartung und verbrauchen sehr wenig Strom. Einzeln geben sie nicht viel Licht, können aber als Gruppe montiert eine gute Lichtintensität erreichen. Hochleistungs-LEDs produzieren mehr Licht, sind aber verhältnismäßig teuer. Weiße LEDs geben ein bläuliches Licht, das als hart und kalt empfunden wird und sich nicht sehr gut als Hintergrundbeleuchtung eignet. Es sind auch wärmere Weißtöne erhältlich, die allerdings teurer sind. Eine Wartung ist nicht erforderlich.

Öllampen

Traditionalisten schätzen das warme Ambiente von Öllampen, die natürlich auch keinen Strom verbrauchen. Der Docht sollte regelmäßig zurückgeschnitten werden, um verbrannte Ränder zu entfernen, sodass die Lampe mit schöner Flamme brennt.

Wenn eine LED-Diode ausfällt, muss häufig die ganze Lampe ausgewechselt werden.

Nachtbeleuchtung

Das menschliche Auge braucht bis zu 30 Minuten, um sich an große Dunkelheit zu gewöhnen, deshalb sollten Wachgänger nicht in helles Licht sehen. Traditionell wird eine rote Nachtbeleuchtung benutzt, obwohl die Stärke des Lichts eine größere Rolle spielt als die Farbe. Tatsächlich haben Tests ergeben, dass Grün sich sogar besser eignet, und in Flugzeugen wird lediglich die Standardbeleuchtung mit einem Dimmer angepasst. Eine heruntergedrehte Öllampe liefert nachts ein gutes Hintergrundlicht.

Halogenlampen müssen vorsichtig gehandhabt werden, weil bereits eine leichte Verschmutzung mit Hautfett ihre Lebensdauer reduziert. Halten Sie die Lampe mit einem Papiertaschentuch fest.

Navigationslichter

Die gesetzlichen Bestimmungen für Navigationslichter hängen von der Größe und der Geschwindigkeit des Wasserfahrzeugs ab und davon, auf welchen Gewässern es fährt. Verschiedene Kombinationen der Lichterführung sind je nach Fahrtumstand Pflicht. Daher sollte der Eigner mit den Vorschriften vertraut sein.

Diese alte Glühlampe ist rund um ihre Isoliereinfassung korrodiert. Da es sich um eine Zwei-Stift-Lampe handelt, ist das nicht weiter schlimm. Wäre es eine Kolbenbirne, müsste sie gereinigt oder ausrangiert werden.

Sichtbarkeit der Lampen

Um die Vorschriften bezüglich Farbe, Sichtbarkeitswinkel und Leuchtweite zu erfüllen, muss die richtige Lampe mit der entsprechenden Spannungsversorgung in das Navigationslicht eingesetzt werden. Die Bauweise des Lichts sorgt dafür, dass die unterschiedlichen Farben in den vorgeschriebenen Winkeln sichtbar sind. Bei einer ungeeigneten Lampe kann schon die Anordnung ihres Glühfadens einen falschen Grenzwinkel erzeugen oder die falsche Wattzahl die Leuchtweite beeinträchtigen.

Spannungsverlust

Die Navigationslichter sind weit von den Batterien entfernt, sodass sich ein beachtlicher Spannungsverlust durch den Widerstand des langen Kabelverlaufs ergeben kann. Ein unterdimensioniertes Kabel oder schmutzige Kontakte können ebenfalls zu enormen Spannungsverlusten führen, die die Leuchtkraft der Glühlampe beträchtlich verringern. Um auch aus einiger Entfernung für

Wenn Sie eine Nachtfahrt planen, erfordern internationale Bestimmungen eine korrekte Lichterführung.

Einige Decksleuchten haben offen liegende Lampen, die zwar gut gekühlt werden, die aber auch leicht korrodieren und dann nur sehr schwer abzunehmen sind.

andere Schiffe sichtbar zu sein, sollten nicht mehr als 10 Prozent Spannungsverlust toleriert werden.

LEDs als Navigationslicht

LED-Leuchten benötigen wesentlich weniger Strom als Glühlampen, um eine vorgegebene Lichtstärke zu erzeugen. Speziell als Navigationslichter entwickelte und komplett versiegelte LED-Leuchten werden getestet, um sicherzustellen, dass sie den Bestimmungen entsprechen. LEDs, die nicht für den Einsatz als Navigationslicht entwickelt wurden, werden diesen Anforderungen nicht gerecht, auch wenn sie sich gut in Standardnavigationsleuchten einbauen ließen. Auch die Sichtbarkeitswinkel der verschiedenen Farben entsprechen kaum den Bestimmungen. Daher sollte man LEDs, die Glühlampen in den Navigationsleuchten ersetzen sollen, mit großer Sorgfalt auswählen.

Wartung

Mindestens einmal pro Jahr sollten Sie Ihre Navigationslichter wie folgt warten:

- Schrauben Sie die Lampen heraus und reinigen Sie die Kontakte.
- Reinigen Sie das Innere der Navigationsleuchten, vor allem die Gläser.
- Prüfen Sie die Kabelverbindungen auf Korrosion und Sicherheit.
- Schützen Sie nach dem Reinigen alle Steckkontakte mit Silikonfett vor Korrosion.
- Prüfen Sie die Glasdichtungen.
- Stellen Sie sicher, dass eventuell im Lampengehäuse vorhandene Abflussöffnungen frei sind.
- Messen Sie die Spannung an den Kontakten der Glühlampen bei eingeschaltetem Licht und herausgeschraubter Lampe. Schließen Sie die Kontakte nicht zusammen, sonst springt die Sicherung heraus.

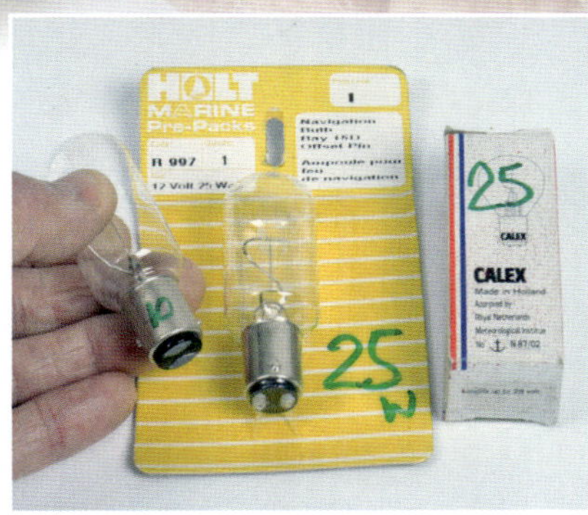

Bei schwachem Licht kann man die Watt-Angabe auf Glühlampen schlecht lesen. Markieren Sie deshalb deutlich die Verpackung oder die Lampe selbst.

Tipp

Bei der Überprüfung des Topplichts tauschen Sie am besten gleich die Lampe gegen eine neue aus, um sich eine Kletterpartie zu ersparen, wenn sie spontan auf See ausfällt. Bewahren Sie die gebrauchte Lampe als Ersatzteil auf.

Navigationszubehör

Das Navigationszubehör einer Yacht kann von einem Hand-GPS-Gerät bis zu einem komplexen Einbausystem reichen. Im Normalfall sollte alles gut funktionieren und nur kleinere Routinewartungen erfordern. Meist reicht es, bei einem Ausfall das betroffene Gerät einmal aus- und wieder einzuschalten.

Schaufelradlogge

Dies ist das einzige Teil des Navigationssystems, das regelmäßig gewartet werden muss. Wenn man das Rädchen der Logge permanent im Wasser lässt, kann es durch Pflanzen und Bewuchs blockieren. Daher sollte man es bei Nichtgebrauch herausnehmen und die Öffnung mit dem zugehörigen Blindstopfen verschließen. Dies empfiehlt sich auch beim Kranen der Yacht, um Beschädigungen durch die Gurte zu vermeiden.

Windmessanlage

Immer, wenn Sie in den Mast steigen, sollten Sie überprüfen, ob die Windmessanlage fest angebracht ist und sich frei drehen kann.

Das Rädchen der Logge verschmutzt schnell. Ziehen Sie es deshalb bei Nichtgebrauch ein. Eine alte Zahnbürste eignet sich gut zur Reinigung.

Radar

Lassen Sie das Radargerät immer mal wieder fünf Minuten laufen, um sicherzustellen, dass die Scannerlager frei sind. Außerdem trocknet die Betriebswärme vorhandenes Kondensat. Halten Sie sich beim Betrieb des Radars immer außerhalb der Reichweite der rotierenden Scanner auf.

Instrumentenanzeigen

Die Anzeigen können von einem oder von verschiedenen Herstellern

Der Ruder- und Navigationsstand einer kleinen Motoryacht braucht wenig Wartung. Meist sind ein Kartenplotter, kombiniert mit Radar, eine Selbststeueranlage, Log und Lot sowie ein Magnetkompass vorhanden.

sein. Sie können miteinander kommunizieren, wofür meistens eine Schnittstelle erforderlich ist – vor allem, wenn nicht alle Anzeigen vom gleichen Hersteller sind. Dies muss bei der Fehlersuche oder beim Hinzufügen eines neuen Gerätes beachtet werden. Die erforderlichen Wartungsarbeiten:

- Kartenplotterbildschirme kann man mit Reiniger für PC-Monitore säubern.
- Häufig sind Displays nur dann wasserdicht, wenn ihre Rückseite gegen den Sockel abgedichtet ist.
- Lösungsmittelhaltige Reinigungsmittel oder Scheuermittel sollten nicht verwendet werden.

Austausch eines defekten Instruments

Wenn ein Ersatzteil vom gleichen Hersteller verfügbar ist, stellt das Austauschen eines Displays oder eines Signalgebers kein Problem dar. Schließen Sie die neue Komponente einfach an das vorhandene Kabel an. Aufgrund der hohen Lebensdauer kann es aber sein, dass Ersatzteile nicht mehr erhältlich sind und man sich mit einem anderen Hersteller oder nicht ganz kompatiblen Teilen behelfen muss. Für diesen Fall gibt es mehrere Optionen:

- Handelt es sich um ein Gerät, das nicht vernetzt ist, spielt es keine Rolle, dass es nicht mit bereits vorhandenen kommunizieren kann. Sie haben also die freie Auswahl.
- Soll das Gerät mit anderen vernetzt werden, stellen Sie fest, ob es einen Standard-NMEA-Ausgang hat. Es gibt verschiedene NMEA-Standards wie zum Beispiel NMEA 0183 und NMEA 2000. Das neue Gerät sollte das gleiche NMEA-Protokoll unterstützen, um in das vorhandene Netzwerk integriert werden zu können. Eventuell müssen nur zusätzliche Kabel verlegt werden. NMEA ist ein in den USA entwickelter internationaler Standard, der weltweit verwendet wird.
- Die Anzahl der Instrumente, die mit dem NMEA Standard 0183 vernetzt werden können, ist begrenzt, sodass eventuell eine zusätzliche Datenaustauschkomponente in das System integriert werden muss. Sie kann auch zur Vernetzung von NMEA-0183- und NMEA-2000-Systemen verwendet werden.

Kabel können mit einer Einfädelhilfe durch ein Leerrohr geführt werden. Diese Rolle wurde einen 15 m hohen Mast hinaufgeschoben.

Einbau eines neuen Kartenplotters

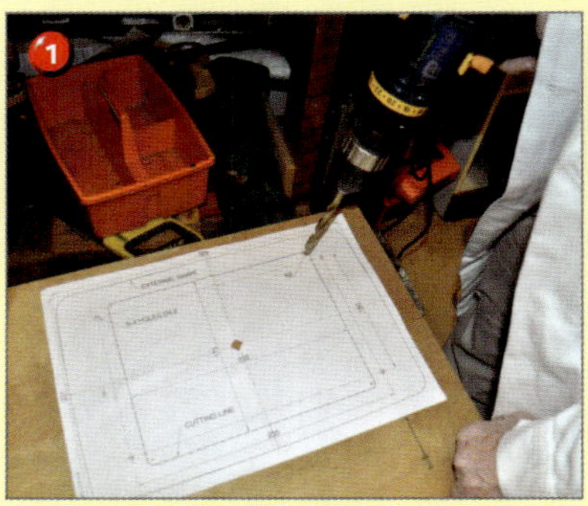

Kleben Sie die beiliegende Schablone auf das Instrumentenbrett und bohren Sie ein Loch in jede Ecke.

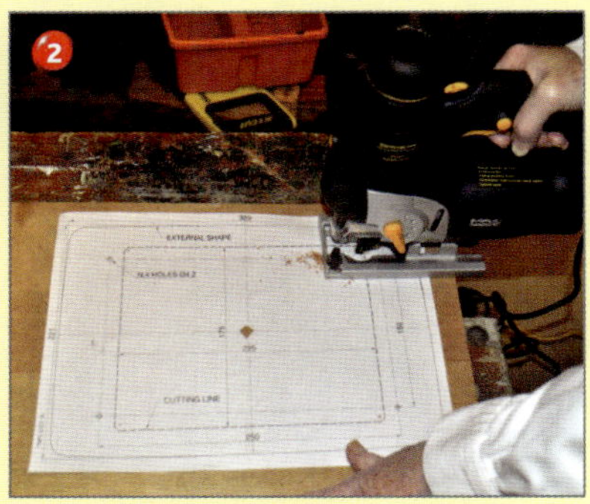

Sägen Sie die Öffnung für den Plotter aus und setzen Sie das Gerät passgenau ein.

Solaranlagen

Hat Ihre Yacht nur selten Zugang zu Landstrom, werden sich die Batterien langsam entladen, auch wenn sie nicht genutzt werden. Bei Gebrauch entladen sie sehr schnell. Hier kann eine Solaranlage einen guten Beitrag zur Stromversorgung leisten.

Solaranlagen

Es gibt viele Typen von Fotovoltaik-Anlagen, aber alle wandeln Licht direkt in Gleichstrom um. Wenn sich eine Fotovoltaikplatte erwärmt, verringert sich ihre Leistung. Durch technische Fortschritte erhöht sich ständig die Effizienz, mit der Solarenergie in Strom umgewandelt wird (derzeit 8 bis 16 Prozent). Die diversen Plattentypen reagieren unterschiedlich auf die Lichtwellenlängen, sodass einige zwar eine geringere Gesamtleistung als andere haben können, dafür aber eine bessere Leistung bei trüben Lichtverhältnissen liefern.

Feste Solarplatten

Viele feste Solarplatten arbeiten mit einer kristallinen Technologie, die bei starker Sonnenstrahlung sehr effizient ist (bis zu 16 Prozent), aber bei trübem Licht extremen Leistungsabfall zeigt. Dabei reicht bereits eine im Schatten liegende Zelle aus, um den gesamten Output drastisch zu reduzieren.

Halbfeste und flexible Solarplatten

Diese Platten haben drei sehr dünne Schichten nichtkristalliner Halbleiter. Obwohl sie bei starker Sonne weniger effizient arbeiten (8 Prozent), liefern sie in trüben Lichtver-

Sicherheitshinweise

- Verbinden Sie eine Solaranlage niemals direkt mit einem Gerät. Wird der erzeugte Strom nicht in eine Batterie eingespeist, kann die von einer 12-Volt-Platte erzeugte Spannung bis auf 20 Volt steigen.
- Solarplatten heizen sich, vor allem in tropischem Sonnenlicht, stark auf. Direkt auf das Deck oder den Steuerstand montiert, können das Schiff und die Solarplatte beschädigt werden. In den Tropen sollten Solarplatten daher immer auf Rahmen montiert werden und nicht aufliegen.

Flexible Solarplatten auf langen Unterlagen können einfach umgelegt und aus dem Schatten gehalten werden. Ein Schatten, der auf eine Solarplatte fällt, verringert ihre Leistung beträchtlich.

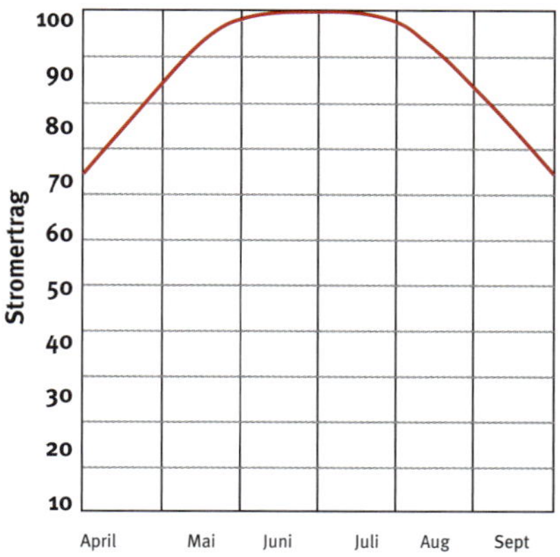

Eine Solarplatte liefert nicht das ganze Jahr über den vollen Stromertrag. Eine flexible Montage ermöglicht eine bessere Ausrichtung zur Sonne und erhöht die Leistung.

Eine halbfeste Solarplatte kann dauerhaft an Deck montiert werden.

hältnissen bis zum 1,3-Fachen des Outputs von festen Solarplatten. Die Überschattung einer Zelle verursacht nur wenig Leistungsverlust.

Sonneneinfallswinkel

Den höchsten Stromertrag erzielt man, wenn die Solarplatte im rechten Winkel zu den Sonnenstrahlen steht. Bei horizontaler Montage kann sich der Ertrag um 15 Prozent verringern. Am besten montiert man die Platte auf ein schwenkbares Gestell, das zur Sonne ausgerichtet werden kann, was allerdings nicht immer möglich ist. Eine flexible Platte kann in eine gute Position gelegt werden, eine feste Platte sollte zumindest auf einem beweglichen Rahmen montiert sein.

Leistungsfaktoren

Die volle Leistung einer Solaranlage wird nur für ungefähr zwei Stunden zur Mittagszeit erreicht. Bei ganztägiger, voller Sonneneinstrahlung liegt der durchschnittliche Output bei etwa 75 Prozent der Maximalleistung. Im Winter halbiert sich dieser Wert. Trübes Licht senkt die Strommenge um 70 Prozent. Schon der Schatten eines Falls kann die Leistung der Anlage um 20 Prozent verringern.

Spannungsregler

Wenn die Solaranlage über einen längeren Zeitraum unbeaufsichtigt an die Batterie angeschlossen ist oder die Batterie im Vergleich zur Leistung der Anlage eher klein ist, sollte ein Spannungsregler eingebaut werden, der ein Überladen der Batterie verhindert.

Wartung

- Halten Sie die Tafeln sauber, indem Sie sie mit klarem Wasser abwaschen.
- Stellen Sie sicher, dass die elektrischen Verbindungen sauber und sicher sind.

Eine feste Solarplatte auf einem beweglichen Rahmen kann zur Sonne ausgerichtet werden.

Windkraftanlagen

Windkraft kann auf einem Boot zur Erzeugung von Strom genutzt werden. Bei ausreichender Leistung ist das Schiff für einige Zeit autark, was vor allem auf Fahrtenyachten nützlich ist. Im Unterschied zu einer Solaranlage läuft eine Windkraftanlage auch bei Nacht.

Vertikal-Windkraftanlagen

Die zylinderförmigen Rotorblätter drehen sich um eine vertikale Achse. Ihre Leistung ist niedrig, sie sind leise im Betrieb und die Verletzungsgefahr ist eher gering. Sie eignen sich besonders für die Erhaltungsladung einer Batterie auf einer unbeaufsichtigten Yacht. Sie sind einfach konstruiert und nahezu wartungsfrei.

Horizontalachsen-Windkraftanlagen

Die Rotorblätter sehen aus wie die eines Flugzeugpropellers, die sich um eine horizontale Achse drehen. Ihre Leistung hängt von ihrem Durchmesser und dem Rotordesign ab. Sie sind recht laut im Betrieb. Bei ausreichend großer Dimensionierung können sie einen Großteil der benötigten Elektrizität liefern. Da die Rotorblätter immer im Wind stehen sollen, muss sich die Anlage um eine Stange drehen können, was die Übertragung des erzeugten Stroms erschwert und die Wartung beeinflusst.

Eine Vertikal-Windkraftanlage eignet sich nur für die Erhaltungsladung einer Batterie auf einer unbeaufsichtigten Yacht.

Abgabeleistung

Die angegebene Abgabeleistung kann irreführend sein. Die Windgeschwindigkeit zum Starten beträgt 6 bis 8 kn mit sehr niedriger Energieerzeugung von etwa 1 Ampere bei 10 kn. Erst bei einer Windgeschwindigkeit von 30 kn wird die angegebene Leistung erzeugt. Um die Anlage bei starkem Wind vor einem Überdrehen zu schützen, sollte sie

Windräder mit Propellerblättern liefern die meiste Energie. Prüfen Sie vor dem Kauf ihre Leistung bei durchschnittlichen Windverhältnissen. Häufig produzieren sie lediglich 1 Ampere bei 12 kn.

Tipp

Windräder sind ziemlich schwer und in einiger Höhe montiert, sodass ihre Wartung schwierig sein kann. Wenn man die Stange auf ein Gelenk montiert, lässt sich die Anlage auf Deckshöhe absenken und so leichter instand halten.

festgebunden sein oder eine elektronische Bremse haben.

Regelung der Abgabeleistung

Horizontalachsen-Windkraftanlagen können die Bordbatterien überladen. Üblicherweise verwendet man daher einen Regler, der die Auslastung des elektrischen Systems und den Ladestand der Batterie misst und die Abgabeleistung entsprechend anpasst. Die Wartung des Reglers beschränkt sich auf eine gelegentliche Prüfung der Verbindungen.

Wartung einer Horizontalachsen-Windkraftanlage

Die Rotorblätter müssen regelmäßig auf Schäden und sicheren Sitz geprüft werden. Die Lager des Windrades müssen ebenfalls routinemäßig gewartet werden. Details entnehmen Sie dem entsprechenden Handbuch.

Je nach Konstruktion wird die Elektrizität über Bürsten aufgenommen oder über die Stange, an der die Anlage sich zum Wind drehen kann. Das zugehörige Handbuch beschreibt die jeweils erforderlichen Wartungsarbeiten.

Wenn die Stange im unteren Teil ein schwenkbares Gelenk hat, kann eine Person allein die Anlage leicht instand halten.

Wartung einer Windkraftanlage

1. Kontrollieren Sie Bürsten und Verbindungen und verwenden Sie gegebenenfalls ein Schmierstoffspray.

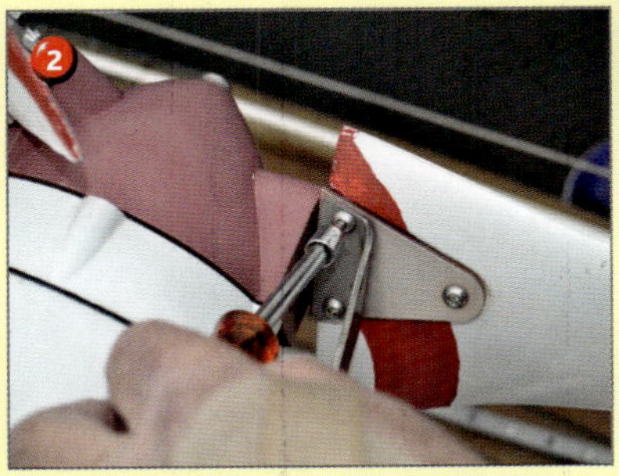

2. Prüfen Sie die Rotorblätter auf sicheren Sitz und einwandfreien Zustand, da sie sich sehr schnell drehen.

Motorwartung

7

Wartung des Motors

Eine regelmäßige Wartung nach Herstellerangaben gewährleistet die Zuverlässigkeit des Motors und trägt damit zur Sicherheit an Bord bei. Auf vielen Yachten ist der Motor oft schwer zugänglich.

Jährliche Wartungsarbeiten

Die meisten Sportbootmotoren benötigen aufgrund der wenigen Betriebsstunden nur eine Wartung pro Jahr. Die vom Hersteller angegebenen Intervalle sollten eingehalten werden. Auch an den Motor anschließende Teile wie Antriebswelle, Treibstofffilter, Auspuff usw. sollten jährlich überprüft und gewartet werden. Wenn Sie einen Fachmann beauftragen, sollten diese Extras zum Service gehören.

Schmiersystem

- Wechseln Sie das Öl. Sollte das empfohlene Öl für ältere Maschinen nicht mehr erhältlich sein, fragen Sie Ihren Händler nach einer Alternative.
- Wechseln Sie den Ölfilter.
- Lassen Sie die Maschine einige Minuten laufen, bevor Sie den Ölstand auf das am Ölstab markierte Level nachfüllen.

Antrieb / Getriebe

Wechseln Sie das Getriebeöl nach der angegebenen Betriebszeit (nicht jährlich erforderlich).

Kühlsystem

Wechseln Sie die Kühlflüssigkeit alle zwei Jahre, da der darin enthaltene Korrosionsschutz nach einiger Zeit seine Wirksamkeit verliert.

Ansicht eines Dieselmotors von der rechten Seite mit dem Schmiersystem und der Dieselpumpe.

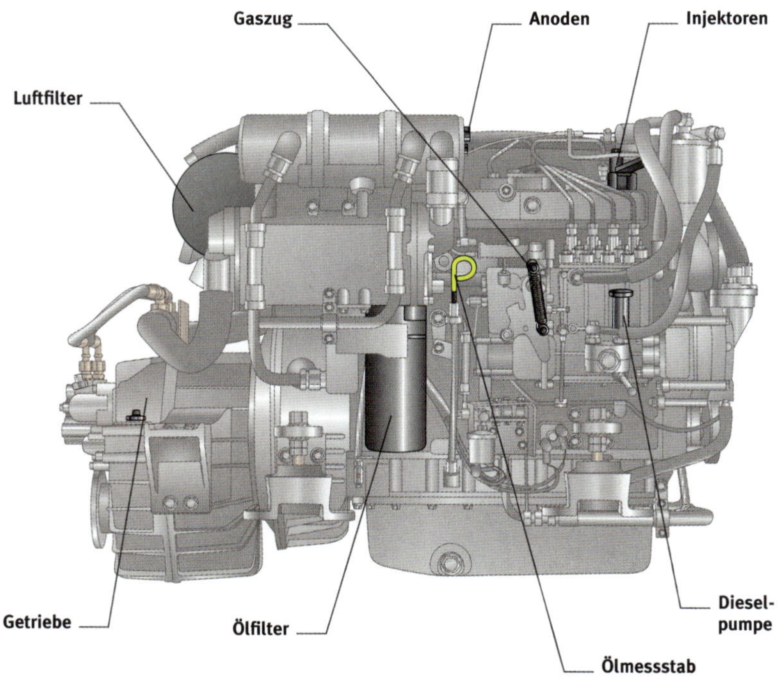

Mit einer passenden Ölfilterzange lässt sich der Filter leicht entfernen.

Kraftstoffsystem

- Wechseln Sie den Vorfilter und reinigen Sie den Behälter. Ist dieser verunreinigt oder verschmutzt, muss auch der Kraftstofftank gereinigt werden.
- Wechseln Sie den Feinfilter.
- Wenn es Probleme beim Starten des Motors gibt oder im Abgas weißer, grauer oder blauer Qualm enthalten ist, sollten Sie die Dieselinjektoren warten lassen.
- Entlüften Sie die gesamte Kraftstoffanlage, um eventuell vorhandene Luft aus dem System zu entfernen (siehe S. 190 und 191).

Motorlager

- Alle Motorbefestigungen müssen sorgfältig auf überbeanspruchte oder schadhafte Stellen untersucht werden.

Luftsystem

- Reinigen Sie den Luftfilter.
- Untersuchen Sie den Abgaskrümmer auf Korrosion/Risse.

Ventilsteuerung

- Das Ventilspiel sollte entsprechend den Herstellerangaben regelmäßig überprüft und gegebenenfalls nachgestellt werden.
- Falls die Nockenwelle riemengetrieben ist, sollten der Riemen und die Riemenspannrollen in den vom

Hersteller empfohlenen Intervallen (ungefähr alle 800 Betriebsstunden) ausgetauscht werden.

Zündanlage (Benzinmotoren)

✪ Zündkerzen, Zündkabel, Zündunterbrecher, Verteiler und Verteilerkappe sollten regelmäßig überprüft und, wenn nötig, ersetzt werden.

Sonstiges

✪ Weitere Wartungsarbeiten sollten nach Herstellerangaben durchgeführt werden.

Außenborder und Saildrive-Antriebe

Außenborder und Saildrive-Antriebe müssen einmal im Jahr sorgfältig gewartet werden, um Korrosion vorzubeugen. Steuer- und Trimm-Mechanismen, soweit montiert, sowie Quetschverbindungen und Dichtungen sind zu überprüfen (siehe Seiten 218 und 219).

Die linke Vorderseite eines Dieselmotors. Anoden schützen die Motorteile vor Korrosion.

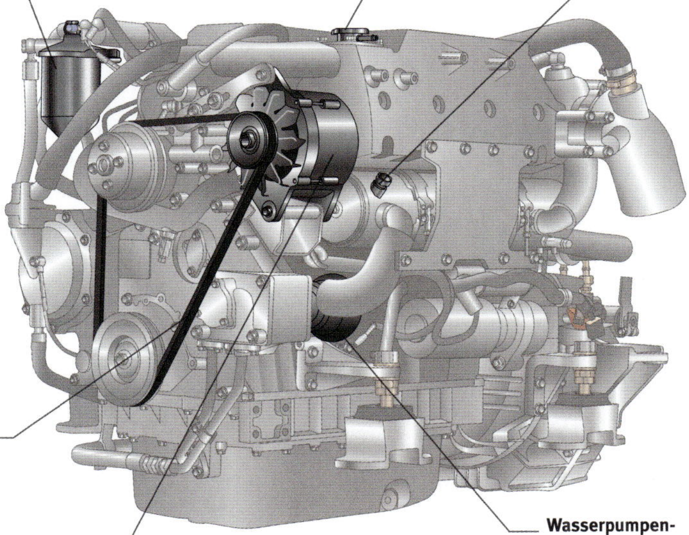

Ventile einstellen

Überprüfen Sie die Ventilsteuerung regelmäßig gemäß Herstellerangaben. Lösen Sie die Befestigungsbolzen der Abdeckung.

Entfernen Sie die Abdeckung vorsichtig, ohne dabei die Ventildeckeldichtung zu beschädigen. Merken Sie sich, wie die Dichtung aufgesetzt werden muss.

Überprüfen Sie das Ventilspiel mit einer Fühlerlehre, wobei Sie den Motor so weit durchdrehen, bis das Spiel am größten ist. Die Fühlerlehre muss sich »saugend« durchziehen lassen.

Entlüftung des Kraftstoffkreislaufs

Wenn sich Luft im Kraftstoffsystem befindet, etwa nach einer Motorwartung oder nachdem der Tank völlig leer gefahren wurde oder durch ein Leck, muss der Kraftstoffkreislauf entlüftet oder gereinigt werden, um eventuell vorhandene Luft zu entfernen. Oft wird das Entlüften nur ungern in Angriff genommen – dabei ist es gar nicht schwer.

Dieselkraftstoffkreislauf
Diesel wird von einer Kraftstoffpumpe aus dem Tank gesaugt und über einen vorgeschalteten Filter/Wasserabscheider unter niedrigem Druck an den Kraftstofffilter des Motors zur Einspritzpumpe weitergeleitet. Hier wird der Diesel komprimiert, in sehr kleine Mengen unterteilt und genau zum richtigen Zeitpunkt zu jeder Dieseleinspritzdüse befördert. Die Menge des gelieferten Diesels wird von einem Regler bestimmt, der die Drehzahl des Motors in Abhängigkeit von der Motorlast kontrolliert.

Benzinkraftstoffkreislauf
Bei einem Benzinmotor wird der Kraftstoff der Maschine genauso zugeführt wie bei einem Dieselmotor. Dann wird dem Benzin im Vergaser Luft zugesetzt, und das Gemisch geht in das Saugrohr. Es gibt auch Motoren, die keinen Vergaser haben. Hier wird das Benzin direkt in das Saugrohr gespritzt, wo die Vermischung mit Luft erfolgt.

Primärer Kraftstofffilter
Dieser Filter verhindert, dass Schmutz aus dem Tank in die Kraftstoffpumpe gelangt, und er scheidet gleichzeitig eventuell vorhandenes Wasser vom Kraftstoff, bevor dieser in den Motor gelangt.

Kraftstoffpumpe
Diese Pumpe befördert den Kraftstoff vom Tank in den Motor. Sie wird auch manuell genutzt, um das Kraftstoffsystem zu entlüften.

Motorkraftstofffeinfilter
Dieser Filter verhindert das Eindringen sehr kleiner Schmutzpartikel in die Einspritzpumpe (beim Dieselmotor) oder in den Vergaser bzw. das Einspritzsystem (Benzinmotor).

Kraftstoffeinspritzpumpe
Diese Pumpe komprimiert den Kraftstoff, passt die Menge an und bestimmt den Zeitpunkt der Kraftstoffübergabe an die Einspritzdüsen. Überschüssiger Kraftstoff geht zurück in den Tank.

Kraftstoffeinspritzdüsen
Diese Düsen spritzen den Kraftstoff in die einzelnen Zylinder. Dabei überlaufender Kraftstoff fließt zurück in den Tank oder den Feinfilter.

Ein neuer Filter wird eingesetzt, bevor das System entlüftet wird.

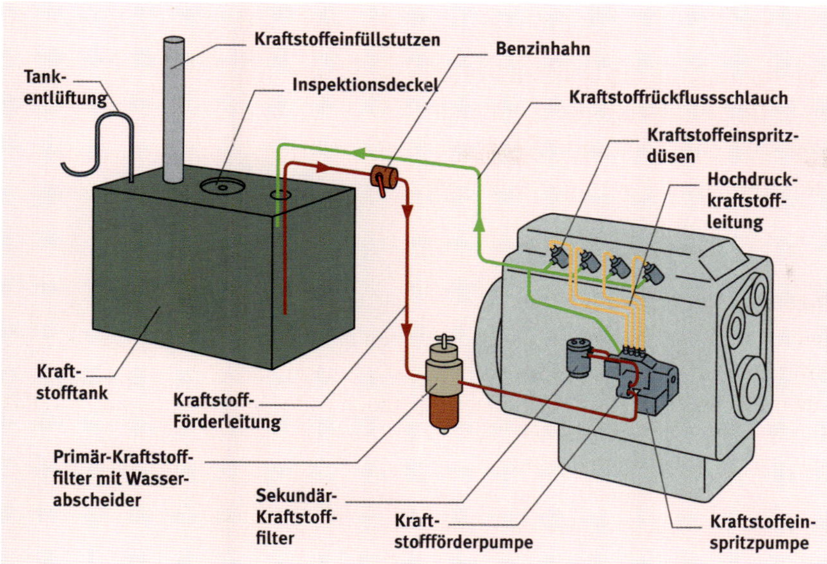

Die Dichtungsringe müssen richtig sitzen, damit der Filter nicht leckt.

Ein typisches Dieselkraftstoffsystem. Bei älteren Schiffen befindet sich die Kraftstoffleitung manchmal am Boden des Tanks.

Entlüftung des Kraftstoffsystems

- Öffnen Sie die Kraftstoffzufuhr.
- Sollte der Vorfilter tiefer als der Kraftstoffstand im Tank liegen, öffnen Sie die Entlüftungsschraube am Filter. Der durch die Erdanziehungskraft entstehende Druck wird jegliche Luft aus den Leitungen drücken. Drehen Sie die Entlüftungsschraube zu, sobald Kraftstoff ausfließt.
- Sollte der Vorfilter höher als der Kraftstoffstand im Tank liegen, öffnen Sie die Entlüftungsschraube nicht.
- Jetzt öffnen Sie die Entlüftungsschraube des Motorfeinfilters.
- Benutzen Sie den Handkraftstoffpumpenhebel, um Kraftstoff durch das System zu pumpen. Wenn der Vorfilter nicht entlüftet werden konnte, kann dieser Vorgang etwas Zeit kosten, da sich sowohl der Behälter des Vorfilters als auch der des Feinfilters erst mit Kraftstoff füllen muss.
- Sobald der Kraftstoff gleichmäßig aus der Entlüftungsschraube läuft, drehen Sie diese zu.
- Die Injektoren müssen in der Regel nicht entlüftet werden.

Entlüftung des Motors

Halten Sie ein Gefäß bereit, mit dem Sie austretenden Kraftstoff auffangen können.

Sollte der Vorfilter tiefer als der Kraftstoffstand im Tank liegen, öffnen Sie die Entlüftungsschraube, bis Kraftstoff ausfließt. Drehen Sie die Schraube zu, sobald keine Luftblasen mehr sichtbar sind.

Am Filtergehäuse befindet sich eine Entlüftungsschraube zum Ablassen von Luft. Öffnen Sie diese Schraube um etwa 2 1/2 Umdrehungen, und lassen Sie so lange Kraftstoff ausfließen, bis keine Luftblasen mehr zu sehen sind.

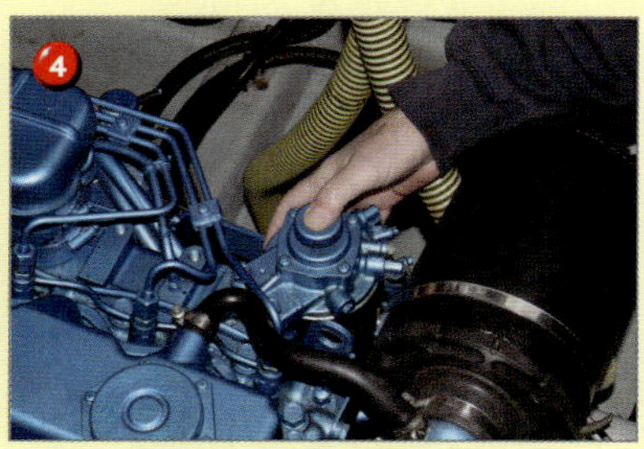

Pumpen Sie mit dem Ansaughebel der Kraftstoffpumpe, bis Kraftstoff ohne Luftbläschen aus der Entlüftungsschraube läuft; dann drehen Sie die Schraube zu.

Nachstellen des Keilriemens

Ein Motor hat einen oder mehrere Gummiriemen, die die Lichtmaschine und manchmal auch die Wasserpumpe antreiben. Fallen diese Riemen aus, liefert die Lichtmaschine keine elektrische Leistung. Wenn die Wasserpumpe ausfällt, wird die Maschine innerhalb weniger Minuten überhitzen und in der Folge ausfallen.

Keilriemen

Die meisten Keilriemen bestehen aus faserverstärktem Gummi. Für den Normalgebrauch sind sie gut geeignet. Für eine Hochleistungslichtmaschine sollte man Hochleistungskeilriemen benutzen, die oft Kerben in der Auflagefläche haben.

Messung der Riemenspannung

Ein rutschender Keilriemen verursacht eine starke Abnutzung. Daher ist es wichtig, dass der Riemen ausreichend gespannt ist. Oft wird als Test für die richtige Spannung empfohlen, den Riemen etwa in der Mitte zwischen den beiden Riemen-

Tipp

- Einige Motoren verbrauchen übermäßig viele Keilriemen. Montieren Sie einen gekerbten Hochleistungskeilriemen.
- Viel schwarzer Staub auf der Lichtmaschine oder den Keilriemenscheiben zeigt eine starke Beanspruchung des Riemens an. Versuchen Sie es mit einem Hochleistungskeilriemen. Achten Sie auf den richtigen Querschnitt. Wenn der Riemen zu klein ist, wird er abrutschen.
- Bei Korrosion auf den Oberflächen der Keilriemenscheiben verschleißt der Keilriemen. Entfernen Sie deshalb die Korrosion.

Bei manchen Motoren wird die Wasserpumpe durch einen eigenen Riemen angetrieben. Auch bei diesem Riemen muss auf korrekten Sitz unter Spannung geachtet werden.

Bei der Einstellung des Lichtmaschinenkeilriemens wird häufig ein Hebel benötigt, um den Riemen zu spannen, während der Einstellklemmbolzen angezogen wird.

Ein richtig eingestellter Keilriemen sollte sich um rund 90° drehen lassen.

scheiben so fest wie möglich zusammenzudrücken. Dies sollte nicht mehr als ungefähr 12 mm möglich sein. Eine eventuell leichtere und zuverlässigere Messmethode ist, den Riemen ungefähr in der Mitte zwischen Daumen und Zeigefinger zu fassen und zu drehen. Bei richtiger Spannung darf der Riemen um etwa 90° drehbar sein.

Anpassung der Riemenspannung

Dies ist bei den meisten Motoren leicht zu bewerkstelligen:

- Lockern Sie die Einstellschraube und den Lagerzapfen an der Lichtmaschine oder der Wasserpumpe.
- Nehmen Sie einen langen Hebel aus starkem Material, um die Lichtmaschine/Wasserpumpe vom Motor wegzudrücken. Achten Sie dabei darauf, keine Motorteile zu beschädigen.
- Während Sie noch mit der einen Hand Druck ausüben, ziehen Sie mit der anderen die Einstellschraube an.
- Ziehen Sie den Lagerzapfen an.
- Prüfen Sie nun die Spannung des Keilriemens, und wiederholen Sie den Vorgang bei unzureichender Spannung.

Antriebsriemen mit Einstellschrauben

- Lockern Sie zunächst die Klemm- und Drehbolzen.
- Drehen Sie den Spanner in die erforderliche Richtung.
- Prüfen Sie die Spannung.
- Ziehen Sie die Bolzen wieder an.

Gummiantriebsriemen

Einige Motoren sind für den Schiffsbetrieb umgebaute Automotoren und können mit Gummiantriebsriemen ausgerüstet sein. Ein Reißen dieser Riemen kann teure Reparaturen nach sich ziehen. Bei Automotoren müssen die Antriebsriemen sowie die dazugehörigen Spanner in 25 000 bis 40 000 Kilometerintervallen ausgetauscht werden. Das entspricht ungefähr 1000 Motorbetriebsstunden. Diese wichtige Wartung sollte der Do-it-yourself-Mechaniker von einem Fachmann ausführen lassen.

Nachdem der Riemen gespannt wurde, muss zuerst die Einstellschraube angezogen werden und anschließend die Schraube der Lichtmaschine/Wasserpumpe.

Wartung der Wasserpumpe

Die meisten Schiffsmotoren haben eine Wasserkühlung. Eine Pumpe mit einem Gummi-Impeller pumpt das Wasser durch das System. Ein Ausfall des Impellers führt zum Ausfall des Motors, deshalb sollten Sie im Ernstfall in der Lage sein, diesen Impeller selbst auszutauschen.

Funktion der Wasserpumpe

In den meisten Maschinen ist eine Pumpe mit einem Gummi-Impeller mit biegsamen Lamellen eingebaut, die in einem Gehäuse rotieren. Während jeder Umdrehung werden die Lamellen durch einen Exzenter zusammengedrückt, sodass das Volumen zwischen den nachfolgenden Lamellen verringert wird. Durch den so entstehenden Druck wird Wasser aus der Austrittsöffnung gepresst. Durch das anschließende Zurückkehren der Lamellen zu ihrer ursprünglichen Form entsteht ein Unterdruck, der Wasser durch die Eintrittsöffnung ansaugt.

Ansaugen der Pumpe

Wasserpumpen sind selbstansaugend, solange es keine Lecks in der Ansaugleitung gibt und diese nicht länger als 5 Meter ist. Wenn die Pumpe nicht richtig ansaugt, prüfen Sie, ob der Deckel des Wasserfilters

Kühlwasserstrahl einer fehlerfrei arbeitenden Seewasserpumpe.

Tipp

Häufig ist die Wasserpumpe sehr unzugänglich eingebaut. Außerdem müssen einige kleine Schrauben entfernt werden, um an den Impeller zu gelangen.

- Daher ist es manchmal leichter und zeitsparender, die Wasserpumpe im Ganzen auszubauen (die Schlauchleitungen müssen nicht abgebaut werden) und dann den Impeller zu wechseln.
- Die Verwendung eines Pumpendeckels mit Schnellverschlüssen anstelle des Originaldeckels ermöglicht eine einfache Montage ohne den Gebrauch von Werkzeug.

Tipp

- ✪ Falls Sie kein Werkzeug haben, um den Impeller abzuziehen, versuchen Sie, den Mittelpunkt mit einer Zange zu fassen. Sollten Sie den Impeller mit einem Schraubendreher heraushebeln müssen, achten Sie darauf, die Eingriffsfläche der Pumpe nicht zu beschädigen.
- ✪ Binden Sie den Impeller mit einer Kabelklemme zusammen. So lässt er sich leichter einsetzen.

fest angezogen ist, und füllen Sie den Filter, falls nötig, mit Wasser.

Impellerversagen

Der Impeller liegt eng im Pumpengehäuse, um Undichtigkeiten zu vermeiden. Das führt zu Reibung und in der Folge zu Erhitzung. Deshalb werden Impeller und Gehäuse wassergekühlt. Wenn Kühlwasser fehlt, wird der Impeller schnell beschädigt.

Wechseln des Impellers

- ✪ Schließen Sie das Kühlwasserseeventil.
- ✪ Entfernen Sie die Schrauben der Abdeckplatte.
- ✪ Entfernen Sie die Abdeckplatte, ohne dabei den Dichtungsring zu beschädigen.
- ✪ Ziehen Sie den Impeller aus dem Schaft – dabei zunächst nur ein Stück herausziehen, bis man an die Feststellschraube kommt, die dann entfernt werden muss.
- ✪ Streichen Sie Spülmittel oder Schmierfett auf die Lamellen des neuen Impellers, und setzen Sie ihn dann ein.
- ✪ Säubern Sie das Gehäuse und die Abdeckplatte, und erneuern Sie die Dichtung, falls erforderlich.
- ✪ Befestigen Sie die Abdeckplatte mit ihren Schrauben.

Wechseln des Impellers

1 Ist die Pumpe schlecht zugänglich, lösen Sie sie zunächst im Ganzen von der Maschine.

2 Lösen Sie die Befestigungsschrauben an der Vorderseite der Pumpe, und nehmen Sie die Vorderplatte ab.

3 Am besten benutzt man ein spezielles Werkzeug, um den Impeller abzuziehen. Ansonsten benutzen Sie Schraubendreher.

4 Überprüfen Sie den Impeller auf Risse an den Lamellenenden. Sollten sich Risse zeigen, muss er erneuert werden.

5 Der neue Impeller lässt sich leichter einsetzen, wenn man die Lamellen mit einem Kabelbinder in der richtigen Position fixiert.

6 Führen Sie den neuen Impeller in das Pumpengehäuse ein, entfernen Sie den Kabelbinder, und bauen Sie die Pumpe wieder zusammen.

Wartung des Getriebes

Das Schaltgetriebe einer Schiffsmaschine hat zwei Aufgaben: Es verlangsamt die Geschwindigkeit der Propellerumdrehungen, um die Effizienz zu erhöhen, und es ermöglicht die Einstellung des Vorwärts- und Rückwärtsganges sowie des Leerlaufs.

Getriebearten

Es gibt viele verschiedene Arten von Getrieben: Stirnradgetriebe, 2-Wellengetriebe und Planetengetriebe. Alle können manuell oder hydraulisch geschaltet werden. Manuell geschaltete Getriebe findet man eher an Motoren mit niedrigen PS-Zahlen. Die Schaltmuffen müssen manuell umgelegt werden, um die Gänge einzulegen. Bei hydraulischen Schaltgetrieben wird der Schalthebel mit Unterstützung des Hydrauliksystems betrieben.

Manuelle Kupplung

Der Schalthebel rastet entweder in die Vorwärts- oder in die Rückwärtsstellung ein und bestimmt damit die Drehrichtung der Antriebswelle. Das Einlegen des Ganges kann durch den internen Mechanismus erschwert werden. Wenn die Antriebswelle bei diesen Getrieben durch einen eingelegten Gang während des Segelns blockiert ist, kann das Einlegen der Leerlaufposition schwer sein. In diesem Fall starten Sie den Motor mit eingelegtem Gang und schalten dann in den Leerlauf.

Prüfen Sie den Getriebeölmessstab wöchentlich. Die Farbe des Öls sollte immer gleich bleiben.

Wartung

Stellen Sie sicher, dass die Schaltbetätigung korrekt nach Handbuch eingestellt ist, andernfalls können

Das Getriebeöl eines Saildrive-Antriebs wird an der Unterseite des Gehäuses abgelassen.

Die richtige Einstellung des Schalthebelzugs sollte jährlich überprüft werden, sodass die Gänge vollständig einrasten und eine vorzeitige Abnutzung der Kupplungen vermieden wird.

die Kupplungen unter Last rutschen und Überhitzung sowie Fehlfunktionen verursachen.

Hydraulische Kupplungen

Der Schalthebel bewegt ein Ventil, das das Hydrauliköl zu einem Kolben steuert, der die Kupplungen betätigt und in dieser Position hält. Wenn der Motor während des Segelns abgestellt ist, dreht sich das Getriebe nicht, und es wird dadurch kein Hydraulikdruck für das Schalten erzeugt. Gehen Sie in diesem Fall gemäß Getriebehandbuch vor.

Routinemäßige Wartung

Neben wöchentlicher Prüfung des Ölstands und der Ölfarbe muss das Getriebeöl auch nach den vom Hersteller vorgegebenen Intervallen komplett erneuert werden. Führen Sie hierzu den Ansaugschlauch einer Pumpe in die Einfüll- oder Messstaböffnung des Getriebes. Ersetzen Sie das alte Öl durch die vom Hersteller empfohlene Sorte und Menge an Getriebeöl. Hierbei kann es sich um Motoröl, Getriebeöl oder sogar um Automatikgetriebeöl handeln.

Saildrive-Antriebe

Bei Saildrive-Antrieben befindet sich das Getriebe direkt an einem vertikalen Bein, welches durch den Rumpf des Bootes geführt ist. Am Ende des Beins wird eine horizontale Welle angetrieben. Das Getriebeöl wird über eine Ablassschraube am unteren Teil des Antriebs abgelassen. Das Öffnen der Einfüllschraube beschleunigt den Ablassvorgang. Bei einigen neueren Modellen kann das Öl von oben abgesaugt werden. Halten Sie sich dabei an die Herstellerangaben. Jede Aufhellung des Öls weist auf defekte Dichtungen hin, welche erneuert werden müssen.

Füllen Sie fehlendes Getriebeöl nach (das Getriebe verbraucht allerdings nur Öl, wenn es nicht dicht ist).

Gas- und Schalthebelzug

Der Gas- und der Schalthebelzug kontrollieren die Motorgeschwindigkeit und das Einlegen des Vorwärts- und Rückwärtsgangs sowie die Einstellung Leerlauf. Sie funktionieren durch Züge, die in verstärkten Ummantelungen oft im Kreis laufen, sodass viel Reibung entstehen kann.

Gas und Schaltung

Der Gashebel betätigt den Geschwindigkeitshebel einer Dieselmaschine oder den Gashebel eines Benzinmotors. Der Schalthebel betätigt die Gangauswahl an einem Getriebe. Es gibt verschiedene Arten von Steuerungen für Yachten.

Einhebelsteuerung

Ein einzelner Hebel an der Steuereinheit ermöglicht den Motorlauf bei Leerlaufdrehzahl, während sich die Gangschaltung noch in Neutralstellung befindet. Eine erste Bewegung des Schalthebels legt den Gang ein (Vorwärts- oder Rückwärtsgang), während die Motordrehzahl noch im Leerlauf ist. Das weitere Bewegen des Schalthebels beschleunigt den Motor bei eingelegtem Gang. Um den Motor ohne eingelegten Gang zu beschleunigen, ist ein weiterer Mechanismus vorhanden. Die Relaisbox sorgt für mehr Reibung im System, dadurch kann das Betätigen beim Manövrieren etwas erschwert werden.

Zwei-Hebel-Steuerung

Zwei verschiedene Hebel steuern die Motordrehzahl und die Gangschaltung. Der Nachteil, zwei Hebel (bei einer Doppelmotoranlage sogar vier) zu haben, wird durch eine leichte und weichere Steuerung aufgewogen.

Zwei-Stationen-Steuerung

Bei zwei Steuerständen wird eine Dual-Station-Relaisbox verwendet, um die Bedienung beider Schalthebel miteinander zu verbinden.

Bei dieser Schaltung werden die Motordrehzahl und die Gangschaltung mit nur einem Hebel betätigt.

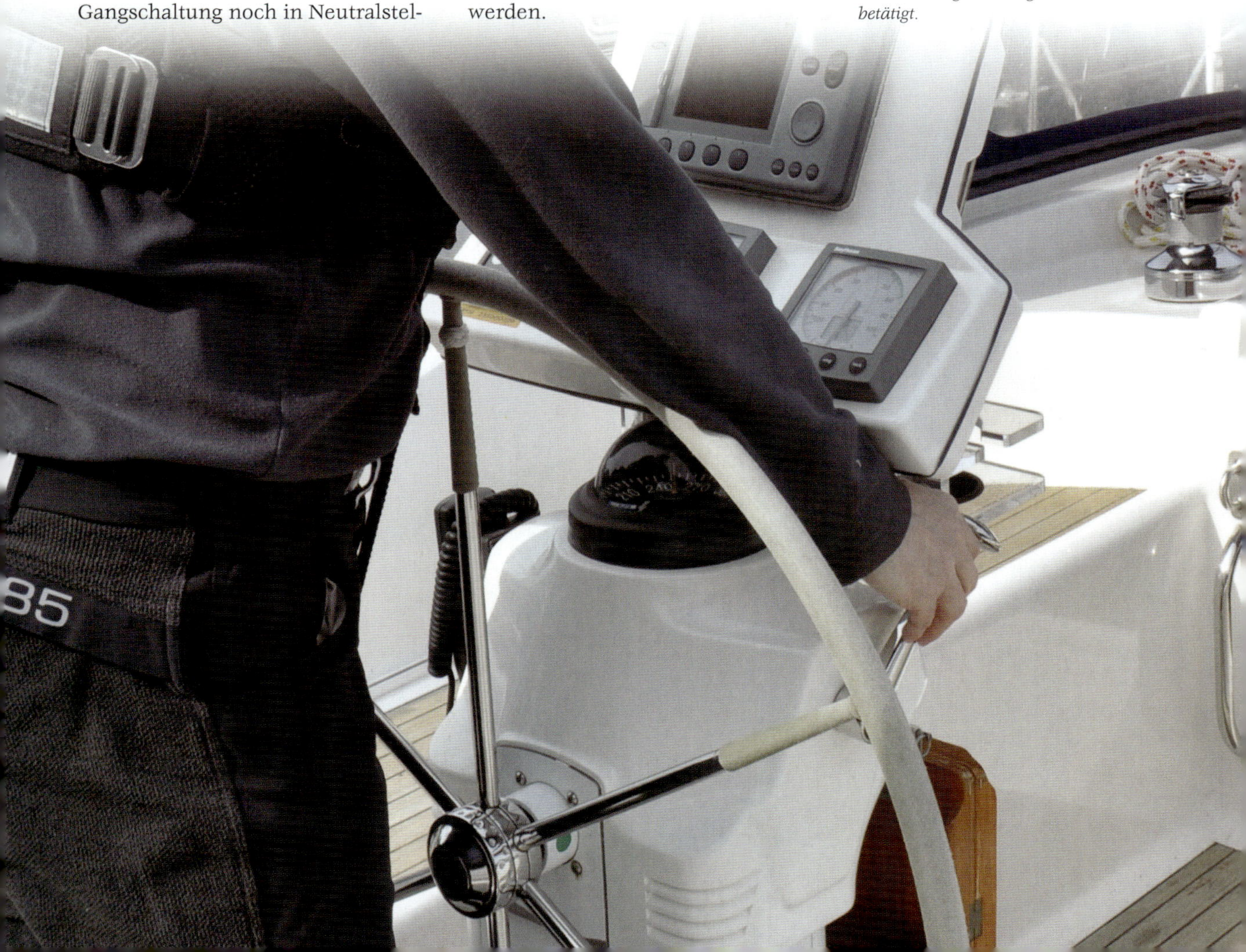

Einstellung des Gaszugs

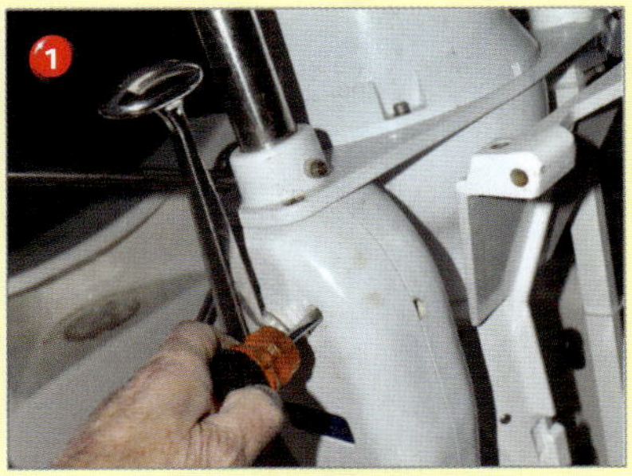

Zum Nachspannen des Gaszugs muss das Gehäuse entfernt werden. Wenn man ein kleines Loch in das Gehäuse bohrt, wird der Zugang erleichtert.

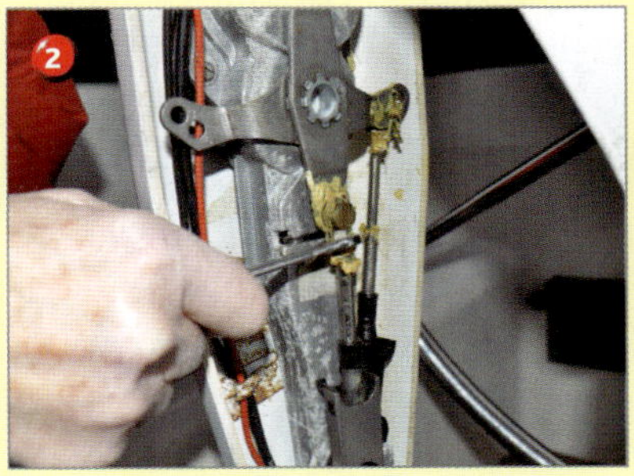

Gas- und Gangschaltungszug können jetzt eingestellt werden.

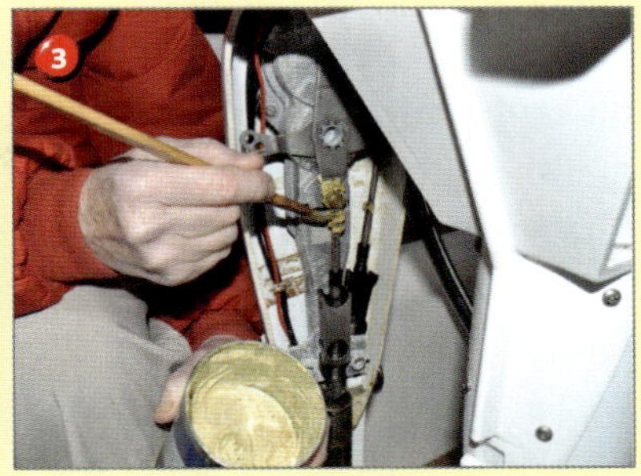

Das Schmieren der Zugdrähte während der jährlichen Wartung reduziert Reibung in den Steuerungen. Hierzu muss die Steuereinheit geöffnet werden.

Routinemäßige Wartung

Elektronische Steuerung: Hier kann der Eigner lediglich die Sauberkeit und Sicherheit der elektrischen Verbindungen und Sicherungen überprüfen. Eine Übersicht befindet sich im Motorhandbuch.

Mechanische Steuerung: Für die routinemäßige Wartung muss man an den Kontrollmechanismus gelangen. Dafür muss einiges auseinandergebaut werden. Der Aufwand sollte aber einmal im Jahr betrieben werden, um eine möglichst leichtgängige Steuerung zu erhalten.

Die Vorgehensweise ist:

- ✪ Zugang zu den Bedienhebeln am Steuerstand verschaffen. Wenn Sie Glück haben, ist die Steuerung aus der Backskiste oder hinter dem Armaturenbrett leicht erreichbar. Auf jeden Fall müssen Sie an das Innere der Steuerung herankommen. Oder demontieren Sie die komplette Schaltbetätigung, wenn diese auf einem Sockel sitzt.
- ✪ Entfernen Sie alte Fettreste, und prüfen Sie den Zustand aller Hebel, Bolzen, Schrauben und Muttern.
- ✪ Fetten Sie alles mit wasserfestem Fett nach.
- ✪ Prüfen Sie den Zustand der Eingangshebel am Motor und am Getriebe und fetten Sie diese gegebenenfalls nach.

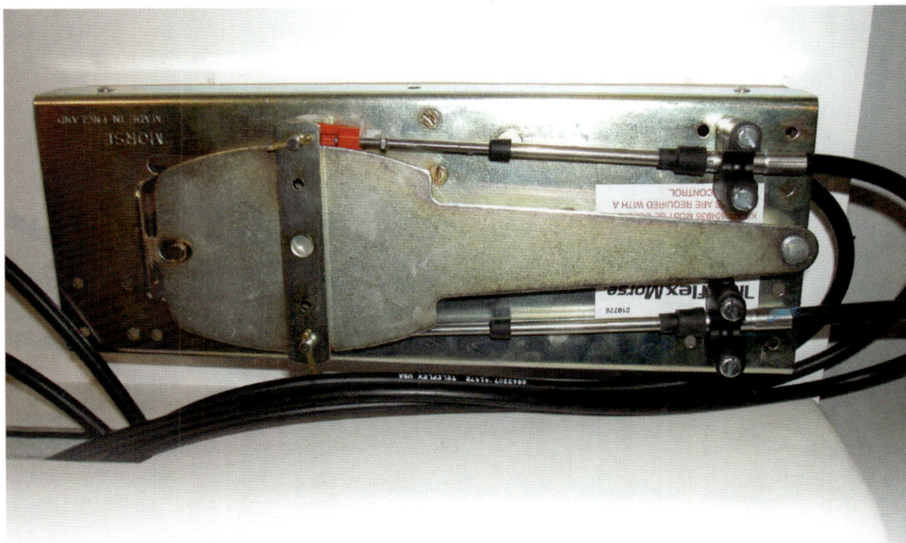

Bei zwei Steuerständen ist eine Dual-Relaisbox erforderlich, um von beiden Steuerständen schalten zu können. Hierdurch wird die Reibung erhöht. Regelmäßiges Fetten erleichtert das Bedienen der Schaltung.

Sauberkeit des Kraftstofftanks

Schiffstankstellen haben einen vergleichsweise niedrigen Umschlag, sodass durch den langen Lagerzeitraum Wasser in den Kraftstoff gelangen kann und so eine ideale Brutstätte für verschiedenste Organismen entsteht. Auch kann sich an den Innenseiten der Stahltanks Rost bilden. Beim Tanken gerät beides in Ihren Kraftstoffkreislauf.

Sicherheitshinweis

Erkundigen Sie sich vor der Kraftstofftankreinigung wegen der Explosionsgefahr bei einem Fachmann nach den erforderlichen Sicherheitsmaßnahmen.

Diesel-Verunreinigungen

Pilzsporen und Algen können sich in Dieseltanks ansiedeln. Für ihr Wachstum brauchen sie Sauerstoff, der in dem im Tank befindlichen Wasser enthalten ist. Da Wasser eine höhere Dichte als Diesel hat, befindet es sich am Boden des Tanks. Das Wachstum der Organismen spielt sich in der Schicht ab, in der sich beide Flüssigkeiten berühren. Die Organismen können Filter blockieren. Einige Organismen produzieren Schwefel, und die daraus resultierende Schwefelsäure kann den Tank und das Kraftstoffsystem angreifen. Ohne Wasser gibt es kein organisches Wachstum im Tank.

Einige Kraftstofftanks haben eine Öffnungsklappe, die die Tankreinigung erleichtert.

Wasser im Tank bedeutet fast immer auch Bakterienbefall. Verstopfte Filter und Schwefelsäureschäden sind mögliche Folgen. So kann Bakterienbefall aussehen.

Wasser im Kraftstofftank

Wasser kann durch minderwertigen Kraftstoff, ein Leck im Tankverschluss und durch Kondensation in den Tank gelangen. Hier drei Vorsichtsmaßnahmen:

- Halten Sie den Tank möglichst gefüllt, um Kondensation weitgehend zu vermeiden.
- Verwenden Sie eine wasserdichte Tankverschlussdichtung.
- Kaufen Sie Ihren Kraftstoff an einer Tankstelle mit hohem Kraftstoffumschlag.

Überwachung der Kraftstoffqualität

Durch die regelmäßige Kontrolle des durchsichtigen Vorfilterbehälters lässt sich die Kraftstoffqualität am leichtesten überprüfen. Wasser und Schmutz lagern sich am Boden des Behälters ab.

Ein separater Absperrhahn für die Kraftstoffzufuhr zu einer Dieselheizung gewährleistet eine Dieselreserve für den Motor.

Wenn Ihr Tank einen Schlammabscheider hat, können Sie anhand von regelmäßigen Proben die Reinheit des Kraftstoffs überprüfen.

Einen korrodierten Tank ersetzt man am besten durch einen neuen.

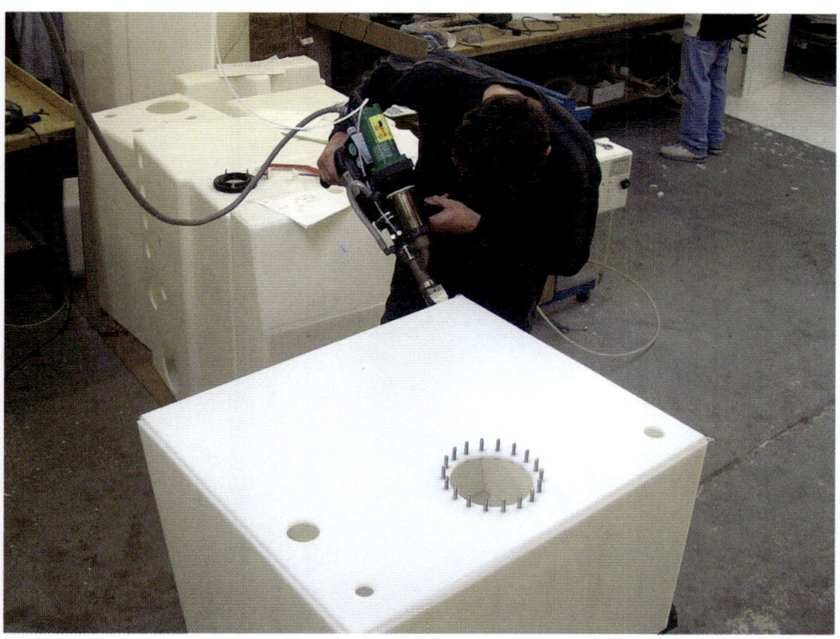

Tankreinigung

Ein schwieriges Unterfangen, das nicht zur Routinewartung zählt.

- **Tanks mit einem Schlammabscheider:** Leider haben nicht viele Tanks einen Schlammabscheider. Sollte Ihr Tank einen haben, entnehmen Sie ihm etwas Kraftstoff zur jährlichen Prüfung auf Wasser und Verschmutzung. Der Einbau eines Ablassventils anstelle des Verschlusses erleichtert diese Aufgabe.
- **Tanks mit einer Revisionsklappe:** Wenn Sie den Verdacht haben, dass Ihr Kraftstoff verschmutzt ist, öffnen Sie die Revisionsklappe für die Reinigung. Natürlich sollte der Tank vorher entleert werden.
- **Andere Tanks:** Wenn sich der Einfüllschlauch am oberen Bereich des Tanks abbauen lässt, können Sie einen Schlauch zum Absaugen des verschmutzten Kraftstoffs, des Wassers und sonstiger Verunreinigungen bis auf den Boden des Tanks einführen.
- **Kraftstoffaufbereitung:** Dies ist die effektivste aber auch kostspieligste Reinigungsvariante. Der Kraftstoff wird aus dem Tank durch Filter und andere spezielle Reinigungsapparate gepumpt und sauber zurück in den Tank gefüllt.

Propellerwechsel

Ein Propellerwechsel wird erforderlich, wenn man einen anderen Typ einbauen will oder ein Propellerschaden vorliegt oder man die Anode bei einem Saildrive wechseln will. Faltpropeller müssen zunächst auseinandergebaut werden. Propeller sind oft schwierig zu demontieren und können bei fehlerhaftem Einbau abfallen.

Klapp- und Faltpropeller müssen jährlich geschmiert werden.

Propeller an Wellenanlagen

Konventionelle Wellen verjüngen sich zum Propeller hin, und das Loch in der Propellermitte ist ebenfalls konisch. Es gibt viele verschiedene Standardöffnungsmaße, und der Propeller muss zur Welle passen. Ein Drehen des Propellers um die Welle wird durch ein sogenanntes Schloss verhindert, das beide zusammenschließt. Der Propeller wird durch eine Hutmutter, durch die ein Splint führt, gesichert. So bauen Sie den Propeller aus:

- Ziehen Sie den Splint aus der Mutter.
- Setzen Sie den Propeller fest, beispielsweise mit einem langen Holzbalken, den Sie zwischen Propellerblätter und Boden spannen. Einen Gang einzulegen ist keine ausreichende Sicherung; die Maschine könnte starten.
- Lösen Sie die Mutter mit einem kräftigen Schraubenschlüssel.
- Sollte sich der Propeller nicht von der Welle ziehen lassen, benutzen Sie einen Propeller-Abzieher.

Durch Erhitzen der Nabe lässt sich ein festsitzender Propeller leichter lösen. Diese Methode sollte nicht bei Klapp- und Faltpropellern angewendet werden, da sie die Lager beschädigen kann.

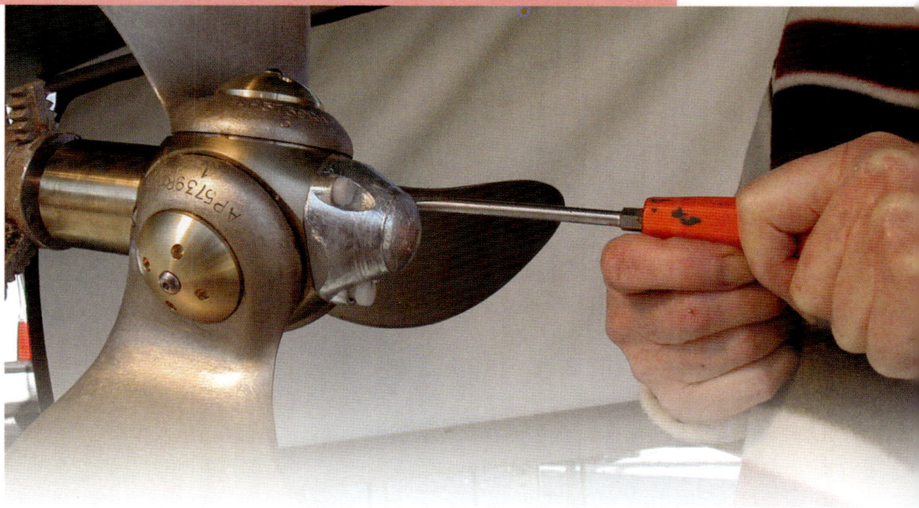

Tauschen Sie die Propeller-Anode aus, wenn sie zu stark zersetzt ist.

Wenn er wirklich festsitzt, erhitzen Sie ihn, um ihn zu weiten.

- Handelt es sich um einen Faltpropeller, müssen zunächst die Propellerblätter demontiert werden, um eine Beschädigung der Dichtungen durch das Erhitzen zu vermeiden.

Propeller an Saildrive-Antrieben

Der Saildrive-Propeller ist auf einer Zahnwelle montiert mit passenden Zähnen in der Propelleröffnung. Eine Mutter hält den Propeller auf der Welle. Je nach Propellertyp gibt es verschiedene Sicherungsvarianten – von einfachen Splints für feststehende Propeller bis zu aufwendigen Verriegelungsmechanismen im Inneren der Propelleröffnung. Tipp für den Ausbau des Propellers:

- Falls erforderlich, entfernen Sie die Propellerblätter, um an die Sicherungsmutter und den Verriegelungsmechanismus zu gelangen, der durch einen weiteren Bolzen fixiert sein kann.
- Entfernen Sie die Verriegelungsvorrichtung oder biegen Sie die Verriegelungsbleche, um den Schraubschlüssel ansetzen und die Mutter lösen zu können.
- Lösen Sie die Sicherungsmutter, und verhindern Sie zeitgleich das Drehen des Propellers.
- Ziehen Sie den Propeller von der Zahnwelle.

Propeller bei Heckantrieb

Sie sind genauso wie die Propeller beim Saildrive montiert, also folgen Sie den gleichen Schritten.

Wiederanbau von Propellern

- Fetten Sie aufeinanderliegende Oberflächen.
- Ziehen Sie die sichernde Mutter so fest wie möglich an.
- Überprüfen Sie den korrekten Zusammenbau des Verriegelungssystems.
- Nehmen Sie neue Verriegelungslaschen, falls Sie sie bei der Demontage verformt wurden.

Einen Propeller abziehen

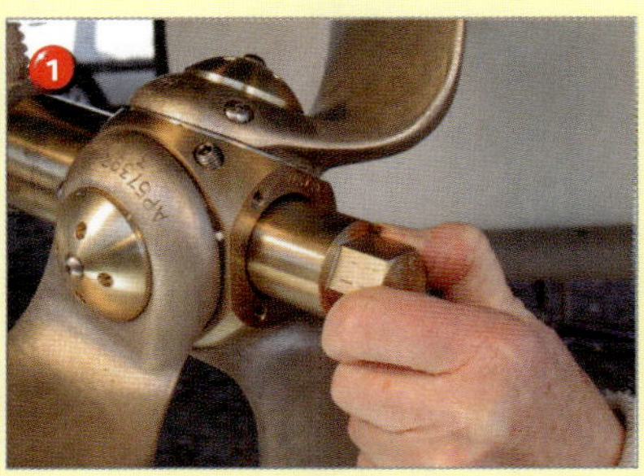

Ist die den Propeller sichernde Mutter versenkt, müssen Sie einen Steckschlüssel benutzen, um sie zu lösen.

Für einige Propeller gibt es spezielle Abziehwerkzeuge, vor allem wenn eine Tauschneidevorrichtung montiert ist.

Es gibt einen lose montierten Keil, um den Propeller in der richtigen Position auf der Welle zu arretieren.

Erneuern der Stopfbuchse

Schiffe mit konventionellem Wellenantrieb haben ein Loch im Rumpf, durch das die Propellerwelle austritt. Die Stopfbuchse verhindert, dass an dieser Stelle Wasser durch den Rumpf eindringt. Je nach Aufbau der Buchse muss die Abdichtung eventuell regelmäßig gewartet werden.

Konventioneller Wellenantrieb

Die herkömmliche Heckstopfbuchse besteht aus speziellem Stopfmaterial, das um die Propellerwelle gewickelt und in ein Gehäuse gestopft wird. Ein fest aufgesetztes Endstück presst das Material so zusammen, dass es sich fest um die Welle legt. Auf diese Weise sollten nicht mehr als zwei bis drei Tropfen Wasser pro Minute bei laufendem Motor ins Schiff eindringen. Das Wasser sammelt sich in der Bilge und sollte von Zeit zu Zeit aufgewischt werden. Auch im Ruhezustand der Welle können noch einige Tropfen eindringen. Wird das Stopfmaterial zu fest um die Welle gepresst, kann es zu Überhitzung von Welle und Dichtungen kommen. Dennoch muss die Buchse gelegentlich nachgezogen und bei zunehmend eindringendem Wasser schließlich das Stopfmaterial ausgetauscht werden. Benutzen Sie dazu ein Spezialwerkzeug oder improvisieren Sie. Die traditionelle Stopfbuchse ist in modernen Booten durch verschiedenartige, tropffreie Dichtungen ersetzt worden. Wegen der großen Zahl unterschiedlicher Technologien bitte die Herstelleranweisungen beachten.

Neuwicklung der Stopfbuchse

Bei dieser Wartung ist die Zugänglichkeit der Buchse der Dreh- und

Sicherheitstipp

- Es mag für einen Bootsmechaniker möglich sein, die Heckstopfbuchse neu zu wickeln, während das Schiff im Wasser liegt. Eigner sollten sich an diese Aufgabe aber erst wagen, wenn das Schiff an Land steht.
- Wenn ein Schiff mit tropffreien Dichtungen ausgerüstet wird, sollte man sofort die Dichtigkeit testen und die Dichtung entlüften, weil Wasser zur Kühlung der Reibungsflächen benutzt wird.

In einer traditionellen Heckstopfbuchse vermindert Dichtungsmaterial die Leckage. Sie muss von Zeit zu Zeit ausgetauscht werden.

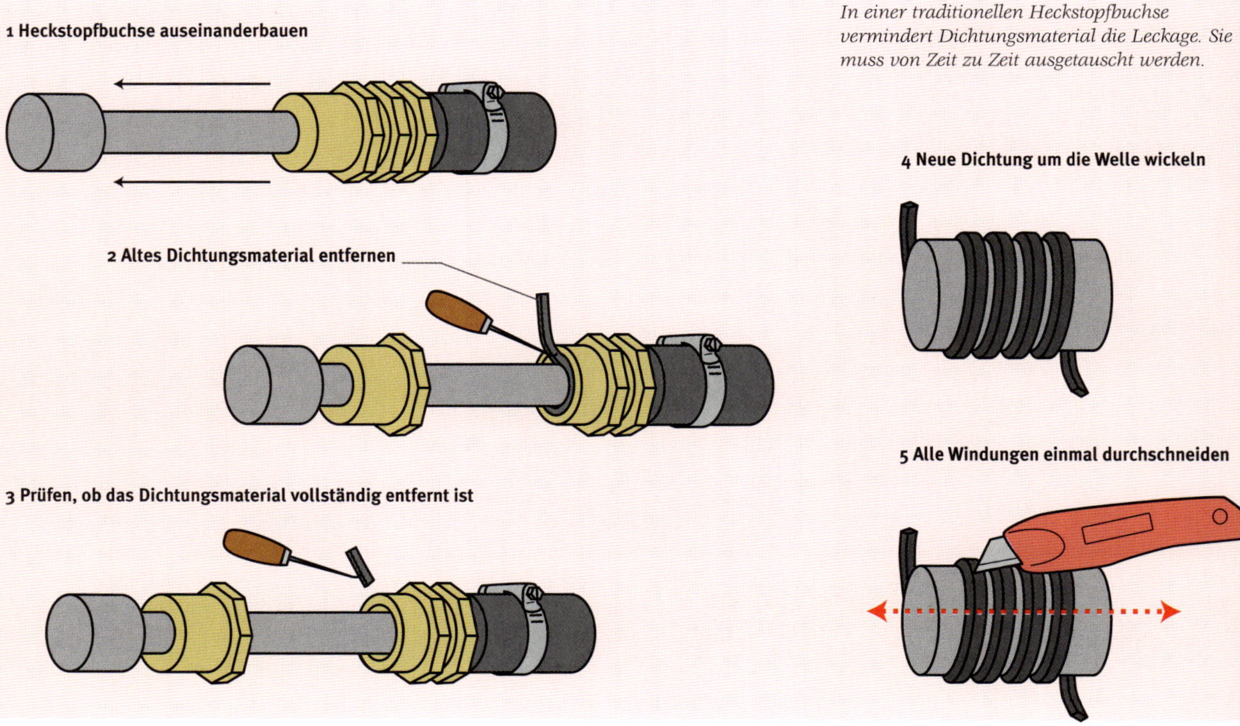

Diese traditionelle Heckstopfbuchse wird mit Fett geschmiert. Durch die weiße Leitung wird das Fett zur Stopfbuchse gebracht.

6 Die Windungen um die Welle herum ausrichten

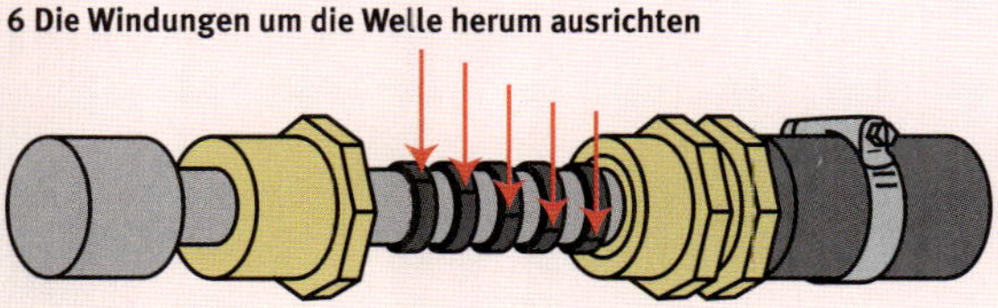

7 Neues Dichtungsmaterial in das Gehäuse schieben

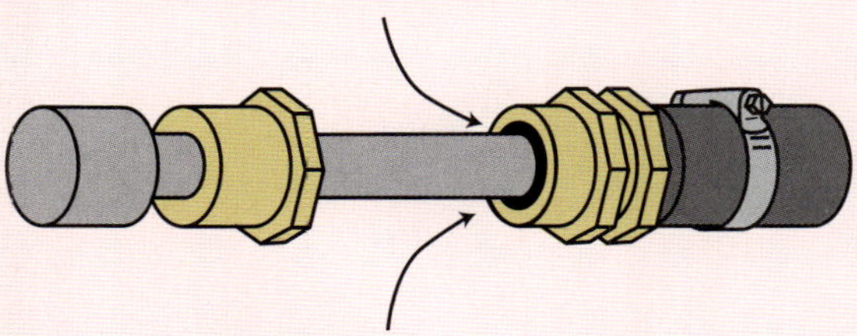

8 Endstück der Buchse fest anziehen

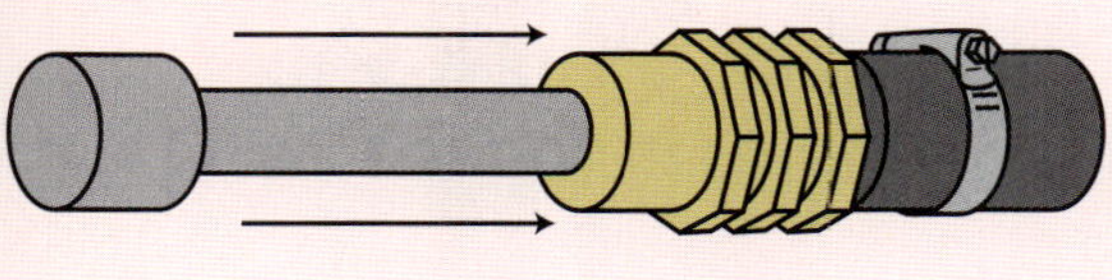

Angelpunkt, und genau das kann zum Problem werden. Da die Buchsen aus Bronze gefertigt und der Salzwasserkorrosion ausgesetzt sind, lassen sie sich meist nur schwer auseinanderbauen. Anstatt die alte Buchse neu zu dichten, kann man daher auch eine neue, tropffreie einbauen. Auf vielen Schiffen ist die Heckstopfbuchse auf einen Hartgummischlauch gesetzt, um Fluchtungsfehler der Welle ausgleichen zu können. Da der Schlauch mit der Zeit brüchig werden kann, sollte man ihn regelmäßig überprüfen und gegebenenfalls von einem Fachmann erneuern lassen.

Erneuern der Stopfbuchse (2)

- Lassen Sie das Schiff aus dem Wasser heben.
- Entfernen Sie die Bolzen, die den Bügel befestigen, oder lösen Sie die große Mutter an der Buchse, wenn sie anstelle eines Bügels genutzt wird.
- Schieben Sie die Mutter/den Bügel über die Welle.
- Kratzen Sie das alte Dichtungsmaterial mit einem Spezial- (oder improvisierten) Werkzeug aus der Buchse. Dies wird einige Zeit in Anspruch nehmen, da sich die alten Dichtungen wahrscheinlich auflösen und die Reste vollständig entfernt werden müssen.
- Reinigen Sie die Oberfläche der Welle.
- Wenn die Welle tiefe Riefen aufweist, muss sie eventuell erneuert werden. Benutzen Sie zunächst feuchtes und trockenes Schleifpapier, um Kerben und Riefen auszugleichen, und reinigen Sie anschließend mit Stahlwolle nach.
- Messen Sie die Größe des benötigten Dichtungsmaterials. Es sollte gerade um die Welle passen und sich noch in das Gehäuse schieben lassen.
- Drehen Sie das Dichtmaterial spiralförmig um die Welle. Drei Umdrehungen sollten ausreichen.
- Durchschneiden Sie alle drei Ringe des Dichtmaterials mit einem Taschenmesser in einem flachen Winkel zur Welle. So erhalten Sie drei Ringe.

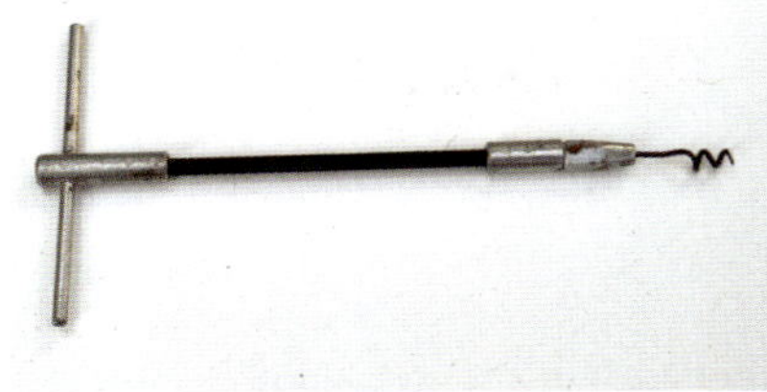

Dies ist ein Spezialwerkzeug, mit dem man das Dichtungsmaterial entfernen kann.

Diese Bronze-Heckstopfbuchse wurde mit der Rumpf-Anode verbunden. Die grün ummantelten Drähte verbinden die Buchse mit dem Anodenstift.

Bei manchen Propellern müssen die Flügelgelenke jährlich gefettet werden.

- Schieben Sie jetzt die drei Ringe in die Buchse, so ausgerichtet, dass die Einschnitte an verschiedenen Stellen liegen und keine Linie bilden.
- Befestigen Sie wieder den Sicherungsbügel bzw. die Mutter, und ziehen Sie sie (nicht zu fest) an.
- Wenn das Schiff wieder zu Wasser gelassen wird, sollten Sie sofort prüfen, ob größere Wassermengen an der Heckstopfbuchse eindringen und sie gegebenenfalls noch etwas nachziehen. Tolerierbar sind ca. zwei bis drei Tropfen pro Minute.
- Wenn das Schiff wieder im normalen Gebrauch fährt, setzt sich das Dichtungsmaterial, und die Buchse sollte noch einmal nachgezogen werden.

Saildrive-Membranen

Eine große, biegsame Membran wird zur Abdichtung des Lochs zwischen Rumpf und Saildrive-Gehäuse benutzt. Bei Yanmar-Motoren ist hier eine Doppelmembran mit Feuchtigkeitsfühler eingebaut, der bei undichten Membranen Alarm gibt. Alle anderen Hersteller verwenden einfache Membranen. Die Herstellerangaben zu Inspektion und Austausch sollten beachtet werden. Wenn ein Austausch nötig wird, muss wahrscheinlich die gesamte Maschine ausgebaut werden.

Heckantrieb

Da das Schiff durch Drehen des Antriebs gesteuert wird, verhindert ein großer, biegsamer Faltenbalg Wassereintritt durch den Rumpf. Dieser Faltenbalg muss mindestens einmal jährlich überprüft und bei Verschleiß ausgetauscht werden. Die Wartung sollte gemäß Herstellerangaben erfolgen.

Hier ein Beispiel für eine tropffreie Dichtung. Zu Saisonbeginn muss eventuell vorhandene Luft aus der Dichtung gedrückt werden, da sie mit Wasser geschmiert ist.

Sicherheitshinweis

- Die Yanmar-Feuchtigkeitssensoren zwischen den Membranen des Saildrives können durch Kondensataustritt zwischen den Membranen einen falschen Alarm auslösen.
- Sollte sich die Propellerwelle von ihrer Befestigung am Getriebe lösen, hinterlässt die Welle ein Loch im Rumpf des Schiffes. Befestigen Sie eine Schlauchklemme an der Welle, die verhindert, dass sie durch die Heckstopfbuchse rutscht.

Wartung des Generators

In der Regel ist der Generator (oder die Lichtmaschine) wartungsfrei; nur der Keilriemen muss nachgestellt oder ausgetauscht werden. Mithilfe einer ausführlichen Anleitung sind aber auch kompliziertere Reparaturen möglich.

Dynastart Generator

Ältere Maschinen verwendeten einen kombinierten Startermotor/Generator namens Dynastart, der riemengetrieben war und nur wenig Strom erzeugte. Bei Beschädigung der Bürsten fiel der Starter aus.

Gleichstromgeneratoren oder Dynamos

Diese Typen hatten einen eingebauten Regler und lieferten nur wenig Strom. Die Bürsten waren leicht auszutauschen, indem man eine Abdeckung oder ein Band des Bürstengehäuses entfernte.

Lichtmaschinen

Alle modernen Innenbordmotoren haben eine Lichtmaschine zur Stromerzeugung. Sie liefert Wechselstrom, der durch einen Regler in Gleichstrom umgewandelt wird, mit dem dann die Batterie geladen wird.

Sicherheitstipp

Bevor Sie anfangen, schalten Sie unbedingt den Hauptschalter und das Ladegerät aus, um Stromschläge zu vermeiden. Es gibt einen Bericht eines Eigners, dessen metallenes Uhrenarmband durch Berührung mit einem stromführenden Teil um sein Handgelenk geschweißt wurde! Bei Maschinen mit mehreren Batterien müssen alle von der Lichtmaschine getrennt werden.

Karbonbürsten übertragen den Strom von den sich drehenden zu den festen Bauteilen der Lichtmaschine, und diese Bürsten müssen gelegentlich ausgetauscht werden. Sollte man den Standardregler durch ein effizienteres Modell ersetzen wollen, muss die Lichtmaschine auseinandergenommen werden. Es gibt zwar eine Vielzahl an Modellen, sogar innerhalb der Motorenreihe der einzelnen Hersteller, aber generell erreichen Sie die inneren Bauteile folgendermaßen:

- Schalten Sie die Batterieversorgung ab.
- Kennzeichnen Sie alle zur Lichtmaschine führenden Drähte und machen Sie sich eine Skizze mit den Farben und Anschlussklemmen. Eine Falschverdrahtung könnte die Lichtmaschine schnell beschädigen.
- Trennen Sie die Drähte.

An diesem Motor wurde eine zweite Lichtmaschine installiert, um die elektrische Leistung (12 Volt) zu verbessern. Besser wäre es, beide Lichtmaschinen durch ein leistungsstärkeres Modell zu ersetzen.

- Lösen Sie die Bolzen vom Lichtmaschinensockel und nehmen Sie die Lichtmaschine ab. Vorsicht, sie ist ziemlich schwer.
- Wenn die Rückseite der Lichtmaschine eine Kunststoffabdeckung hat, nehmen Sie diese ab, um an die nun leicht austauschbaren Bürsten zu gelangen.

Idealerweise sollten Sie Ihre Herstellerbeschreibung zuhilfe nehmen. Die folgende Anleitung für eine Yanmar-Lichtmaschine kann aber auch für das Auseinanderbauen anderer Typen von Nutzen sein:

- Entfernen Sie die vier Muttern und Scheiben von der Rückseite des Gehäuses.
- Entfernen Sie die langen Klemmschrauben an der Gehäuseseite.
- Ziehen Sie vorsichtig das Vorderteil der Lichtmaschine ab, um den Rotor und die Lager entfernen zu können und so an den Regler und die Bürsten zu gelangen.
- Entfernen Sie die Anschlussmuttern an der Rückseite der Lichtmaschine.
- Wenn Sie nun das hintere Teil der Lichtmaschine abnehmen, merken Sie sich die Position der isolierten Abstandshalter.
- Zum Erneuern der Bürsten müssen die Drähte abgelötet und die neuen wieder angelötet werden.
- Der Zusammenbau folgt in umgekehrter Reihenfolge.

Demontage der Lichtmaschine

Das Gehäuse besteht zumeist aus drei Teilen, die mit langen Schrauben zusammengehalten werden, die zunächst entfernt werden müssen.

Nehmen Sie das Vorderteil vorsichtig vom Gehäuse.

Merken Sie sich die Position der Isolierscheiben beim Entfernen der Muttern des hinteren Gehäuseteils.

Ziehen Sie das Rückteil vom Statorring ab, um das Karbonbürstenbauteil freizulegen.

Dann trennen Sie die Drähte von der Lichtmaschine – falls nötig, müssen sie abgelötet werden – und ersetzen Sie die Bürsten durch neue.

Nun folgt der Zusammenbau in umgekehrter Reihenfolge. Wenn Rück- und Mittelteil zusammengesetzt sind, stecken Sie einen Zahnstocher in die hintere Öffnung, um die Bürsten zurückzuhalten, damit das Vorderteil aufgesetzt werden kann.

Routinekontrollen

Die meisten Motorschäden werden durch mangelnde Wartung verursacht. Regelmäßige Inspektionen können helfen, Mängel aufzudecken, bevor sie zu Schäden führen. Machen Sie sich eine Liste (mental oder auf Papier) mit notwendigen Checks, die Sie jedes Mal vor einem Törn durchführen.

Benzin- und Dieselmotoren

Bezüglich der Routinechecks gibt es kaum einen Unterschied zwischen den verschiedenen Benzin- und Dieselmotoren. Hier eine Übersicht:

Tägliche Kontrollen

- Stellen Sie sicher, dass das Kühlwasserseeventil geöffnet ist.
- Prüfen Sie den Ölstand, und füllen Sie bei Bedarf Öl auf. Dieselmaschinenöl verfärbt sich nach einem Ölwechsel schnell wieder dunkel. Benzinmaschinenöl sollte sich gar nicht verfärben.
- Prüfen Sie auf Kraftstoff- und Ölleckagen.
- Prüfen Sie die Spannung des Lichtmaschinenriemens.
- Prüfen Sie den Kühlmittelstand bei Motoren mit Frischwasserkühlung. Füllen Sie bei Bedarf mit einem Gemisch aus Wasser und Frostschutz auf. Das Kühlsystem darf kein Wasser verlieren. Suchen Sie nach der Ursache, wenn häufiges Nachfüllen nötig ist.
- Prüfen Sie die Seewasserpumpe mittels der Dichtungskontrolle auf Leckagen.
- Prüfen Sie den Kraftstoff-/Wasserabscheiderbehälter auf Verschmutzung.
- Achten Sie auf lose Teile.
- Traditionelle Heckstopfbuchsen haben oft eine Fettschmierung, bei der der Fettbehälterhebel zu Beginn der Fahrt um eine halbe Drehung bewegt werden muss. Wenn Sie für längere Zeit unter Motor fahren, sollte der Hebel alle paar Stunden bewegt werden.

Prüfen Sie täglich den Motorölstand – einige Maschinen haben einen recht hohen Ölverbrauch (oben).

Prüfen Sie den Kühlmittelstand täglich. Eine Füllhöhe in der Mitte zwischen niedrig und voll ist genau richtig (unten).

Starten des Motors

- Schalten Sie den Motorbatterieschalter auf ON.
- Prüfen Sie vor dem Starten, ob sich der Lüftungsventilator (falls montiert) dreht. Dies ist vor allem bei Benzinmotoren extrem wichtig.
- Prüfen Sie nach dem Starten, ob alle Warnlampen ausgehen und ob Kühlwasser aus dem Auspuff läuft. Auf manchen Schiffen ist dies nicht möglich, daher ist ein Kühlwasseralarmsystem eine nützliche Investition, denn bis die Maschine eine Überhitzung meldet, kann der Wasserpumpen-Impeller schon beschädigt sein.

Sicherheitshinweis

Bitte achten Sie bei der Prüfung von rotierenden Motorteilen stets darauf, dass sich Kleidung, Zubehör, Haare etc. nicht in beweglichen Teilen verfangen können.

Wöchentliche Kontrollen

- Prüfen Sie Farbe und Stand des Getriebeöls. Dieses Öl sollte sich nicht verfärben, also muss im positiven Fall eine Fehlersuche durchgeführt werden.
- Führen Sie eine gründliche Suche nach Öl-, Kraftstoff- und Wasserleckagen durch. Prüfen Sie die Sicherheit der Komponenten und den Zustand der Motorhalterungen.
- Prüfen Sie die Heckbuchse auf Dichtigkeit. Bei den meisten Modellen sind einige Tropfen pro Minute unbedenklich – tropffreie Modelle sollten gar nicht lecken. Ist die Buchse ölgeschmiert, prüfen Sie den Stand im Ölvorratsbehälter.
- Prüfen Sie den Kühlwasserfilter auf Verstopfung durch Gras. Wenn sich viel Gras im Wasser befindet, prüfen Sie den Filter bitte täglich.

Da Benzindampf hochexplosiv ist, sind Kraftstoffleckagen sehr gefährlich und ein elektrischer Abluftventilator im Maschinenraum unbedingt erforderlich.

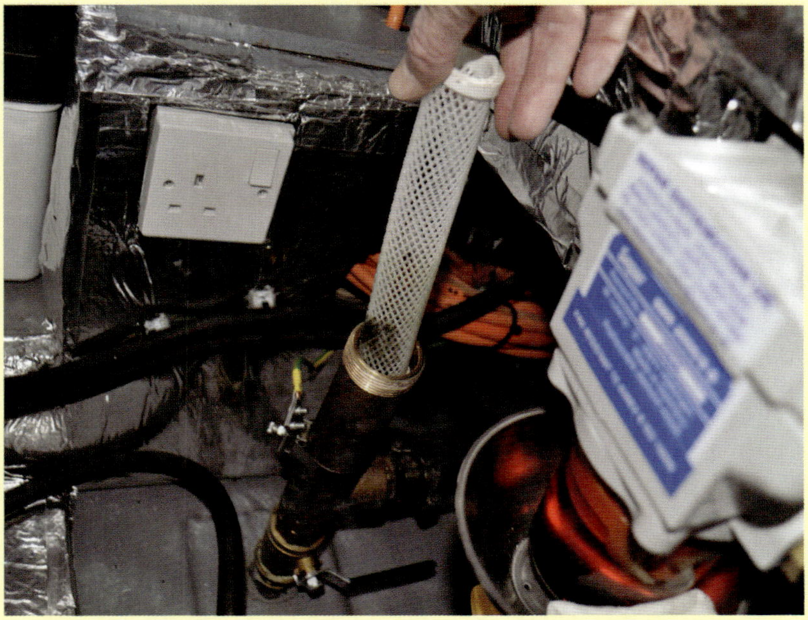

Prüfen Sie den Kühlwasserfilter zumindest einmal pro Woche auf Verstopfung durch Gras und Schmutz, bzw. täglich, wenn viel Gras oder Ähnliches im Wasser treibt.

Prüfen Sie anhand der Kontrollöffnung die Seewasserpumpe auf Dichtigkeit. So stellen Sie frühzeitig einen Dichtungsverschleiß fest und sparen eventuell die Kosten für eine neue Pumpe.

Prüfen Sie regelmäßig den Vorfilterbehälter auf Wasser und Verschmutzung.

Wichtige Ersatzteile

Nahezu jeder Skipper hat schon einmal Probleme mit dem Motor gehabt, auch wenn die Wartungsarbeiten noch so sorgfältig ausgeführt wurden. Hat man dann die richtigen Ersatzteile an Bord, kann die Reise ohne große Verzögerung weitergehen.

Tipp

- Bewahren Sie alle Motorersatzteile an einem Ort auf – die kleineren in einer sicher verschließbaren Plastikbox.
- Schwere Teile, wie der Starter oder die Lichtmaschine, sollten sicher verstaut sein, um nicht während der Fahrt herumzuschlagen.

Das richtige Werkzeug

Es ist sicherlich ratsam, Ersatzteile an Bord zu haben, wenn man davon ausgeht, unterwegs nicht überall eine gute Versorgungslage zu haben. Findet man einen Bootsmechaniker, wird er sicher auch über das erforderliche Werkzeug verfügen. Rechnet man aber damit, Reparaturen selbst ausführen zu müssen, sollte man auch das erforderliche Werkzeug dabeihaben.

Einige wichtige Ersatzteile

Einige der nachstehend genannten Ersatzteile werden während der jährlichen Wartung ausgetauscht. Trotzdem können sie außer der Reihe benötigt werden, wenn zum Beispiel ein Ölleck, eine Unterbrechung in der Kraftstoffzufuhr oder ein Impellerschaden auftritt. Da man sie am Ende des Jahres ohnehin benötigt, kann man sie zur Sicherheit auch während der Saison an Bord haben.

- Eine ausreichende Menge an Schmieröl für einen Ölwechsel.
- Ölfilter
- Getriebeöl, falls eine andere Sorte als das Maschinenöl erforderlich ist.
- Kraftstofffilter (Vor- und Feinfilter). Ratsam wären sogar je zwei Filter für den Fall, dass man an verschmutzten Kraftstoff gerät und die Filter sich zusetzen.
- Keilriemen
- Wasserpumpenimpeller
- Frostschutz/Kühlmittel. Am besten für das Kühlsystem ist eine destillierte, de-ionisierte Wassermischung zum Nachfüllen.

Ersatzteile für längere Törns

Für weitere Törns empfiehlt es sich, einen umfassenden Vorrat an Ersatzteilen mitzuführen, falls man außer Reichweite von Hilfe einen Maschinenschaden hat. Die Kosten hierfür halten sich in Grenzen.

- Kühlsystemthermostat. Dieser Thermostat regelt die Betriebstemperatur der Maschine. Tritt ein Fehler bei geöffneter Position auf, kommt der Motor aufgrund der zu niedrigen Temperatur nicht auf volle Leistung. Versagt er jedoch bei geschlossener Position, wird sich der Motor schnell überhitzen und in der Folge ausfallen.
- Kühlschlauch
- Schlauchklemmen in verschiedenen Größen
- Isolierband
- Selbstklebendes Dichtband
- Allzweckdraht
- Kabelverbinder
- Kabelbinder
- Tube Flüssigdichtung
- Auspuffdichtband

Motorersatzteile

Diese Liste hängt stark davon ab, wie weit (räumlich oder zeitlich) Sie auf Ihrem Törn von der nächsten Hilfe entfernt sein werden. Die Ersatzteile sind ziemlich teuer und Sie werden sie hoffentlich nicht brauchen, sie könnten aber zu Ihrer Sicherheit beitragen. Mit einigen Herstellern kann man unter Umständen für einen langen Törn ein Komplettersatzteilpaket mit Rückgabeoption aushandeln. Auf die Liste gehören:

- Starter
- Lichtmaschine
- Kraftstoffpumpe
- Kühlwasserpumpe
- Gaszug
- Schaltzüge

Ein Ersatzriemen für die Lichtmaschine sollte immer vorrätig sein, besonders, wenn er auch die Wasserpumpe antreibt, da ein Versagen den Motor lahmlegt.

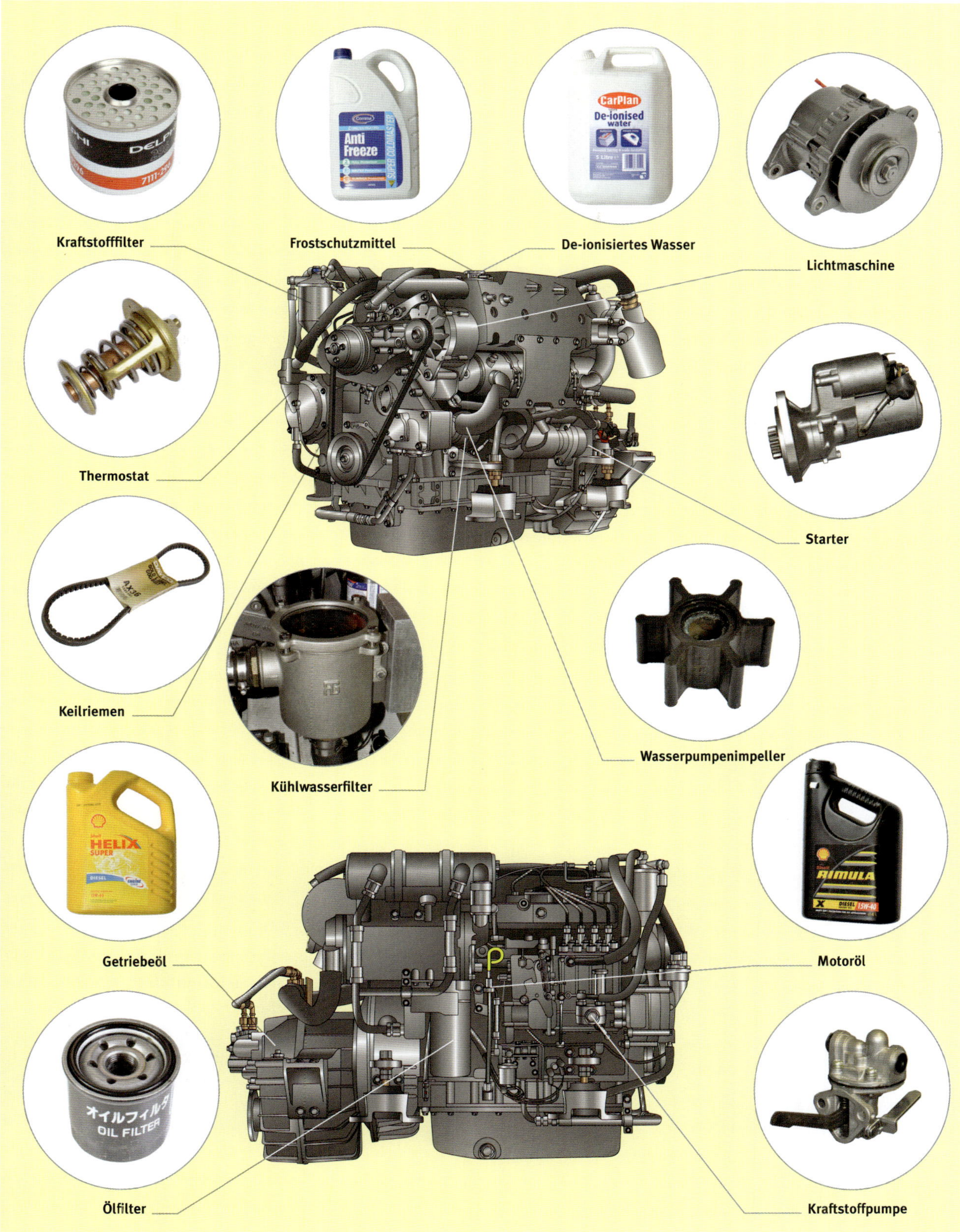
Kraftstofffilter
Frostschutzmittel
De-ionisiertes Wasser
Lichtmaschine
Thermostat
Starter
Keilriemen
Wasserpumpenimpeller
Kühlwasserfilter
Getriebeöl
Motoröl
Ölfilter
Kraftstoffpumpe

Fehlerbehebung

Bei Motorproblemen empfiehlt sich ein methodisches Vorgehen, um die Ursache herauszufinden. Gehen Sie schrittweise bei der Fehlersuche vor, und denken Sie daran, dass sich viele Probleme in mehrfachen Symptomen äußern.

Mit einer Strommesszange (Amperemeter) kann die Leistung der Lichtmaschine gemessen werden. Bei der Messung sollte sich das Amperemeter außerhalb des Magnetfelds der Lichtmaschine befinden.

Maschine springt nicht an

- Ist die Batterie eingeschaltet?
- Ist die Batterie geladen?
- Prüfen Sie die Spannung am Startermotor bei gedrücktem Startknopf. Ist keine Spannung messbar, prüfen Sie die Verkabelung, die Verbindungen und Schalter.
- Wenn es ein zwischengeschaltetes Relais (Booster) gibt, prüfen Sie, ob es funktioniert.

Maschine dreht, springt aber nicht an

- Dreht die Maschine schnell genug?
- Brennstoff vorhanden? Prüfen Sie den Tankinhalt, und stellen Sie sicher, dass die Brennstoffzufuhr geöffnet ist.
- Muss die Brennstoffzuleitung entlüftet werden?

Benzinmotor startet nicht

- Versuchen Sie nicht, einen Zündfunken zu erzeugen, um die Zündung zu überprüfen. Eventuell vorhandene Benzindämpfe im Motorraum könnten zu einer Explosion führen.
- Prüfen Sie die Zündkerzen, Zündkabel und den Zündverteiler.

Lärm und Vibration

Lärm und Vibration werden subjektiv unterschiedlich empfunden und können über einen längeren Zeitraum ansteigen, bevor sie wahrgenommen werden. Sobald ungewöhnliche Geräusche oder Vibration festgestellt werden, sollte man nach ihrer Ursache suchen. Mögliche Ursachen sind ein schlecht eingestellter Ventiltrieb, lockere oder gebrochene Motorhalterungen, ein Loch im Auspuff oder ein anderes lockeres Teil.

Die Farbe des Abgases gibt einen Hinweis auf den Zustand des Motors. Bitte verwechseln Sie nicht weißen Qualm mit dem normalen weißen Dampf an einem kühlen Morgen.

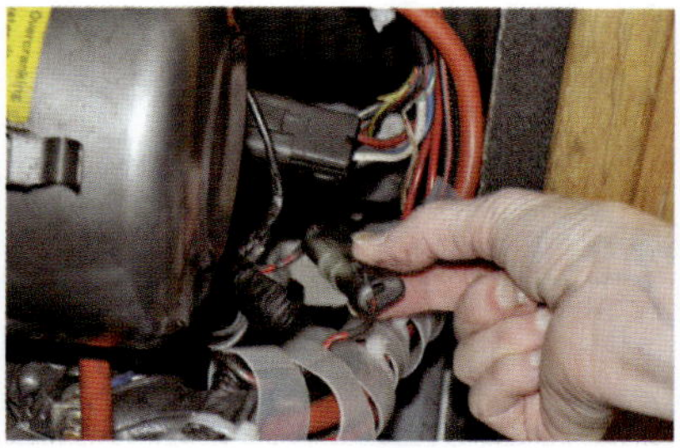

Manche Motoren haben eine zusätzliche/ versteckte Sicherung in der Start-Schaltung.

Wenn der Starter nicht funktioniert, prüfen Sie die Spannung auf der Magnetspule und dem Motorklemmkasten. Vorsicht vor beweglichen Motorteilen, wenn der Starter gedrückt wird.

Fehlende Leistung

Man muss zwischen tatsächlichem und augenscheinlichem Leistungsabfall unterscheiden. Letzterer kann durch eine zu wenig Geschwindigkeit anzeigende Logge, einen stark bewachsenen Rumpf oder Propeller oder einfach durch zu viel Gewicht/ Zuladung entstehen. Wichtig ist hier die Frage: »Kam der Leistungsabfall plötzlich, oder hat er sich über einen längeren Zeitraum aufgebaut?«. Mögliche Ursachen können sein:

- Motor befindet sich in schlechtem technischen Zustand.
- Kraftstoffzufuhr ist gestört.
- Luftzu- oder -abfuhr ist gestört.
- Gashebel/Gasgestänge falsch montiert. Bei einer Dieselmaschine kann man die korrekte Montage prüfen, indem man kontrolliert, ob im Leerlauf die volle Drehzahl erreicht wird.

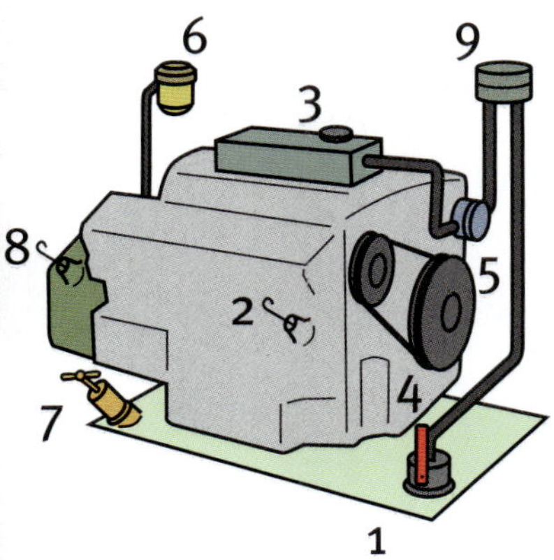

Qualmender Motor

Zur Fehlersuche ist die Farbe des Abgases von großer Bedeutung. Idealerweise sollte der Motor nach Erreichen der normalen Betriebstemperatur gar keine Abgase absondern. Schwarzer Qualm deutet bei einem Dieselmotor auf unzureichende Sauerstoffzufuhr bei der Verbrennung des eingespritzten Diesels hin. Dies kann bei einer Überlastung der Maschine auftreten, wenn der Drehzahlregler eine größere Dieselmenge einspritzen lässt, weil die Drehzahl nicht entsprechend der Gashebelstellung erreicht wird. Oder es kommt nicht genügend Sauerstoff an, weil der Luftfilter oder der Auspuff verstopft sind. Blauer Qualm kann, vor allem bei Benzinmotoren, ein Anzeichen für verbrennendes Getriebeöl sein. Bei einem Dieselmotor liegt die Ursache wahrscheinlich darin, dass zu große Kraftstofftropfen eingespritzt werden. Hier müssten möglicherweise die Einspritzdüsen gewartet werden. Bei älteren Motoren wird oft ein leicht blauer Qualm abgesondert.

Grauer Qualm deutet bei einem Dieselmotor auf ein Einspritzproblem hin. Hier sollte man die Einspritzdüsen warten oder die Einstellung der Einspritzpumpe prüfen.

Der Zustand einer Batterie kann am besten geprüft werden, wenn man ihre Spannung misst, während der Starter gedrückt wird.

Häufige Ursachen bei Problemen

1. *Kühlwasser – prüfen Sie, ob das Seeventil geöffnet ist.*
2. *Motoröl – prüfen Sie den Füllstand.*
3. *Frischwasserkühlmittel – prüfen Sie den Füllstand.*
4. *Zahnriemen – prüfen Sie den Sitz.*
5. *Seewasserpumpe – überprüfen Sie auf Leckagen.*
6. *Hauptkraftstofffilter – überprüfen Sie auf Wasser oder Schmutz.*
7. *Stopfbuchsen-Fettpresse – prüfen Sie den Füllstand.*
8. *Getriebeöl – prüfen Sie den Füllstand.*
9. *Seewasserfilter – überprüfen Sie auf Pflanzenreste.*

Wartung von Motorbooten

8

Z-Antriebe

Z-Antriebe sind Einbaumotoren mit einem Schaft, der dem eines Außenbordmotors ähnelt. Sie müssen intensiver gewartet werden als Außenborder oder Einbaumotoren mit einem konventionellen Kardanantrieb.

Vermeidung von Korrosion

Galvanische Korrosion ist das größte Problem für Z-Antriebe, die im Salzwasser eingesetzt werden. Bei den meisten Installationen kann der Schaft nicht vollständig aus dem Wasser gezogen werden, und sie werden meistens bei Booten verwendet, die zu groß sind, um an Land zu liegen. Z-Antriebe müssen deshalb immer mit Opfer-Zink-Anoden geschützt werden, die im Allgemeinen eine ganze Saison halten. Sie sollten jedoch regelmäßig überprüft werden – ein Austausch ist erforderlich, wenn 30 Prozent des Materials ausgewaschen sind. Verwenden Sie auf Z-Antrieben stets aluminiumfreundliches Antifouling. Es enthält Kupfer-Thiocyanat, das galvanisch weniger aktiv ist als herkömmliches Kupferoxid-Antifouling.

Lacksysteme

Das Lacksystem des Antriebs ist genauso wichtig wie die Anoden. Es muss stets in perfektem Zustand gehalten werden, um eine rasche Korrosion zu vermeiden. Seepocken sind besonders schädlich für Schutzanstriche. Bei den ersten Anzeichen sollte das Antifouling erneuert werden. Der neue Farbauftrag zahlt sich schnell aus, weil bei hoher Geschwindigkeit der Kraftstoffverbrauch reduziert wird. Um die sichere Haftung des Antifoulings zu gewährleisten, muss der Untergrund akribisch vorbereitet

Der Zustand der Faltenbälge muss überprüft werden. Ersetzen Sie diese bei Anzeichen einer Beschädigung.

Z-Antriebe sind permanent eingetaucht, wenn das Boot fahrbereit ist. Es ist daher unerlässlich, sie gegen Korrosion zu schützen.

Ein Z-Antrieb, bereit für den Anstrich. Beachten Sie, dass Antifoulings auf Kupferbasis nicht für Aluminium-Antriebe verwendet werden dürfen.

werden – einschließlich eines vorsichtigen Handschliffs mit einem Schleifpapier mittlerer Körnung und einer geeigneten Grundierung. Wenn der Antrieb bereits korrodiert ist, müssen die Korrosionspartikel vollständig abgeschliffen oder vorsichtig abgeschabt werden. Anschließend sollte ein Haftgrund aufgetragen werden und danach der Antifouling-Primer. Benutzen Sie immer Spezial-Antifoulings für Z-Antriebe. Der hohe Gehalt an Kupfer in Standard-Antifoulings beschleunigt die Korrosion der Aluminiumteile.

Weitere Wartungsarbeiten

Andere Teile des Systems erfordern, je nach Modell, alle 50 bis 100 Stunden eine Wartung. Hydraulikschläuche, Schellen und Faltenbälge sollten auf Risse, Löcher und Wachstum von Meeresorganismen überprüft werden.

Zum ordnungsgemäßen Überprüfen der Faltenbälge muss der Antrieb in beide Richtungen gedreht sowie gehoben und gesenkt werden. Das ermöglicht auch den Zugang zu mehreren Lagern mit Schmiernippeln. Diese müssen mit wasserfestem Fett mittels einer Fettpresse abgeschmiert werden. Gleichzeitig schmieren Sie alle Schmierpunkte der Lenkung und kontrollieren die Hydraulikölstände der Lenkung und des hydraulischen Lifts für den Z-Antrieb. Wenn die Flüssigkeit konstant verloren geht, sollte die Quelle des Lecks untersucht werden. Suchen Sie nach Anzeichen von Getriebeöl hinter dem Propeller, das auf eine abgenutzte Wellendichtung schließen lässt. Dies ist ein häufiges Problem bei Motoren, die in seichten, schlammigen oder sandigen Gewässern betrieben werden. Überprüfen Sie auch den Zustand des Getriebeöls. Wenn es eine milchige Farbe hat, könnte es mit Wasser vermischt sein. Dann müssen der Wellendichtring und das Getriebeöl getauscht werden.

Jetantriebe

Jetantriebe können in flachen Gewässern schadfrei betrieben werden. Sie haben keine externen beweglichen Teile, die Badende verletzen könnten. Bis vor Kurzem wurden sie, bis auf den Einsatz in Jetskis, relativ wenig für Sportboote genutzt, aber für kleinere Boote werden sie immer beliebter.

Typen und Besonderheiten

Jetantriebe gibt es als Innen- oder Außenbordmotoren. In beiden Fällen ist die zentrale Komponente ein großes Aluminium-Laufrad, das das Wasser in großen Mengen in die Einheit (bis zu 18 000 Liter pro Minute) zieht und es auf der Rückseite des Bootes mit hoher Geschwindigkeit wieder ausstößt. Gitterroste vor dem Wassereintritt schützen das Laufwerk vor größeren Gegenständen und Schmutz. Dieser Unrat kann dennoch Probleme bereiten, wenn er den Wasserfluss blockiert. Er treibt aber meistens einfach weg, wenn der Motor kurz abgestellt wird. Kleine Steine können in seichtem Wasser angesaugt werden, bei größeren Gegenständen kann jedoch das Laufrad blockieren. Auch Seile und andere schwimmende Gegenstände können das Laufrad blockieren und müssen von Hand entfernt werden. Innenbordmotoren haben üblicherweise

Fehlerbehebung

Jetantriebe weisen bei Schäden häufig eines von zwei Symptomen auf: eine zu hohe oder eine zu niedrige Drehzahl. Wird die maximale Drehzahl nicht erreicht, deutet dies auf einen Motorschaden hin, es sei denn, das Hauptlager des Jetantriebs ist defekt. Wenn der Motor frei läuft, liegt der Fehler im Jetantrieb.

Jetantriebe arbeiten nach einem anderen Funktionsprinzip als herkömmliche Antriebe. Dies spiegelt sich auch in der Wartung wider.

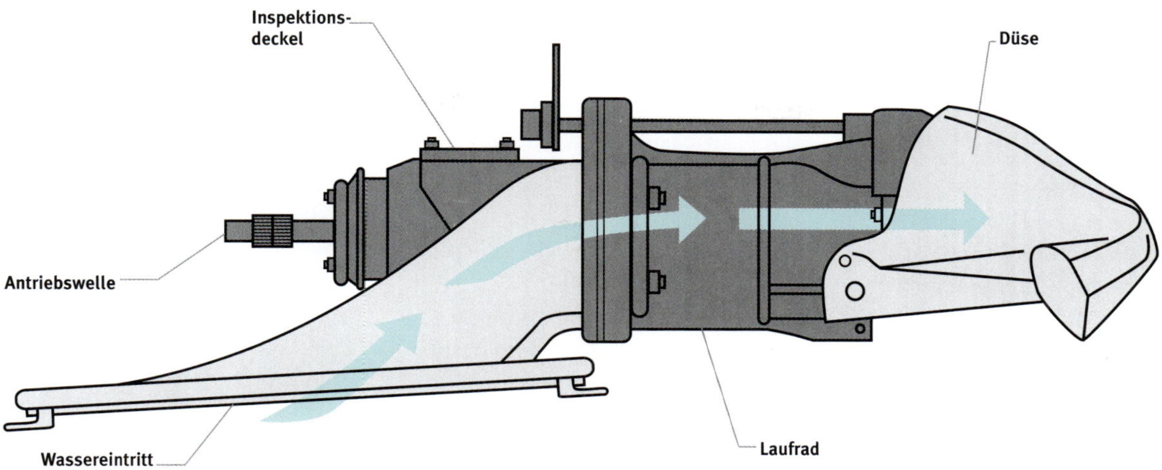

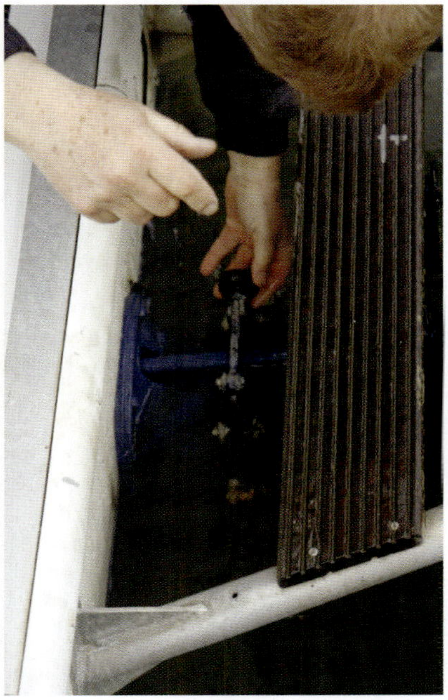

Um das Laufrad eines Außenbord-Jetantriebs zu reinigen, muss der Inspektionsdeckel geöffnet werden.

Die Hauptbestandteile eines Jetantriebs mit Innenbordmotor (oben).

Stellen Sie sicher, dass die Öffnung über der Wasserlinie ist, bevor Sie den Inspektionsdeckel eines Innenbord-Jetantriebs öffnen (links).

eine Inspektionsöffnung, durch die man an das Laufrad kommt. Außenbordmotoren müssen aus dem Wasser geschwenkt werden.

Schleichender Leistungsverlust

Verschmutzungen können zu einer Blockade führen, die einen großen, momentanen Leistungsverlust verursacht. Länger andauernder Leistungsverlust deutet auf ein defektes Laufrad hin. Fremdkörper, inklusive Sand und Schlamm, sorgen für einen zunehmenden Verschleiß des Laufrades. Bei kleineren Schäden bauen Sie das Laufrad aus und runden anschließend die Außenkanten ab. Bei größeren Schäden nimmt der Abstand zwischen Laufrad und Pumpe zu, wodurch der Wirkungsgrad reduziert wird. Sie sollten von einem Fachmann repariert werden. Die meisten Systeme haben oberhalb des Laufrades dünne Metallscheiben. Diese können unterhalb des Laufrades platziert werden, um den Abstand zwischen Laufrad und Gehäuse zu korrigieren.

Kühlung

Jet-Außenbordmotoren haben keinen separaten Impeller für die Wasserkühlung. Wenn das Laufrad beschädigt ist, muss der Motor abgestellt werden, um eine Überhitzung zu vermeiden. Der Motor muss nach jedem Betrieb mit frischem Wasser gespült werden. Um ein Überfluten des Motors zu verhindern, sollte er gestartet werden, bevor das Wasser einfließt.

Trimmklappen

Trimmklappen tragen zur Verbesserung der Fahreigenschaften und zur Reduzierung des Kraftstoffverbrauchs bei. Sie benötigen wenig Wartung, werden aber allzu oft vernachlässigt.

Funktionsweise

Diese scheinbar einfachen Geräte sorgen für einen variablen Auftrieb am Heck und für einen effektiven Trimm. Außerdem ermöglichen sie, das Boot in Gleitfahrt zu bringen und es auch bei niedrigen Drehzahlen in Gleitfahrt zu halten. Die meisten Trimmklappen bestehen aus rostfreiem Stahl, weshalb das Thema Korrosion nicht so wichtig ist wie bei Z-Antrieben. Bei Booten in Salzwasserrevieren sollten die Trimmklappen mit Antifouling gestrichen und mit Zinkanoden ausgestattet werden.

Trimmklappen unterliegen einer großen Last. Daher sollte regelmäßig überprüft werden, dass sie nicht verbogen sind und die Befestigungen in Ordnung sind. Die einfachsten Trimmklappen für kleinere Boote stellen sich selbst mittels eines gasgefüllten Federbeins ein. Sie stehen in der tiefsten Position, wenn sich das Boot im Ruhezustand befindet. Sobald die Geschwindigkeit und somit der Wasserdruck steigt, verändert sich der Anstellwinkel nach oben. Die rostfreien Gestänge

Obwohl Korrosion nur selten ein Problem ist, müssen Opferanoden in regelmäßigen Abständen ersetzt werden (links).

Trimmklappen sehen im Vergleich zum Boot klein aus, aber sie sind von großer Bedeutung für den effizienten Betrieb (unten).

Kontrollieren Sie den Zustand der Kontakte der elektrisch angetriebenen Trimmklappen. Diese hier müssen ersetzt werden.

der Federbeine sind mit O-Ringen abgedichtet. Sämtliche Ablagerungen auf dem Gestänge beschädigen diese Ringe. Am einfachsten können Sie ihren Verschleiß verhindern, indem Sie die Trimmklappen bei Nichtgebrauch hochstellen. Die Gestänge dürfen nicht mit Antifouling gestrichen werden, dies beschädigt ebenfalls die O-Ringe.

Einstellbare Trimmklappen

Der Winkel verstellbarer Trimmklappen wird mit Elektromotoren oder Hydraulikzylindern verstellt. Letztere haben die Hydraulikpumpe innen im Boot, wo sie vor Regen und Spritzwasser geschützt ist. Sie sind daher generell zuverlässiger als elektrische Antriebe. Die meisten Probleme sind auf eine mangelhafte Verkabelung zwischen den Schaltern im Armaturenbrett und der Pumpe zurückzuführen.

Die Hydraulikflüssigkeit muss nicht gewechselt oder nachgefüllt werden, jedoch sollte der Flüssigkeitsstand regelmäßig kontrolliert werden. Wenn nachgefüllt werden muss, sollten Sie das System auf Undichtigkeiten überprüfen. Benutzen Sie immer Automatikgetriebeöl und keine Bremsflüssigkeit, weil diese die Dichtungen auflöst.

Bei elektrisch verstellbaren Systemen wird ein Elektromotor anstatt des Hydraulikzylinders genutzt. Dieser ist sehr anfällig für Feuchtigkeitsschäden, da seine Dichtungen ständig mit Wasser in

Prüfen Sie den Füllstand der hydraulisch betätigten Trimmklappen.

Kontakt sind. Wenn die elektrischen Trimmklappen nicht funktionieren, prüfen Sie zuerst die Spannungsversorgung einschließlich der Sicherungen und Steckverbindern. Stellen Sie sicher, dass bei Betätigung die volle Batteriespannung an den Elektromotoren anliegt. Bei Verdacht auf einen defekten Elektromotor schließen Sie zur Funktionsprüfung eine externe 12-Volt-Spannungsversorgung an. Wenn der Elektromotor nicht reagiert, muss er ausgetauscht werden. Die meisten Elektromotoren sind wartungsfrei verschlossen.

Der Zustand der Hydraulikschläuche sollte in regelmäßigen Abständen überprüft werden.

Wartung von Segelyachten

9

Aluminiummasten checken

Gut gewartet können Masten aus Aluminium viele Jahrzehnte zuverlässig ihren Dienst versehen. Sie sind jedoch besonders bei schwerem Wetter hohen Lasten ausgesetzt. Regelmäßige Kontrollen sind wichtig. Nur so entdecken Sie Abnutzung und Problemstellen rechtzeitig.

Mastfuß und -spur

Überprüfen Sie das untere Mastende und dessen Aufnahme an oder unter Deck auf Anzeichen von Korrosion oder andere Schäden. Dies ist besonders wichtig bei durchgesteckten Masten, die meist im Salon verkleidet und damit außer Sicht sind.

Falls sich ein Schaden auf die unteren Zentimeter beschränkt, gibt es eine recht kostengünstige Lösung. Der betroffene Bereich wird einfach abgesägt und der nun etwas kürzere Mast auf einen Klotz aus Hartholz oder Nylon gestellt, um die Originallänge wiederherzustellen. Alternativ wird der Mast gekürzt, und die Spanner werden anschließend neu justiert. Falls das nicht möglich ist, benötigen Sie neues stehendes Gut.

Das gesamte Rigg sollte regelmäßig auf Schäden untersucht werden. Beulen können den Mast signifikant schwächen, aber das Problem lässt sich mit Manschetten beheben. Dazu wird der Mast an der Schadstelle durchgeschnitten, ein zum Profil passendes Aluminiumrohr gleicher Stärke in den Mast gesteckt und dort festgenietet. Bei Schäden dicht an den Salingen helfen externe aufgedoppelte Plat-

Tipp

Wenn Sie im Rigg arbeiten, vertrauen Sie Ihr Leben einem Bootsmannsstuhl, den Fallen und der Crew an. Stellen Sie sicher, dass alles in gutem Zustand ist. Wenn Sie die Fallen (mit einer angebändselten Rückholleine) nach oben ziehen, lässt sich eine größere Länge überprüfen. Benutzen Sie ein starkes, zuverlässiges Fall, und befestigen Sie es am Bootsmannsstuhl nicht mit einem Schäkel, sondern mit einem Knoten. Schlagen Sie zur Sicherheit ein zweites Fall an, das parallel von einer dritten Person bedient wird.

Falls das Rigg im Winter nicht gelegt wurde, muss es vom Bootsmannsstuhl aus kontrolliert werden.

ten, die die auftretenden Kräfte über eine größere Fläche verteilen. Wenn Sie den Mast untersuchen, prüfen Sie auch gleich alle Elektro- und Elektronikkabel inklusive der Lampen und anderer Verbraucher auf Verschleiß, Schäden und Funktion (siehe Seiten 176 bis 179).

Salinge

Diese sind meist der Grund für einen Mastbruch. Sie sollten leicht nach oben angewinkelt stehen – eine Daumenregel spricht von sechs Grad –, um den Winkel des Oberwants an der Salingnock zu halbieren. Falls hier die Geometrie nicht stimmt, können die Riggkräfte die Saling wegknicken. Problematisch sind auch schwächende Schnitte oder Kerben an der Vorder- oder Hinterkante einer Saling.

Hier korrodiert der Mast dicht neben einem Beschlag aus Stahl, der abgebaut, isoliert und wieder montiert werden muss (links).

Beschläge aus rostfreiem Stahl auf Aluminiumrohren können galvanische Korrosion verursachen. Um diese zu verhindern, sollte der Mastenbauer Monel-Poppnieten oder Isolierpaste verwenden, was aber nicht alle tun. Falls Anzeichen von Korrosion zu sehen sind, muss der Beschlag demontiert werden, damit Sie den gesamten Bereich inspizieren können. Dann wird er mit Isoliermittel wieder angebaut.

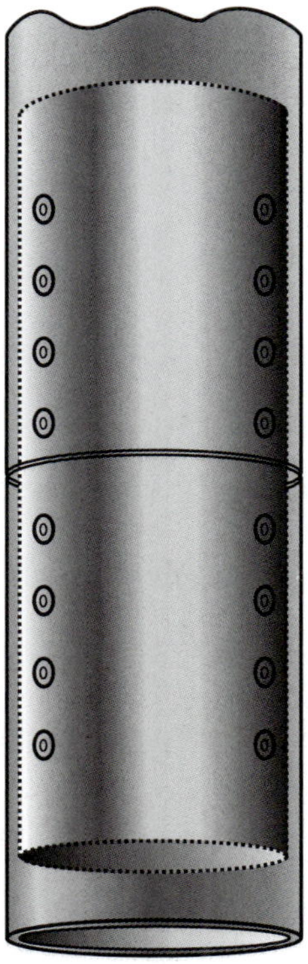

Mit einer Manschette, die in den Mast gesteckt und festgenietet wird, lässt sich so mancher Schaden beheben.

Eine Beule in der Seitenwand schwächt den Mast drastisch. Die Lösung ist eine interne Manschette (links).

Holzmasten überprüfen

Viele Arbeitsschritte bei der Wartung von Aluminiumriggs gelten ebenso für Masten aus Holz. Bedingt durch deren Konstruktion und Material sind aber noch zusätzliche Arbeiten nötig. Um großflächige Schäden zu vermeiden, ist es bei einem Holzrigg noch wichtiger, Probleme frühzeitig zu erkennen und sofort zu beheben.

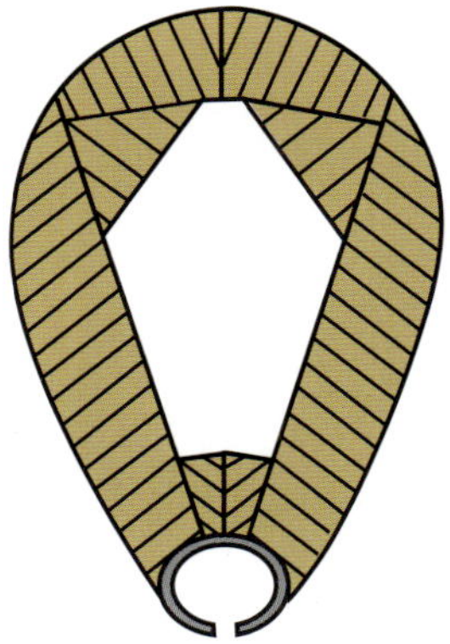

Die meisten Holzmasten sind hohl und bestehen aus mehreren Holzelementen, die auf unterschiedliche Weise miteinander verklebt sind.

Farb- und Lacksysteme

Die Beschichtung ist extrem wichtig, weil sie das Material vor Feuchtigkeit schützt. Sie muss mindestens einmal, besser zweimal im Jahr untersucht werden. Jegliche Kratzer, Scheuerstellen und Bläschen sollten sofort beseitigt, die Stelle getrocknet und neu beschichtet werden. Regelmäßige Pflege nach diesen Vorgaben verlängert die Lebensdauer des Farb- oder Lacksystems. Dennoch wird immer wieder mal eine komplette Sanierung des Mastes inklusive Abschleifen bis auf das nackte Holz und einer Neubeschichtung notwendig sein.

Prüfen Sie, ob irgendwo Feuchtigkeit ihren Weg unter die Beschichtung gefunden hat. Das ist besonders in der Nähe von Beschlägen wahrscheinlich, verursacht durch Bolzen oder Schrauben, und kann sich von dort aus weiter ausbreiten. Achten Sie bei durchgesteckten Masten insbesondere auf den Mastfuß und den Bereich, wo er in der Decksdurchführung eingespannt ist. Diese Stellen sind schlecht einzusehen und gleichzeitig größerer Beanspruchung ausgesetzt, daher können dort schnell Schäden entstehen.

Einige Eigner bevorzugen Lederstücke oder Dichtungen aus Segeltuch zwischen den Beschlägen und dem Mast, um der Zersetzung des Holzes entgegenzuwirken.

Beschläge in der Nähe von Schadstellen werden entfernt und weiches oder gar verrottetes Holz mit dem Stecheisen beseitigt. Der Bereich muss gut durchtrocknen, bevor er repariert oder neu beschichtet wird. Bei kleinen Schäden wird das marode Holz durch neues ersetzt (siehe S. 82). Größere Stellen erfordern eine Schäftung mit neuem Holz. Die Überlappung muss mindestens im Verhältnis 8:1 ausgeführt werden, besser ist 12:1. Schäftungen müssen versetzt erfolgen und so weit wie möglich auseinander liegen. Wenn Sie Beschläge austauschen oder neue befestigen, dichten Sie die Stellen gut ab.

Konstruktionen

Abgesehen von einigen älteren Gaffel- und Luggerriggs sind Holzmasten in der Regel hohl. Sie bestehen aus verschiedenen Streifen oder Latten, die miteinander verklebt und anschließend durch Sägen, Hobeln und Schleifen in Form gebracht wer-

Eine Totalsanierung: Der Kleber hat sich gelöst, die Teile wurden komplett voneinander getrennt (ganz links).

Derselbe Mast: neu verklebt, frisch lackiert und weitere 30 Jahre haltbar (links).

Holzmasten haben eine große Lebenserwartung. Wenn Probleme auftauchen, sind sie in der Regel schnell erkannt und behoben.

den. Jedes Versagen des Klebers, das sich oft durch einen Riss oder das Lösen eines Segmentes vom Mast bemerkbar macht, ist zu beheben.

Kleinere Reparaturen sind einfach: Die Nahtstelle wird mit einem Keil offen gehalten, die Klebestellen werden gesäubert und getrocknet und dann mit einer Mischung aus Epoxidharz und Mikroballons gefüllt. Keil raus und die Klebestellen mit Zwingen oder Spanngurten zusammendrücken – fertig. Jedoch: Wenn ein Kleber an einer Stelle versagt hat, wird er es auch an anderen Stellen tun. Dann ist es häufig einfach, sämtliche Komponenten des Rohres mit Meißeln und Keilen auseinanderzunehmen. An einigen Stellen mag dafür ein sorgfältiger Sägeschnitt erforderlich sein. Überprüfen Sie alle Teile auf Verrottung, bevor sie mit Epoxidharz wieder verklebt werden. Übergroße Schlauchschellen oder Spanngurte eignen sich hervorragend, um die Hölzer aneinanderzupressen, konventionelle Schraubzwingen sind bei einer runden Oberfläche nervtötend.

Verkleben einer Schäftung: Die Überlappung muss mindestens 8:1 betragen, damit die Stelle so stark wie das übrige Material ist.

Stehendes Gut

Selbst auf einem kleineren Boot sind die Wanten und Stagen großen Belastungen ausgesetzt, und eine 40-Fuß-Yacht kann so viel Kraft erzeugen, dass sie reichen würde, um ein Auto anzuheben. Also muss das Rigg inklusive seiner vielen Einzelteile sehr zuverlässig sein.

> **Tipp**
>
> Ein Fernglas eignet sich für einen groben Riggcheck – besonders als tägliche Vorsichtsmaßnahme während eines längeren Törns.

Routinewartung

Regelmäßige Kontrollen sind wichtig für das frühe Erkennen von Problemen. Die unteren Komponenten lassen sich in der Saison wöchentlich checken. Ein gebrochenes oder loses Kardeel eines Wants oder Stags wird zu weiteren Schäden bis zum Bruch führen. Prüfen Sie auch die Wantenspanner und deren Sicherungen. Anzeichen von Korrosion sind kein Problem, wenn sie nur oberflächlich erscheinen und sich die Flecken wegwischen lassen.

Mastcheck

Mindestens einmal pro Saison sollten Sie ins Rigg gehen, am besten rechtzeitig vor dem großen Urlaub. Dort prüfen Sie, ob alle Komponenten in gutem Zustand sind, und sehen auch nach den Wanten an den Salingnocken. Wichtig ist, dass alle Wanten und Stagen in der vorgesehenen Richtung verlaufen und nicht geknickt sind. Falls irgendein Draht falsch läuft, werden die Lasten anders verteilt, und es treten Kräfte auf, für die die Komponenten nicht konstruiert sind.

Am stehenden Gut lassen sich immer wieder Fehler finden. Sehr verbreitet sind Bolzen, die nicht zu den Terminals passen, die sie sichern sollen. Selbst wenn der Größenunterschied nicht gravierend ist, wird sich das Metall dort schneller abnutzen.

Fehler am stehenden Gut sieht man öfter, beispielsweise zu kleine oder ungleichmäßig belastete Gabelbolzen. Das resultiert in einer falschen oder höheren Belastung und wird zu Bruch führen. Eine zentrale Belastung der Bolzen lässt sich mit Unterlegscheiben erzielen.

Korrosion

Periodische Belastung von Teilen aus rostfreiem Stahl kann zur Materialermüdung führen und mikroskopisch kleine Risse auf der Metalloberfläche erzeugen. Diese fangen Seewasser auf, das Sauerstoff fernhält. Ohne Sauerstoff korrodiert rostfreier Stahl. Das beginnt im Kleinen und ist anfangs kein Problem. Mit der Zeit kann der Beschlag aber komplett unbrauchbar werden. Die anfangs feinen Schäden lassen sich am besten mit einem Rissprüfmittel aufspüren, das angegriffene Zonen als feine farbige Linien hervorhebt. Aber auch mit einem Vergrößerungsglas sind Risse auffindbar. Korrosion ist einer der Gründe, warum Versicherer oft auf einem Austausch des stehenden Gutes nach zehn Jahren (fünf für Regattaboote) bestehen. Das Risiko des Versagens nach Ablauf dieser Zeit ist jedoch relativ klein.

Jeder Bestandteil des Mastes und des stehenden Gutes sollte mindestens einmal pro Saison sorgfältig gecheckt werden.

Kontrollieren Sie diese Komponenten regelmäßig – sie sind meist für einen Mastbruch verantwortlich.

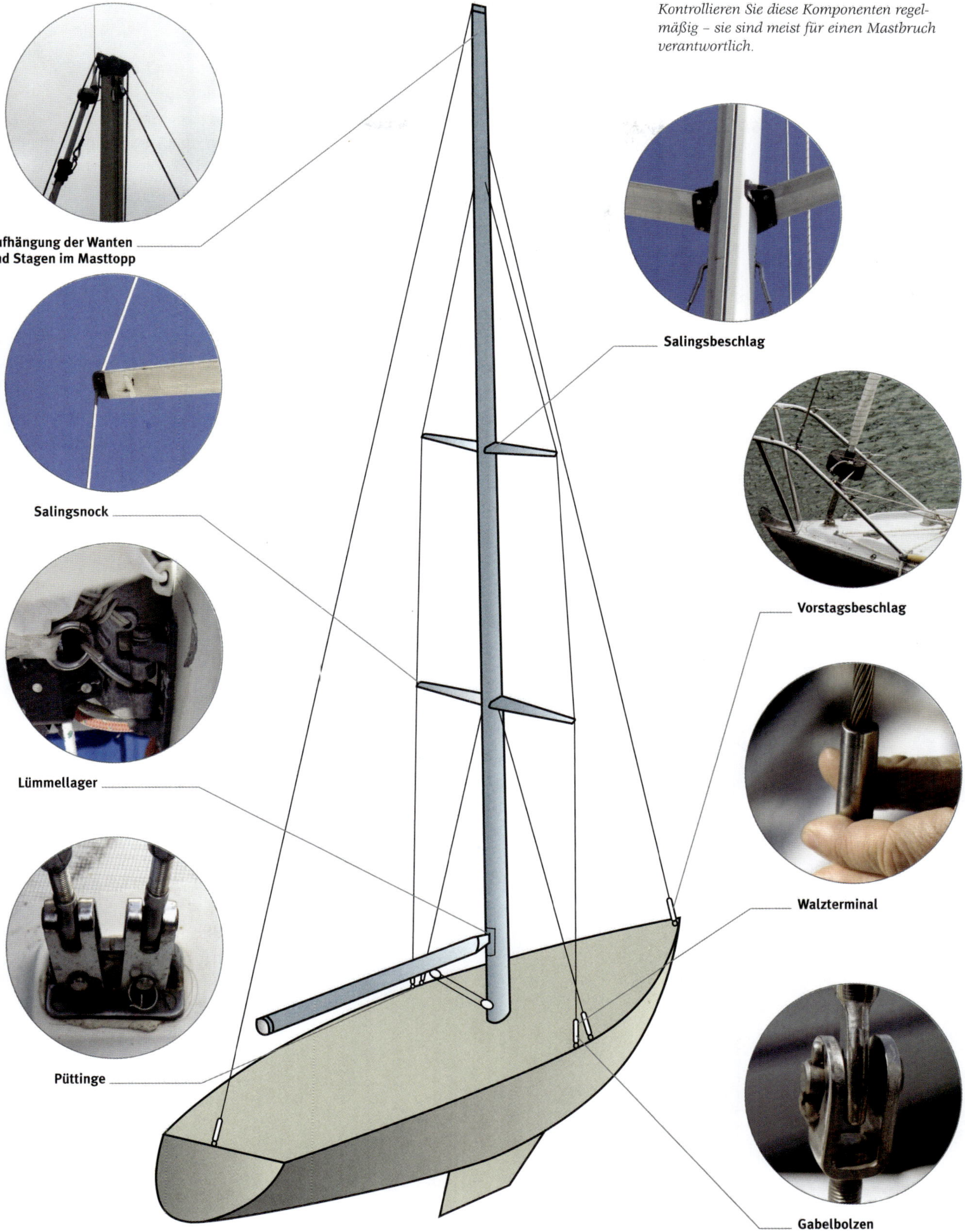

Riggtrimm

Riggs müssen sauber eingestellt sein, um strukturelle Schäden zu verhindern und die volle Leistung zu erhalten. Ein gut getrimmtes Rigg verbessert die Segeleigenschaften und verhindert übergroßen Ruderdruck, egal ob es sich um ein Regattaboot oder eine schwere Fahrtenyacht handelt. Das Trimmen ist bei einem Rigg mit einem Salingspaar simpel. Komplizierter wird es mit mehreren Salingspaaren, besonders wenn diese gepfeilt sind.

Mastfall und Biegung

Die meisten Boote sind für einen Mastfall zwischen zwei und fünf Grad konstruiert. Zu viel Neigung des Riggs nach achtern produziert zu viel Ruderdruck. Zu wenig Mastfall führt dagegen zu einem neutralen Ruder oder noch schlimmer zu Leegierigkeit. Um den Mastfall zu messen, knoten Sie eine dünnere Leine (mit wenig Windwiderstand) an das Großfall und ziehen es in den Masttopp. Hängen Sie ein schweres Gewicht frei schwebend unten an die Leine, und messen Sie die Distanz bis zum Mast an der untersten Stelle. Grober Anhaltspunkt: 20 Zentimeter pro sechs Meter Masthöhe bedeuten zwei Grad Mastfall (mit einem geraden Rohr). Der Mastfall ist abhängig von der Vorstagslänge, das Justieren des Vorstagspanners (falls vorhanden) verändert also die Größe des Mastfalls. Die Rigger fertigen Wanten immer als Paare an; sie sollten also gleich lang sein. So können Sie leicht sicherstellen, dass der Mast genau senkrecht steht: Sie achten auf dieselbe Zahl an Umdrehungen auf den Wantenspannern. Zu Beginn werden die Wantenspanner, soweit möglich, von Hand gedreht, der Feintrimm sollte aber unter Segeln erfolgen oder zumindest nach den ersten Schlägen nachjustiert werden. Die Gewinde müssen gefettet werden; das hält sie intakt und erleichtert das Spannen.

Das Rigg sollte beim Trimmen eine leicht positive (nach vorn weisende) Vorbiegung erhalten. Stellen Sie diese über das Babystag oder die vorderen Unterwanten her. Der Mast sollte mit seiner mittleren Sektion um ein bis zwei Viertel seines Durchmessers nach vorn zeigen. Dies lässt sich mit einem Blick nach oben abschätzen.

Unter Segeln

Wenn Sie bei 3 Beaufort segeln (das erzeugt meist ausreichend Druck im Schiff), sollten die leeseitigen Wanten wenig Spannung, aber noch keine Lose zeigen. Die unteren Wanten werden so eingestellt, dass der Mast querschiffs perfekt gerade steht. Dies lässt sich mit dem Blick entlang der Großsegelnut oder -schiene gut überprüfen. Nachträglich sollten Sie das Rigg mit gerefften Segeln bei stärkerem Wind prüfen. Stellen Sie sicher, dass der Mast

Kleben Sie die Splinte ab, um die Ecken zu entschärfen und Segel und Schoten zu schonen.

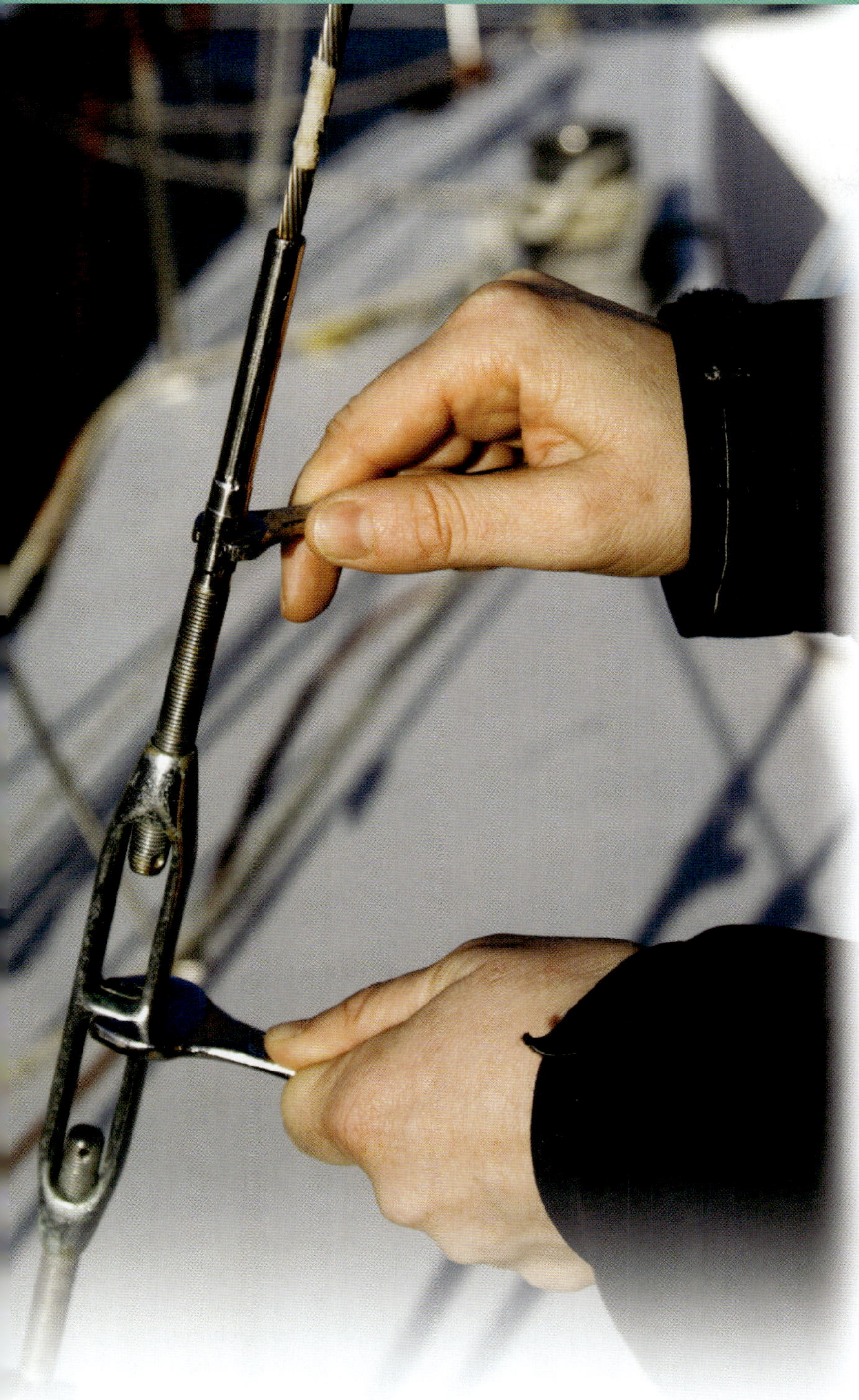

Benutzen Sie keine Schraubendreher oder Zangen, um die Wanten zu spannen; das verursacht Schäden. Nehmen Sie passende Schlüssel.

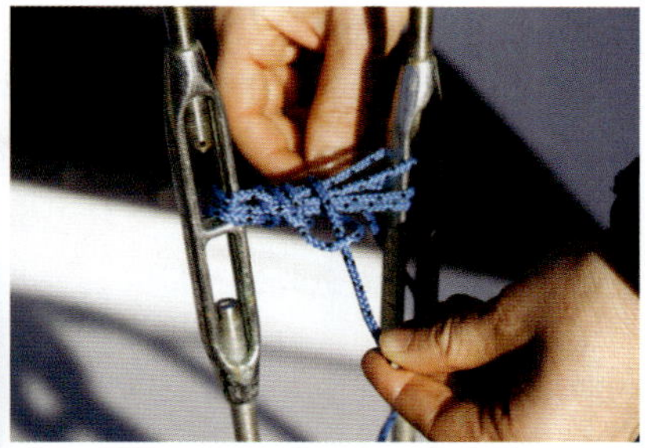

Während des Riggtrimms können die Spannschrauben übergangsweise mit Bändseln gesichert werden.

leicht nach vorn, aber nie nach achtern biegt.

Der häufigste Fehler beim Masttrimm sind zu lockere Wanten. Wenn die Wanten in Lee schlackern, ermüden sie schneller, und das Rigg muss wechselseitige Spitzenbelastungen ertragen. Das tritt besonders bei gepfeilten Mehrsalingsriggs auf. Sie sollten die Wantenspannung regelmäßig prüfen. Rümpfe deformieren etwas unter den Rigglasten, was besonders für Kunststoffboote gilt.

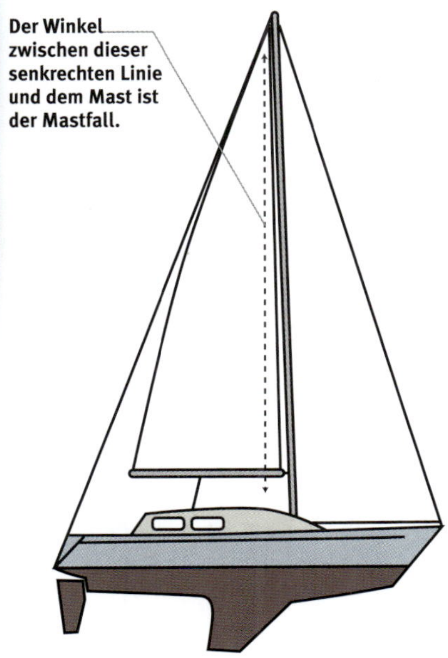

Die meisten Segelboote sind für einen leichten Mastfall zwischen zwei und fünf Grad konstruiert (rechts).

Laufendes Gut und Blöcke

Eine gute Pflege der Decksausrüstung verlängert ihre Lebensdauer und verhindert Schäden. Außerdem verursachen frei laufende Blöcke weniger Reibung, was die Segelbedienung komfortabler und sicherer macht.

Routinewartung von Blöcken

Prüfen Sie, ob die Blöcke frei laufen und dass es keine Schäden an den Rollen, Seitenwänden oder den Befestigungspunkten gibt. Blöcke sollten regelmäßig mit Frischwasser gespült werden, um Salz und Dreck zu entfernen. Gute moderne Blöcke haben Lager aus Torlon, einem belastbaren, selbstschmierenden Kunststoff. Sie benötigen keine weitere Wartung. Einfach gelagerte Blöcke, bei denen die Scheibe um einen Bolzen rotiert, und solche mit Lagern aus rostfreiem Stahl laufen besser mit sparsam eingesetztem Gleitmittel aus der Sprühdose. Verwenden Sie nicht zu viel; das sammelt nur Staub und Dreck.

Die folgenden Schritte befreien festgefressene oder blockierte Blöcke:

- Spülen Sie sie mit warmem Seifenwasser. Das löst Salz und alte Fettreste und hilft fast immer.
- Schmieren Sie sie mit WD-40 oder einem vergleichbaren Öl. Bewegen Sie dabei die Scheibe hin und her, und wiederholen Sie den Vorgang, falls nötig. Öle können einige Materialien angreifen, deshalb sollten Sie sie mit warmem Seifenwasser abwaschen, sobald der Block frei läuft.
- Wenn der Block getrocknet ist, behandeln Sie ihn mit einem Gleitmittel.

Tipp

Es gibt immer noch Werften, die zu lange Fallen und Schoten mitliefern. Die zusätzlichen Stücke liegen nur im Weg, sammeln Dreck und verheddern sich. Schneiden Sie alles ab, was mehr als einen halben Meter zu lang ist.

Rollen in Mast und Baum

Verschlissene Umlenkrollen im Baum oder Mast können viele Probleme verursachen, beispielsweise eine von der Scheibe springende Leine, die sich verklemmt. Die Rolle kann auch brechen oder splittern. Falls die links beschriebenen Maßnahmen nicht helfen, wird

Abrieb an einem Genuafall, verursacht durch die Scheibe im Mast.

der Bolzen im Rollenkasten gezogen und die Scheibe ausgetauscht.

In einigen modernen Kästen sind die Bolzen verdeckt eingebaut. Dann wird an beiden Enden des Bolzens der Rollenkasten aufgebohrt, ein neuer überlanger Bolzen eingesetzt und mit Splinten gesichert. Festgefressene Bolzen lassen sich mit einem Durchschläger oder einem gleich starken Bolzen und einem Hammer herausschlagen.

Der Bolzen der Umlenkrollen für die Reffleinen wird aus dem Kasten am Ende des Baumes gezogen.

Deckslayout und Beschläge modernisieren

Beschläge werden kontinuierlich weiterentwickelt, und neue Materialien machen die Ausrüstung leichter und kompakter und dennoch robuster als ihre Vorgänger. Gleichzeitig gibt es einen Trend zu simpleren Decklayouts. Wenn Sie auf einem älteren Boot in moderne, wenig reckende Hochleistungsfasern investieren, sollten Sie die zusätzlichen Spitzenlasten bedenken, die das wenig reckende Material auf Blöcke, Klemmen und Stopper ausübt. Besonders letztere müssen meistens ebenfalls erneuert werden.

Ein moderner Block aus leichtem aber festem Kunststoff mit selbstschmierenden Kugellagern aus Torlon für leichten Lauf.

Wartung von Winschen

Winschen sind für besonders hohe Lasten konstruiert. Gut gewartet halten sie nicht nur länger, sondern bergen auch weniger das Risiko einer unerwarteten Fehlfunktion, die Crew und Schiff schaden könnte.

So funktioniert sie

Eine Winsch ist eine mechanische Vorrichtung, mit der eine Leine gezogen und gefiert bzw. ihre Spannung kontrolliert wird. In ihrer einfachsten Form handelt es sich um eine Spule mit einer Handkurbel. Die Spule wird Trommel genannt. Ein Mechanismus aus Klinken und Federn verhindert, dass die Trommel zurückläuft. Mit verschiedenen Zahnrädern wird eine Untersetzung (viel Weg, wenig Kraftaufwand) hergestellt. Aufwendigere Konstruktionen haben verschiedene Gänge und können auch elektrisch betrieben werden.

Winschen sind robuste Ausrüstungsgegenstände, aber sie müssen regelmäßig gepflegt werden. Fett kann mit der Zeit verdicken, und dann verkleben die Zahnräder. Gebrochene oder haftende Sperrklinken lassen die Winsch in die falsche Richtung laufen. Das kann gefährlich werden, wenn die Last hoch ist.

Methodisch vorgehen

Auf Fahrtenyachten sollten die Winschen einmal pro Jahr gewartet werden – auf Regattayachten, bei denen die Winschen mehr zum Einsatz kommen, noch öfter. Sie benötigen weder viel Spezialwerkzeug noch besondere Fähigkeiten, um eine Winsch zu warten, aber Sie sollten methodisch vorgehen, wenn Sie sie auseinandernehmen, und Geduld mitbringen, wenn Sie das Puzzle wieder zusammensetzen.

Bevor Sie loslegen, sollten Sie sich eine Explosionszeichnung des Herstellers besorgen und dessen Anleitung folgen – sie hat Vorrang vor den hier verallgemeinernd beschriebenen Schritten. Gute Winschen lassen sich einfach zerlegen. Sie müssen nur wenig im Bereich der Sperrklinken (die dafür sorgen, dass die Winsch nur in eine Richtung dreht) geschmiert werden. Winschen sind üblicherweise auf dem Süll und somit dicht am Wasser montiert. Stellen Sie sicher, dass Sie nichts verlieren können – Ersatz ist teuer. Tipp: Stülpen Sie einen durchsichtigen Plastikbeutel über die Trommel, dann können sich aufspringende

Die Last auf der Genuaschot einer 40 Fuß langen Fahrtenyacht kann leicht 500 kg Gewicht entsprechen. Regelmäßige Wartung ist für die Sicherheit und Leistungsfähigkeit wichtig.

Sperrklinken oder nur locker durch Harz fixierte Zahnräder während der Arbeit nicht selbstständig machen.

Auseinandernehmen

Legen Sie die Teile in der Reihenfolge des Zerlegens in eine Kunststoffwanne ins Cockpit (und nicht an Deck). Alle Teile werden mit einer Zahnbürste und Petroleum oder einem anderen Lösungsmittel entfettet und gereinigt. Trocknen Sie die Komponenten mit einem sauberen, staubfreien Tuch, und schmieren Sie sie nach Herstellerinstruktionen. Nutzen Sie seewasserbeständiges Winschenfett, und übertreiben Sie nicht mit der Portionierung; eine überfettete Winsch dreht auch schlecht.

Zusammensetzen

Bauen Sie die Winsch in der umgekehrten Reihenfolge wieder zusammen, und prüfen Sie die Zahnräder auf freien Lauf. Die Sperrklinken sollten sich leicht bewegen und durch die Federn wieder automatisch in ihre geöffnete Position springen. Wenn sie nicht korrekt funktionieren, sind sie falsch eingesetzt oder sie haben zu viel oder zu wenig Schmierung. Verwenden Sie hier Öl anstatt Fett.

Laufende Pflege

- Stellen Sie sicher, dass die Winschen fest auf dem Deck, dem Aufbau oder am Mast montiert sind.
- Spülen Sie die Winschen regelmäßig ab, um Salz und somit Korrosion fernzuhalten.
- Decken Sie die Winschen im Hafen immer ab.
- Halten Sie Sperrklinken und Federn als Ersatz vor.

Fetten und pflegen

So wird eine Zweigangwinsch von Lewmar gewartet:

1 Entfernen Sie den Halteclip und die Trommel von der Winsch.

2 Nehmen Sie für die Reinigung das Nadellager von der Winsch.

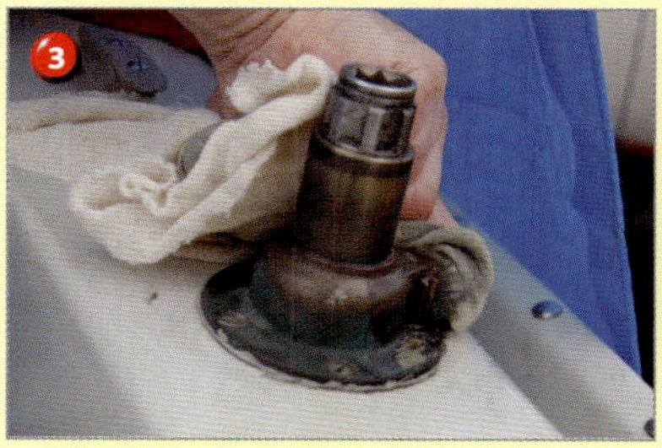

3 Befreien Sie das Hauptgerüst mit einem Tuch von Dreck und altem Fett.

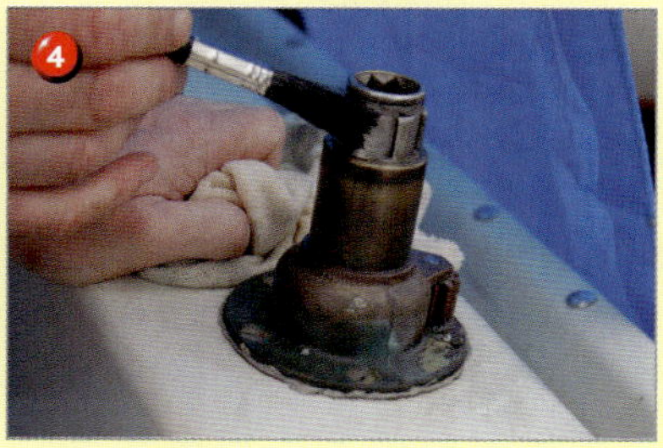

4 Reinigen Sie das Getriebe mit einer Bürste und Lösungsmittel.

5 Waschen Sie Dreck und altes Fett mit Lösungsmittel aus der Trommel.

6 Entfernen Sie die Schraube, um das Getriebe auseinanderzunehmen.

7 Entfernen Sie die Sperrklinken und deren Federn. Fetten Sie alles sparsam.

8 Bauen Sie alles wieder zusammen, und überprüfen Sie die Funktion.

Rollreffanlagen

Die meisten Rollreffanlagen für das Vorsegel müssen nur wenig gewartet werden. Wenn es Probleme gibt, hängen die meist mit einer schlechten Installation zusammen. Einige Rollreffanlagen haben jedoch Kugellager aus rostfreiem Stahl und brauchen Schmierung. Unabhängig vom Produkt ist es wichtig, das System zu verstehen und die typischen Fehler beheben zu können.

Prüfen Sie den Toppwirbel: Er muss sich frei drehen können. Beachten Sie den Spezialschäkel, der das Fall richtig führt.

Fallensalat

Ein um den Toppwirbel gewickeltes Fall ist wahrscheinlich das größte Problem, das Ihnen begegnen wird. Mögliche Gründe sind:

- Das Vorstag oder das Fall hängt zu stark durch.
- Das Luvliek ist zu kurz, wodurch der Wirbel zu weit unten ist.
- Durch einen falschen Schäkel am Genuafall reibt das Fall am Wirbel.
- Das Fall verläuft parallel zum Vorstag. Es muss in einem Winkel von fünf bis zehn Grad abzweigen.

Mehr Spannung auf dem Achterstag beziehungsweise auf dem Fall sollte die ersten beiden Probleme beheben. Ein Stropp zwischen dem Kopf des zu kurzen Segels und dem Wirbel kann ebenfalls helfen. Dem zum Vorstag parallel laufenden Fall lässt sich durch ein Führungsauge an der Mastvorderseite der richtige Winkel aufzwingen.

Routinewartung

Diese variiert je nach dem Material der Lager. Torlon und Delrin müssen nur während der Saison regelmäßig gespült werden. Modelle mit Lagern aus rostfreiem Stahl erfordern eine jährliche Fettung. Die höherwertigen Typen haben geschlossene Lager,

Demontage des Vorstags: Das Rigg wird von den Fallen gehalten, die am Bugbeschlag befestigt sind.

die nur an bestimmten Punkten geschmiert werden.

Falls ein Lager aus rostfreiem Stahl nicht geschlossen ist, sollte es mit Petroleum oder WD-40 von altem Fett und Dreck gereinigt werden, dann folgt eine Spülung mit warmem Seifenwasser. Wenn alles trocken ist, wird wasserfestes Fett sparsam aufgetragen.

Wickelleine ersetzen

Wenn das Segel angeschlagen ist, rollen Sie es um das Vorstagsprofil und ziehen die gesamte Wickelleine raus, sodass die Trommel leer ist. Dann lösen Sie die Knoten auf beiden Seiten der alten Leine und befestigen die neue.

Wenn das Segel nicht gesetzt ist, müssen Sie beim Abwickeln der Leine die Umdrehungen zählen. Wenn die neue Leine befestigt ist, drehen Sie das Profil (achten Sie auf die korrekte Richtung) analog zu der Anzahl der abgewickelten Umdrehungen.

Wenn das Segel komplett aufgerollt ist und auch die Schoten mehrfach um das Segel geschlungen sind, sollten immer noch fünf Umdrehungen auf der Wickeltrommel liegen. Diese werden benötigt, wenn das Segel im Hafen viel Wind ausgesetzt ist. Falls zu wenige Wicklungen auf der Trommel sind, nehmen Sie die Schoten ab und drehen das Profil so lange, bis es ausreicht.

Die Nut im Profil muss zum Vorliek der Genua passen, worauf der Segelmacher bei der Auswahl seines Vorliekstreifens achten muss. Ein zu dicker Streifen wird das Setzen des Segels erschweren oder gar vereiteln. Ein zu dünner Streifen wird das Segel aus der Nut springen lassen.

Prüfen Sie, ob der Vorliekstreifen gut zum Profil des Vorstages passt.

Zeichnung: Der Umlenker an der Mastvorderkante stellt den richtigen Winkel des Genuafalls zum Toppwirbel sicher.

Fallen und Großsegel-Reffsysteme

Fallen und Reffleinen müssen hin und wieder aus dem Mast und dem Baum gezogen werden, um sie zu ersetzen oder zu waschen. Sie wieder einzufädeln ist nicht allzu kompliziert. Reffsysteme sollten getestet werden, bevor man sie benötigt.

Ein kurzes Stück Draht lässt sich zu einem Haken biegen, mit dem das Fall durch den Austritt gezogen wird.

Fallen entfernen und ersetzen

Wenn ein Fall oder eine Reffleine entfernt wird, befestigen Sie eine dünne Pilotleine daran. Sie erleichtert den Austausch. Vorteilhaft ist, wenn der Takling am Fall in einer Garnschlaufe endet, an der die Pilotleine angeknotet werden kann.

Die Alternative: Sie nähen Pilotleine und Fall (oder Reffleine) mit ein paar Stichen locker auf Stoß zusammen und tapen die Verbindung ab. Sie ist leicht durch alle Rollen zu ziehen.

Ein Fall ohne Pilotleine einzuziehen ist aufwendiger. Bei gelegtem Mast hilft ein langer Draht. Mit gestelltem Rigg fädelt man zuerst eine Pilotleine mit einem Gewicht (beispielsweise mehreren Schäkelbolzen) von oben durch das Rohr und zieht diese mit einem Haken oder einem Krallengreifer aus dem Mastaustritt. Wenn eine neue Leine eingezogen wird, sollten die anderen gespannt sein, damit sich nichts vertörnt. Viele Einleinen-Reffsysteme sind im Baum mit Blöcken untersetzt, also funktioniert der Austausch der Reffleinen nur mit Pilotleine. Ansonsten müssen Sie einen der Rollenkästen demontieren.

Systeme verbessern

Eine der beliebtesten Modernisierungen des Deckslayouts ist das Umlen-

Um bei gelegtem Mast ohne Pilotleine ein Fall einzuziehen, nutzen Sie einen langen Stahldraht, an dem das Fall befestigt wird.

ken aller Fallen und Strecker ins Cockpit. Dies funktioniert mit einem Einleinen-Reffsystem am besten. Oder die vordere Reffkausch am Mast wird mit einer separaten, ebenfalls nach achtern umgelenkten Reffleine justiert. Ansonsten muss für das Manöver weiterhin jemand nach vorn und die Kausch einhaken. Nach achtern geführte Leinen bedeuten mehr Reibung, also investieren Sie in gute Blöcke und achten Sie auf möglichst große Umlenkwinkel.

Ganz gleich, welches Reffsystem Sie an Bord haben: Sie müssen prüfen, ob es tadellos funktioniert, bevor es zum Einsatz kommt. Der Test funktioniert am besten mit dem Bug im Wind und sollte zum Anfang der Saison durchgeführt werden, sobald das Großsegel angeschlagen wurde.

Rollreffmasten

Die meisten Probleme mit Rollreffmasten entstehen durch eine zu geringe Achterliekspannung während des Manövers. Das lässt sich durch weniger Zug auf der Dirk oder mehr Zug auf dem Baumniederholer abstellen. Die Routinewartung beinhaltet das Spülen mit Frischwasser und die jährliche Schmierung nach Herstellerangaben. Wenn das System mit den Jahren zunehmend schlechter funktioniert, sollte es zerlegt und die beweglichen Teile mit Lösungsmittel gereinigt sowie neu gefettet werden.

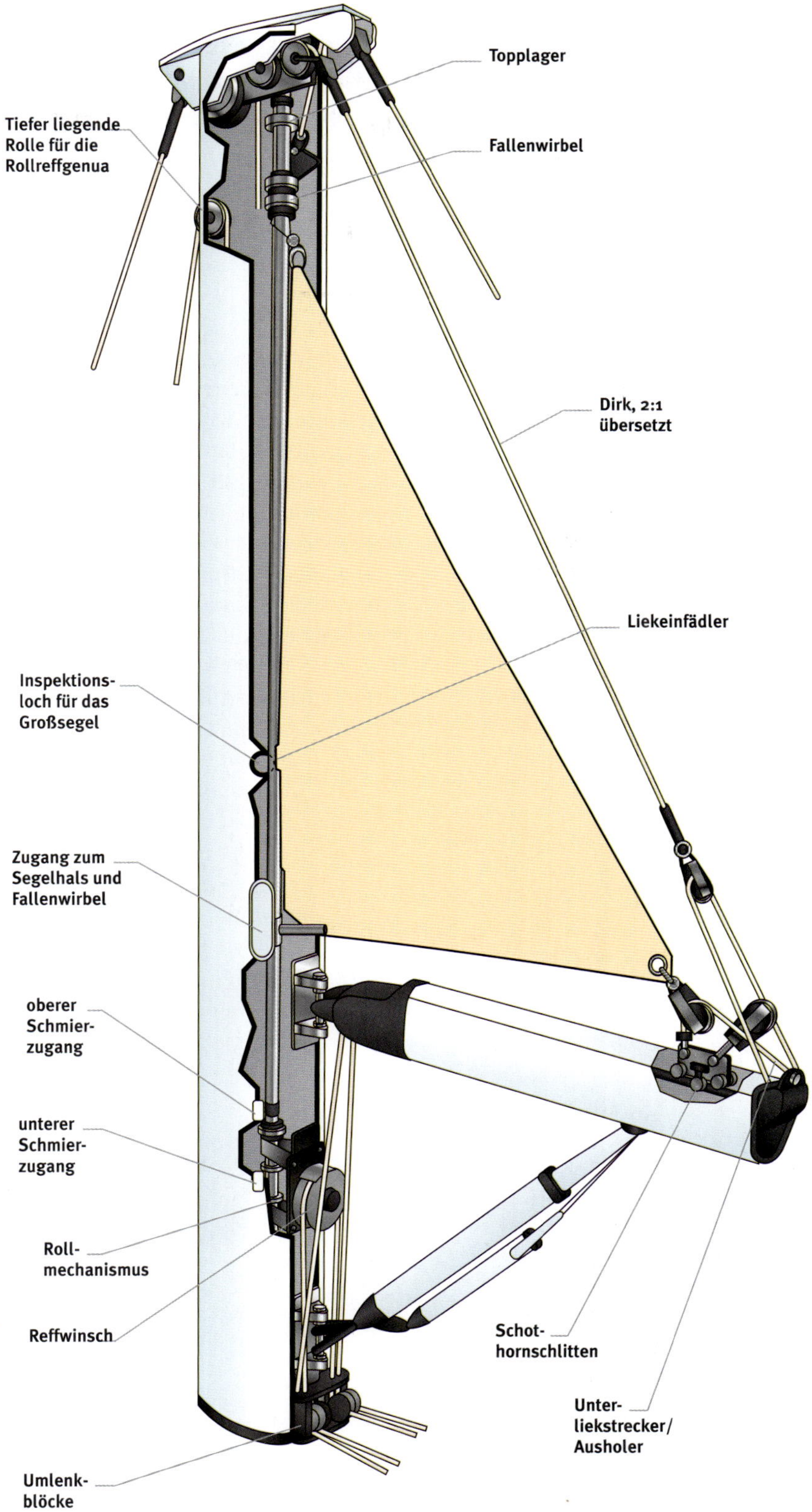

Damit das Manöver klappt, muss beim Reffen mit Rollreffmasten der Baum in einem bestimmten Winkel zum Mast stehen.

Segelpflege

Korrekt stehende Tücher sind die Grundvoraussetzung für gute Segeleigenschaften eines Bootes. Sie sollten deshalb wissen, was den Segeln schadet und was ihnen nützt, damit sie so lange wie möglich ihr Profil und ihre Belastbarkeit beibehalten.

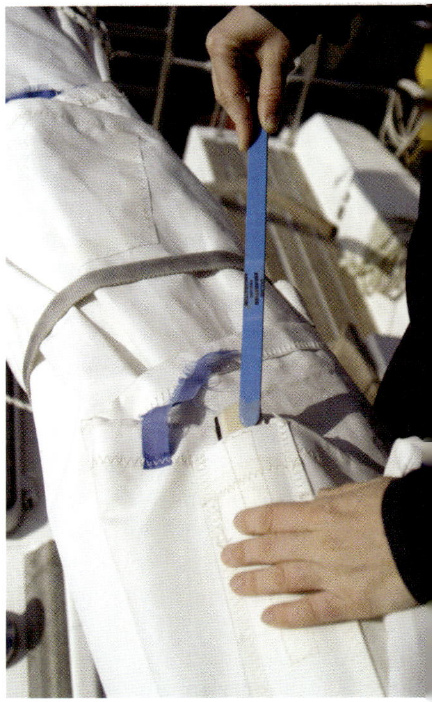

Moderne Segel sind meist mit Klettband-Lattentaschen ausgestattet. Mit einer Stopflatte wird die Verbindung gelöst.

Knicken, Flattern und UV-Strahlung

Harte Falten und Knicke reduzieren die Belastbarkeit eines Segels und erhöhen die Dehnung. Wenn ein Segel schlägt oder flattert, können die Fasern brechen. Dacron-Segel sind, um die Dehnung zu reduzieren, mit Harz imprägniert, das ebenfalls brechen kann, wenn das Segel schlägt oder hart geknickt wird. Besonders schädlich ist das Motoren mit flatternden Segeln.

Ultraviolette Strahlen bereiten ebenfalls große Probleme. Sie schwächen das Tuch und können die Segel zerstören, selbst wenn sie wenig benutzt werden. Ein UV-Schutz auf der Rollgenua, besser eine Persenning sowie ein gutes Kleid für das Großsegel sind somit essentiell. Moderne Lazy-Bag-Systeme verführen zu Nachlässigkeit. Die beiden Tuchteile müssen geschlossen werden, wenn das Segel geborgen wurde. Wenn der Lazy Bag nicht das gesamte Segel abdeckt, muss dieser frei liegende Bereich ebenfalls geschützt werden.

Lagerung

Jollen- und Regattasegler auf kleineren Kielbooten rollen ihre Segel auf und lösen die Latten – das sind Maßnahmen, die ein Segel schonen. Falls genug Platz für die Lagerung vorhanden ist, lässt sich diese Methode auch bei größeren Yachten anwenden. Ansonsten müssen Segel in großen Buchten gefaltet und anschließend locker aufgerollt werden, beispielsweise vom Schothorn aus. Das Bündel wird deutlich kleiner als eine Rolle oder ein gefaltetes Segel in voller Unterlieklänge.

Bei vielen modernen Segeln werden die Latten mit Klettband gehalten und gespannt. Bevor sie entnommen werden können, muss die Klettverbindung mit einer kurzen Stopflatte getrennt werden. In vielen älteren Segeln sind die Latten gelascht oder eingenäht. Latten in sehr großen Segeln werden

Am besten werden Segel gerollt. Dabei entstehen keine Falten oder Knicke.

oft mit geschraubten Endbeschlägen gesichert und gespannt, die gelöst werden müssen. Generell sollten Segel trocken, gut belüftet und frei von Ungeziefer gelagert werden.

Reinigung

Segel sollten regelmäßig mit Frischwasser von Salz befreit werden. Einmal im Jahr empfiehlt sich auch eine Handwäsche mit Wasserschlauch, weicher Bürste und sanftem Reiniger. Profis bieten verschiedene Reinigungsmethoden an, von denen die meisten Segelmacher jedoch abraten. Einige waschen Segel in großen Bottichen, aber das lässt die Segel zerknittern. Andere reinigen die Tücher flach liegend, was schonender ist.

Schadfrei trocknen

Lassen Sie Segel beim Trocknen niemals flattern. Die beste Methode ist, an einem trockenen Tag segeln zu gehen oder die Segel bei wenig Wind auf dem Liegeplatz zu setzen und dabei nicht schlagen zu lassen. Wenn sie an Land trocknen sollen, müssen sie aufgehängt werden. Legen Sie die Segel wegen Ungeziefer und Bakterien nicht auf Gras.

Die beste Methode zum Trocknen ist Segeln oder das Segel am Liegeplatz geschotet zu setzen (oben).

Größere Segel werden erst gefaltet und dann gerollt. Das gelingt am besten auf dem Steg (links).

Segel und Lieken reparieren

Wer seine Segel regelmäßig einschließlich aller Nähte und Details inspiziert, kann viel Zeit und Geld sparen. Kleine Schadstellen, die bei der Kontrolle auffallen, können im Gegensatz zu großen Folgeschäden meist mit wenig Aufwand repariert werden.

Lastverteilung

Wer ein Segel reparieren will, sollte wissen, wie die Verteilung der Lasten im Material verläuft (siehe Zeichnung unten). In gering belasteten Bereichen genügt oft selbstklebendes Dacron oder Klebeband auf beiden Seiten als dauerhafte Reparatur. Wenn diese Flicken lange halten sollen, muss das Tuch vorher mit Frischwasser gereinigt und mit Azeton entfettet werden. Wichtig sind auch abgerundete Ecken: Dann verteilt sich die Last besser. Für einige Laminattuche sind Stiche eher schädlich; dann ist ein geklebter Flicken ohnehin die richtige Reparaturmethode.

Lastverteilungen im Vor- und im Großsegel. Achterlieken und Schothörner tragen am meisten, die Mitte am wenigsten.

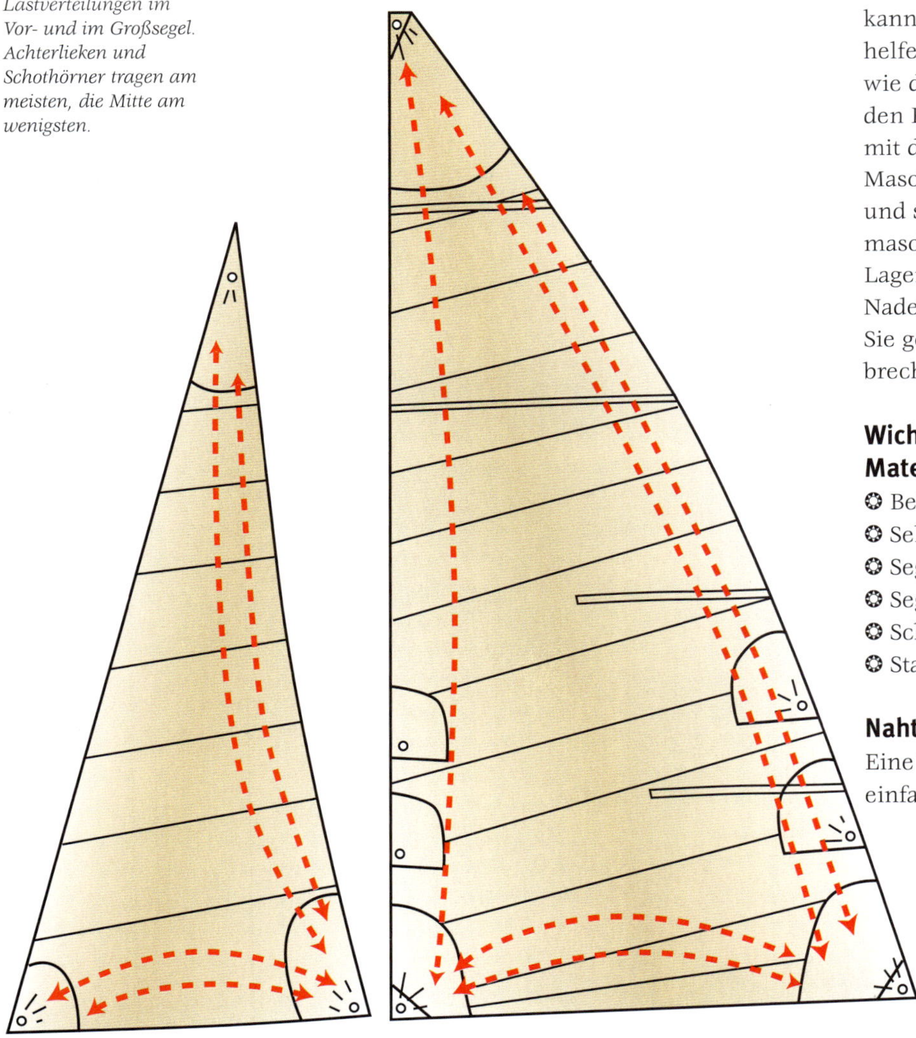

Tipp

Die richtige Größe der Nadel ist wichtig. Die meisten Sets der Segelmachernadeln sind auf die Reparatur von Liektauen und für Taklinge ausgelegt. Wenn Ihr Segeltuch nicht ausgesprochen dick ist, benutzen Sie lieber kleinere Nadeln für das Tuch.

Ein Schaden in hoch belasteten Bereichen dürfte eine genähte Reparatur erzwingen, aber auch hier kann selbstklebendes Segeltuch helfen, wenn es aus derselben Stärke wie das Segel besteht. Die Naht an den Kanten des Flickens lässt sich mit der Hand nähen, aber eine Maschine erledigt den Job schneller und sauberer. Viele Haushaltsnähmaschinen schaffen zwei bis drei Lagen Dacron, wenn eine kräftige Nadel zum Einsatz kommt. Halten Sie genug in Reserve, falls die Nadel brechen sollte.

Wichtiges Werkzeug und Materialien

- Beidseitiges Klebeband
- Selbstklebendes Segeltuch
- Segelmachernadeln
- Segelmacherhandschuhe
- Scharfe Schere
- Starkes Polyestergarn

Naht von Hand nähen

Eine beschädigte Naht lässt sich einfach mit der Hand unter Wiederverwendung der alten Löcher nachnähen. Doppelseitiges Klebeband hält die losen Teile während der Reparatur zusammen, ohne dass sich Falten bilden können.

Liektauke können auf kurzen Stücken wieder am Liek festgenäht werden, indem man durch sie hindurchsticht. Wenn sich jedoch ein langer Teil des Taus gelöst hat, lässt das auf ein stark geschwächtes Segeltuch schließen. Die beste Lösung ist dann ein Flicken, der von der einen Seite des Segels um das Tau herum zur anderen Seite genäht wird.

Falls Gattchen beginnen, aus dem Segel zu reißen, sollten sie entfernt, das Tuch verstärkt und neue Gattchen eingeschlagen werden. Eine Schnellreparatur wäre, Garn rund um das Gattchen zu nähen und

Liektaue können per Hand wieder festgenäht werden. Jeder Stich sollte durch die Mitte des Tauwerks erfolgen.

Eine Naht nachnähen

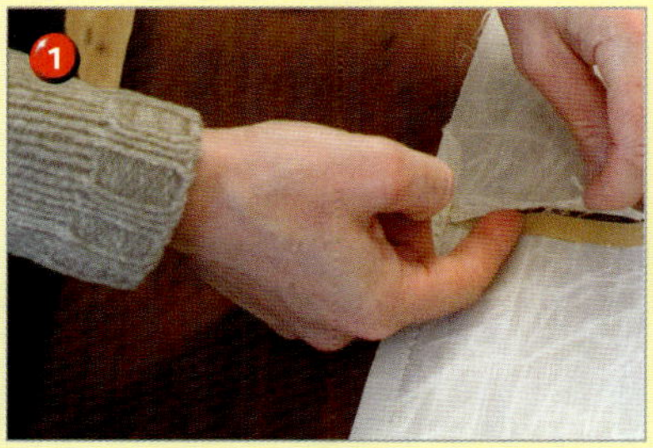

1 Verwenden Sie beidseitiges Klebeband für die Positionierung während der Reparatur.

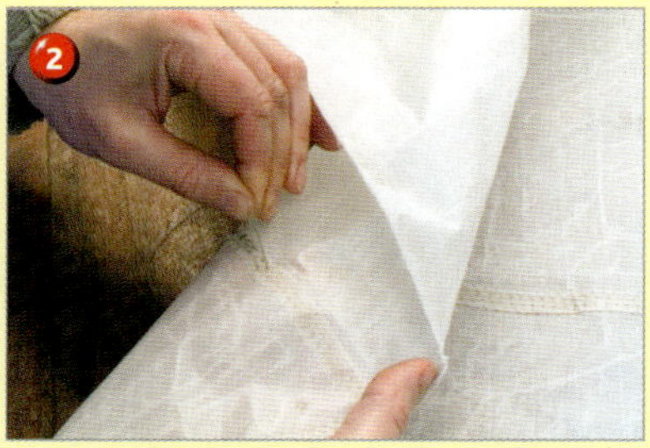

2 Fixieren Sie das Garn mit drei oder vier Stichen durch vorhandene Löcher.

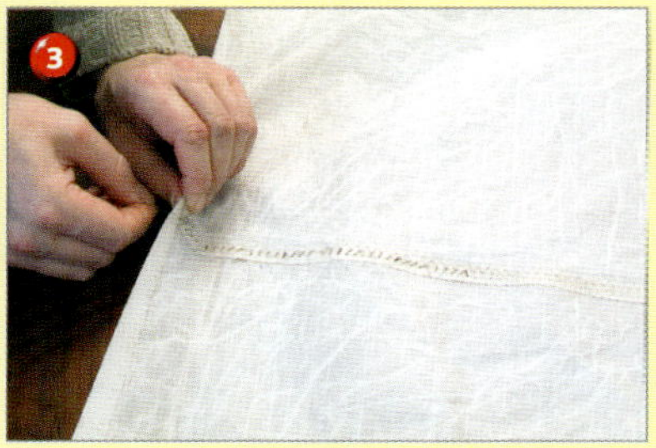

3 Arbeiten Sie an der Naht entlang, und nutzen Sie falls möglich existierende Löcher.

4 Nähen Sie in der Gegenrichtung, um die andere Hälfte des Zick-Zacks zu beenden.

dabei durch gesundes Tuch zu stechen. Größere Kauschen, die große Lasten aufnehmen, muss jedoch der Segelmacher hydraulisch einpressen.

Spinnaker und Gennaker

Kleine Risse und Löcher im Nylonmaterial eines Raumschotsegels lassen sich mit selbstklebendem Tuch reparieren. Größere Löcher erfordern einen Flicken aus Nylon, der mit der Nähmaschine fixiert wird.

Segel anschlagen und schützen

Früher wurden alle Segel nach jedem Törn gefaltet. Heute ist das eine Aufgabe, die durch die allgegenwärtigen Rollanlagen auf vielen Booten nur noch einmal pro Saison ansteht. Der Eigner sollte sich aber nicht nur mit den üblichen Segeln auskennen, sondern auch wissen, wie die Sturmsegel benutzt werden. Dies kann von Boot zu Boot variieren.

Großsegel mit Bindereff

Schlagen Sie zuerst das Unterliek an. Fädeln Sie das Liektau in die Nut oder Schiene auf dem Baum von vorn ein. Ziehen Sie das Segel nach hinten, bis Sie den Hals einschäkeln können, und befestigen Sie dann den Unterliekstrecker. Bei Segeln mit losem Unterliek gibt es meist einen Rutscher, der eingefädelt werden muss, oder ein langes Klettband, das um den Baum geschlungen wird.

Die meisten Masten haben eine verschraubte Öffnung in der Nut etwas oberhalb des Lümmellagers. Beginnen Sie mit den unteren Rutschern und arbeiten Sie sich weiter nach oben, bis alle in der Mastnut sitzen. Stecken Sie nun die Latten in ihre Taschen und bringen Sie die Sicherung an. Für Klettbandtaschen nutzen Sie eine kurze Stopflatte (siehe S. 242). Führen Sie nun die Reffleinen durch ihre Kauschen oder Blöcke im Segel, und knoten Sie sie am Baum fest. Nun kann das Segel gefaltet oder gerollt und mit Zeisingen fixiert werden.

Großsegel mit Rollreff

Zum Anschlagen des Segels sollte der Bug in den Wind weisen. Schäkeln Sie den Ausholblock an das

Proben Sie den Ernstfall. Setzen Sie an einem ruhigen Tag Ihre Sturmsegel, und prüfen Sie auch die Schotpunkte an Deck.

Wer auf einen Unterliekstrecker verzichten will, lascht das Schothorn mit einem kräftigen Bändsel fest.

Großsegel anschlagen

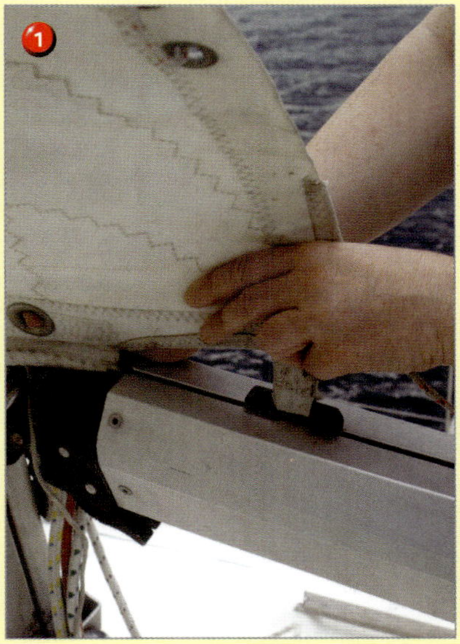

Fädeln Sie das Liektau und/oder den Schlitten in die Nut und ziehen Sie das Schothorn bis zum Ende des Baumes.

Knoten Sie den Hals am Lümmellager fest. Oft kommt hier auch ein Schäkel zum Einsatz.

Stecken Sie die Rutscher in die Mastnut. Beginnen Sie von unten, wenn der Platz unter der Öffnung ausreicht.

Schothorn und den Kopf an den Fallenschlitten. Führen Sie das Liektau in die Nut des Wickelprofils und setzen Sie das Segel bis auf die unteren zwei Meter. Einige Systeme erfordern, dass Sie den unteren Teil des Vorlieks von oben in das Profil ziehen. Nun befestigen Sie den Hals, bringen das Fall auf Spannung und rollen das Segel ein.

Vorsegel mit Rollreff

- Schäkeln Sie den Hals an der Trommel fest.
- Knoten Sie die Schoten mit einem Palstek an.
- Führen Sie das Liektau am Segelkopf durch den Vorfädler (falls vorhanden).
- Schäkeln Sie das Segel und das Fall am Toppwirbel fest.
- Führen Sie das Vorliek in das Profilvorstag ein.
- Setzen Sie das Segel. Eine Person zieht das Fall, die andere füttert das Vorliek nach.
- Bringen Sie etwas Spannung auf das Fall.
- Rollen Sie das Segel inklusive zweier Törns der Schoten ein.
- Fixieren Sie die Wickelleine.

Vorsegel mit Stagreitern

Mit Stagreitern gefahrene Segel werden ebenfalls zuerst am Hals und am Schothorn befestigt. Dann bringen Sie die Stagreiter an, von oben nach unten. Nun kann das Segel gefaltet und an der Seereling verzurrt werden. Sturmsegel kommen eher selten zum Einsatz, umso wichtiger ist zu wissen, wie sie gesetzt und effektiv geschotet werden. Das möchten Sie gewiss nicht zum ersten Mal bei Starkwind oder Sturm austüfteln. Proben Sie das gleich zum Anfang der Saison bei moderaten Bedingungen.

Persenninge

Segelkleider sind selbsterklärend im Gebrauch und in ihren Befestigungen. Wichtig ist aber, dass alles gut sitzt und sich auch bei Sturm nicht losreißen kann; sonst gibt es Folgeschäden.

Pflege von Jollen

10

Regelmäßige Kontrollen

Jollen werden teilweise bei rauen Bedingungen bewegt. Wind, Wellen und Salzwasser können Abriebs- und Korrosionsschäden verursachen. Wer sein Boot regelmäßig pflegt, kann dennoch sorgenfrei segeln.

Sämtliche Segel (einschließlich des Spinnakers), der Rumpf, das Ruder, das Schwert sowie die Beschläge müssen kontrolliert werden.

Segel

Jedes Segel kann beschädigt werden, vor allem beim harten Regattaeinsatz. Kontrollieren Sie die Groß- und Vorsegel auf Schäden, bevor sie über den Winter eingelagert werden. Das Tuch mit klarem Wasser abspülen oder in kaltem Wasser mit Seifenflocken reinigen. Wenn Risse nicht selbst geflickt werden können: auf zum Segelmacher!

Vor allem Spinnaker sind leichte Segel, die beim Bergen in Trompeten schnell beschädigt werden können. Also sollten kleine Löcher geflickt werden, bevor das Segel in den Sack wandert und aus einem Löchlein später ein Riss wird. Selbstklebendes Spinnakertuch hilft, Katastrophen zu vermeiden. Beim Kleben bitte beachten, dass die Ecken des Flickens abgerundet und die Luft unter dem Flicken herausgestrichen wird.

Rumpf, Schwert und Ruder

Manchmal kann man beim Jollensegeln härtere Einschläge am Rumpf nicht vermeiden. Ernsthafte Schäden müssen immer professionell repariert werden. Im Schleuderverfahren aus Kunststoff hergestellte Boote können erstaunlich viel ab und tragen oft nur Kratzer davon. Dennoch gilt: Schäden sofort beseitigen, bevor Wasser in den Rumpf dringt.

GFK-Jollen verzeihen eine raue Behandlung weniger. Auch kleine Schäden sollten unverzüglich repariert werden, damit keine Feuchtigkeit in das Laminat eindringt, die später nur schwierig wieder entfernt werden kann. Ruder und Schwert sollten ebenfalls sofort kontrolliert

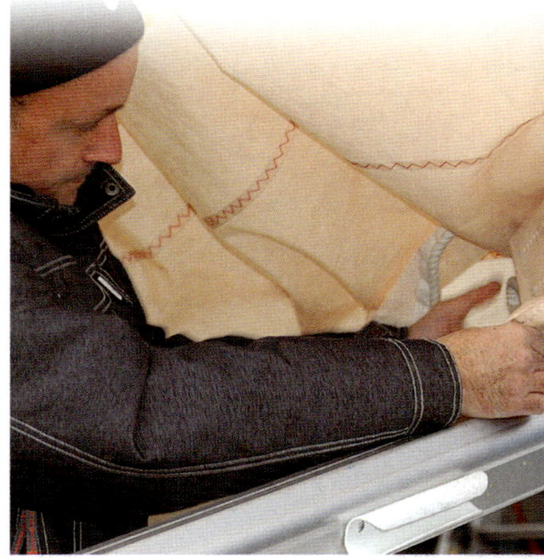

Am Saisonende die Segel auf Risse und Löcher kontrollieren, bevor sie eingelagert werden.

werden. Sind sie beschädigt, müssen sie mit Spezialmaterialien wie angedicktem Epoxidspachtel oder Gelcoat-Paste repariert werden. Dabei immer den Anweisungen des Herstellers folgen! Anschließend schleifen und die Originalfarbe auftragen.

Riggdrähte

Draht kann knicken und brechen und damit die Belastbarkeit des stehenden Gutes beeinträchtigen. Deshalb sollten Sie Wanten und Drahtfallen einschließlich der Terminals am Draht der Rollfock häufig kontrollieren. Zum Schutz der Segel scharfe Ecken und Splinte mit Tape umwickeln.

Beschläge

Klemmen, Rollen und Stopper können unter Salzwasser enorm leiden, deshalb sollten sie regelmäßig mit klarem Wasser gespült werden. Silikonspray schützt ebenfalls. Wirklich gammelige Beschläge sollten ausgetauscht werden.

Jollen, mit denen regelmäßig Regatten gesegelt werden, verschleißen schneller. Deswegen Segel, Rigg und Beschläge häufiger kontrollieren.

Dies sind die wichtigsten Teile einer Jolle, die besonders aufmerksam gewartet werden sollten.

Reparatur von Rumpf und Deck

Beim Bau von Jollen spielen vor allem drei Materialien eine Rolle: Holz, GFK und geschleuderter Kunststoff. Manchmal werden mehrere Werkstoffe in einem Boot kombiniert, das zum Beispiel einen GFK-Rumpf und ein Holzdeck hat. Die drei Materialien erfordern eine sehr unterschiedliche Wartung.

Kunststoffboote sind heutzutage eher industrielle Produkte als Resultate klassischen Bootsbaus.

GFK, geschleuderter Kunststoff und Holz

Glasfaserverstärkter Kunststoff (GFK) ist seit Jahrzehnten das bevorzugte Baumaterial für Jollen. Der Vorteil: Langlebigkeit und Wartungsarmut. Einige modernere Jollen sind mit Epoxidharz laminiert, damit sie über einen langen Zeitraum steif bleiben. Die Reparaturmethoden für Jollen sind dieselben wie für Yachten, bei denen Epoxidharz zum Einsatz kommt (siehe S. 62 bis 69). Seit den späten 1990er-Jahren kann auch das Schleuderverfahren zu den bevorzugten Baumethoden gezählt werden. Dabei wird eine bestimmte Menge Kunststoffgranulat (normalerweise Polyethylen) in eine Form geschüttet, die dann auf zirka 300 °C erhitzt und gedreht wird, damit der flüssige

Jede Methode, Jollen zu bauen, bringt bestimmte Pflegeanforderungen mit sich. Holzboote erfordern den meisten Aufwand.

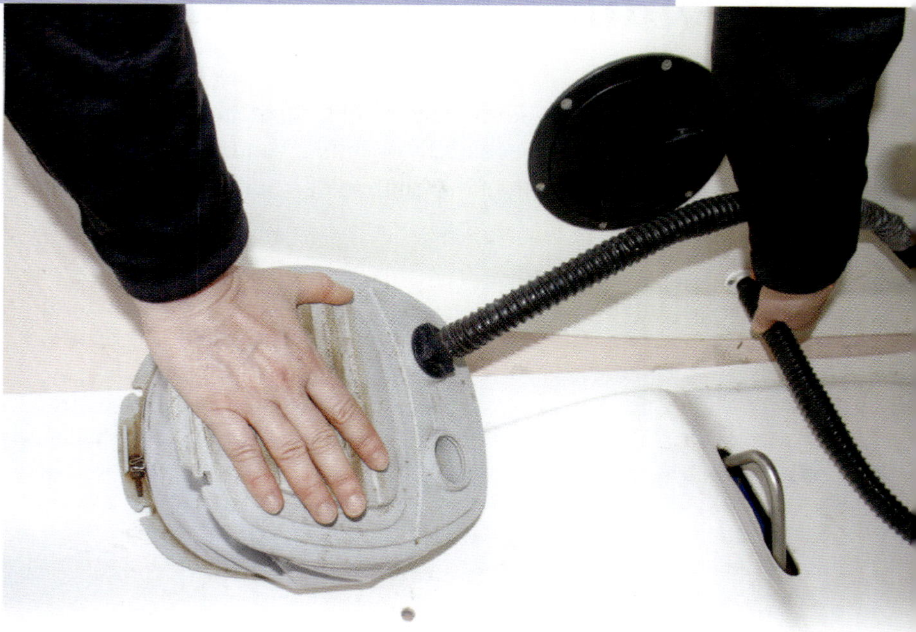

Kunststoff überall hinfließt. »Geschleuderte« Rümpfe haben den Vorteil, dass sie gegen Löcher und Kratzer fast immun sind. Aber sie sind auch schwerer als äquivalente Boote aus GFK. Der größte Nachteil dieser Boote ist, dass sie ungleich schwieriger zu reparieren sind, wenn sie doch einmal beschädigt werden. Dann ist Spezialwerkzeug und -wissen gefragt, um neues Material in die schadhafte Stelle zu injizieren.

Holzboote

Holzbootsbau schließt bei kleinen Booten die Methoden der Formverleimung und die Verarbeitung flächiger Bootsbausperrholzplatten ein. Außerdem werden Holzboote auch klassisch in Karweel- oder Klinkerbauweise aufgeplankt (siehe S. 260 und 261).

Auftriebstanks

Am einfachsten werden Lecks gefunden, indem mit Geschirrspülmittel versetztes Wasser über Ecken, Kanten, Beschläge und Decksverbindungen gewischt wird. Dann den Luftdruck mittels eines mit einem Ablassloch verbundenen Blasebalgs im Tank erhöhen. Die entweichende Luft wird auf jeden Fall das Wasser an Leckstellen Blasen werfen lassen. Beschläge, die Lecks verursachen, können einfach ersetzt werden. Stellt sich jedoch eine Tankkante als undicht heraus, hilft nur, eine Extraschicht Glasfasern auf das bestehende Material zu laminieren.

Auftriebstanks tragen entscheidend zur Sicherheit eines Bootes bei. Sie sollten deshalb mindestens einmal pro Jahr kontrolliert werden.

Beschläge richtig montieren

Meistens sind Beschläge auf Jollen einfach angeschraubt. Wenn die Schrauben durchs Deck ziehen, können sie manchmal durch Bolzen mit Muttern ersetzt werden. Nicht immer ist es jedoch möglich, die Muttern zu erreichen. Deshalb greifen Segler oft einfach zu größeren Schrauben. Aber auf Dauer ist das keine Lösung. Es ist besser, die Schraubenlöcher mit Epoxidspachtel (mit Mikrofasern angedicktes Harz) zu verfüllen. Auf diese Weise können sogar »Harzgewinde« gesetzt werden, indem die Schraube in das anziehende Harz gedreht und vor dessen Aushärten wieder entfernt wird.

Viele Beschläge halten durch Einsatz selbstsichernder Schrauben. Um zu verhindern, dass Wasser eindringt, sollten sie zusätzlich verklebt sein.

Rumpfanhänge reparieren

Ein sauberer Wasserfluss über Schwert und Ruderblatt ist wichtig, damit eine Jolle konstruktionsgemäß funktioniert und schnell segelt. Insbesondere die feinen Ecken und Kanten leiden bei Grundberührungen.

Struktur überprüfen

Schwert und Ruder älterer Jollen sind oft aus flachem Bootsbausperrholz gefräst, bei neueren Booten werden häufig GFK und Epoxid verwendet. Unter der Deckschicht verbirgt sich dann normalerweise ein Kern aus Schaum oder Wabe, der Leichtigkeit und Steifigkeit garantiert. Vor einer Reparatur muss geprüft werden, ob die Struktur des Bauteils noch in Ordnung ist. Schwerter sind dort am knickempfindlichsten, wo sie den Rumpf verlassen. Dies ist die erste Stelle, an der Haarrisse auftreten. Risse, die tiefer gehen als 10 bis 15 Prozent der Schwertdicke, sind kritisch. Sie sollten vollständig ausgekratzt und neu laminiert werden. Tauchen noch tiefere Risse auf, ist die Struktur zerstört. Das Schwert sollte ersetzt werden. Kleinere Risse können einfach mit Paste aufgefüllt werden.

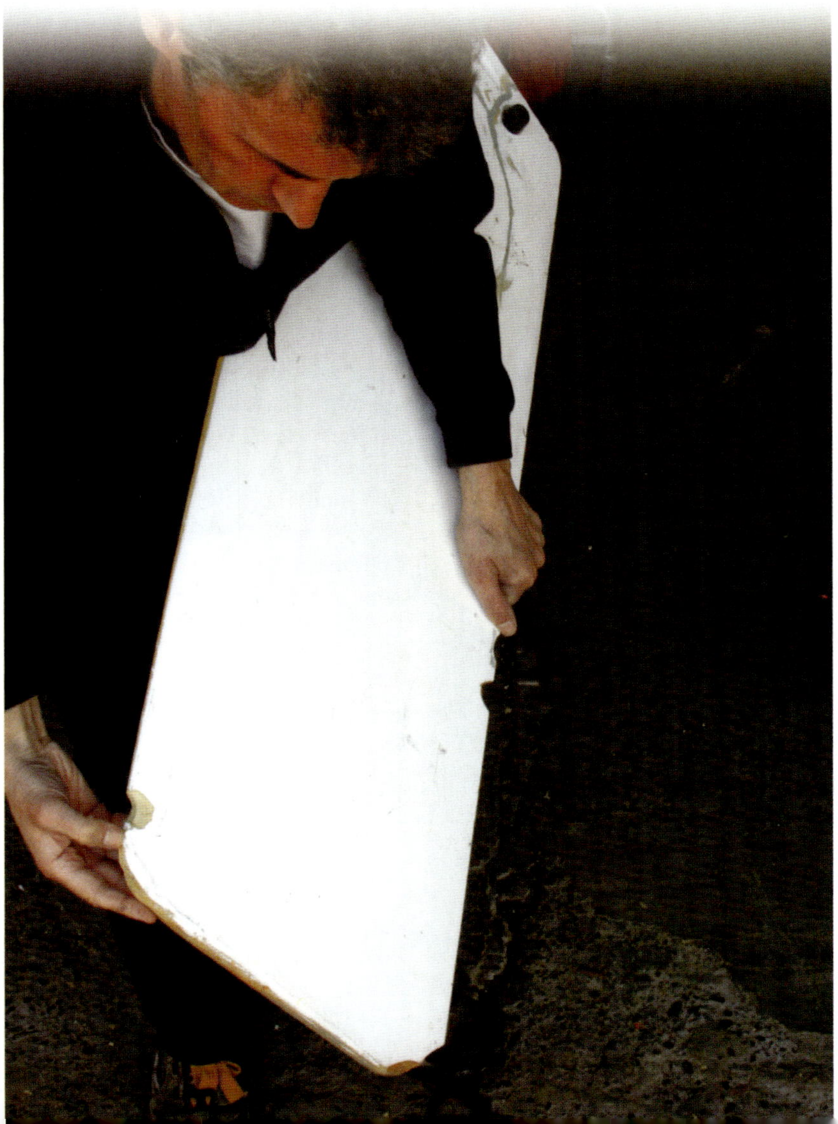

Kernmaterial überprüfen

Eine weitere Kontrolle dient der Einschätzung, ob Wasser durch die Risse in der Lackschicht bis zum Kernmaterial durchsickern konnte. Das kann die Stabilität und Steifigkeit des Schwerts gefährlich herabsetzen. Inspizieren Sie den Schaden genau, und stochern Sie in kleine Löcher mit einem Schraubendreher. Versinkt der Schraubendreher, hat der Kern wahrscheinlich Wasser gezogen. Die gleiche Kontrollmethode auch bei Ruderblättern anwenden.

Kanten reparieren

Zuerst loses Kantenmaterial mit einem scharfen Meißel entfernen, dann die Reparaturstelle gründlich reinigen und entfetten. Anschließend aus Epoxidharz und Mikroballons eine sämige Spachtelmasse anrühren, die als Allheilmittel fungiert: Mit ihr flickt man kleine Macken und Risse. Muss mehr Struktur aufgebaut werden, hilft im Harz ein 50:50-Mix aus Silicagel und Mikroballons.

Abrisskanten sind oft empfindlich und fragil. Bei größeren Schäden,

Die Macken an diesem Jollenschwert beeinträchtigen die Segelleistung und das Handling des Bootes. Sie sind jedoch einfach zu reparieren.

Ein repariertes Ruderblatt (siehe rechts), das in Form geschliffen wurde. Jetzt kann die Schadstelle neu lackiert werden.

zweieinhalb Zentimeter oder mehr in Längsschiffsrichtung, ist deshalb eine Unterstützung sinnvoll. Auch hier sind Stahlbolzen oder Schrauben zur Unterstützung der Achterkante des Schwerts das Mittel der Wahl. Der anspruchsvollste Teil der Reparatur ist eindeutig das abschließende Schleifen, um die Originalform wieder herzustellen. Hier sind Geduld und Augenmaß entscheidend. Zusätzlich kann ein Grundierungslack aus dem Pkw-Bedarf aufgesprüht werden, der unvollkommene Stellen klar markiert.

Ein beschädigtes Ruder reparieren

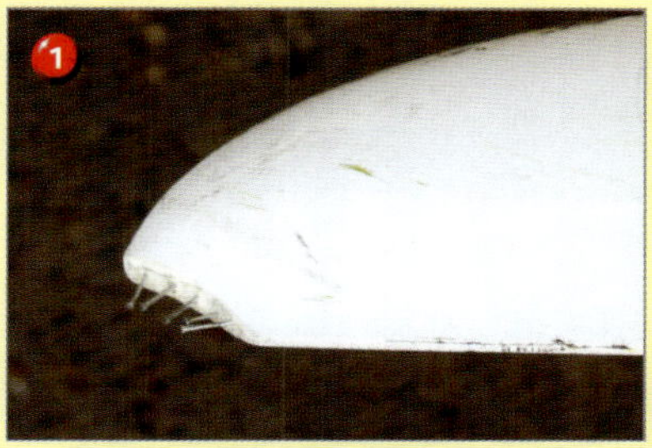

Fehlt eine Ecke am Ruder oder Schwert, muss die Struktur mit Stahlbolzen verstärkt werden.

Eine temporäre Trennschicht aus Klebeband verhindert das Absacken von Spachtelmasse.

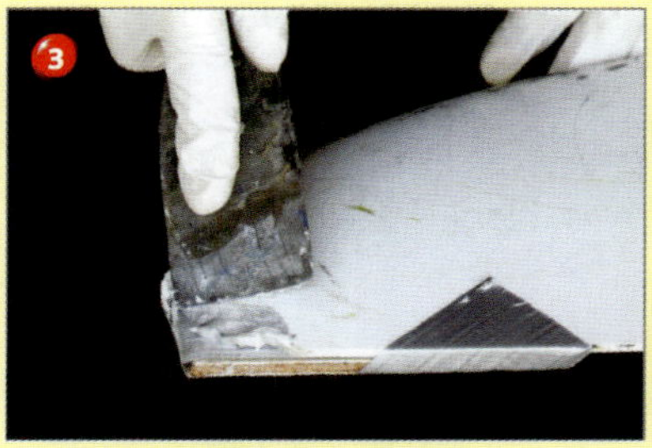

Massig auftragen: zwei oder drei Schichten pro Seite!

Den Materialauftrag abschleifen, bis das Ruder wieder seine Originalform hat.

Trailer und Persenninge

Bootstrailer werden in puncto Sicherheit leicht übersehen, die Pflegezustände sind deshalb manchmal alarmierend schlecht. Ähnlich verhält es sich mit Persenningen und Planen, obwohl sie den Werterhalt von Booten entscheidend beeinflussen.

Radlager und Bremsen

Die Radlager sind ein konstantes Problem für Trailer, die oft ins Wasser geschoben werden. Kombitrailer, die Slipwagen und Straßentrailer vereinen, sind deswegen eine sinnvolle Investition, ebenso Spezialtrailer mit geschützten Radlagern. Wenn die Lager doch einmal erneuert werden müssen, den Trailer sicher auf Stützen stellen und die Räder abnehmen. Die gewölbte Lager-Schutzkappe abbauen, ebenso die große Mutter, die durch einen Splint gesichert ist. Erst dann kann das innere und das äußere Lager von der eigentlichen Achse gezogen werden.

Altes Fett und andere harzige Schmierstoffe durch ein Vollbad der Teile in Verdünnung oder Paraffin entfernen, bevor die Lager mit wasserfestem Fett neu gefettet werden. Wichtig ist, während des Anziehens der großen Mutter das Radlager zu drehen. Wenn ein Anschlag zu erahnen ist, die Mutter eine Achtelumdrehung zurückdrehen und den Sicherungssplint wieder einstecken. Das Rad sollte sich jetzt leicht und ruckelfrei drehen lassen. Ist das nicht der Fall, sitzt die Mutter zu fest, oder das Lager ist nicht ausreichend gefettet. Bei größeren Trailern sollten außerdem die Bremssysteme jährlich überprüft werden. Wenn die Räder im Wasser waren, müssen sämtliche Schmiernippel eine gute Portion wasserfestes Fett aus einer Fettpresse bekommen. Zweimal jährlich sollten Trailer auf Rost kontrolliert werden. Sämtliche Roststellen sollten geschliffen und versiegelt werden.

Sicherungsdrähte

Kleine, ungebremste Trailer müssen eine Sicherungsschlinge aus Draht

Bei einem Spezialtrailer mit aufschiebbarem Rollgestell werden die Radlager niemals ins Seewasser geschoben.

Persenninge regelmäßig untersuchen und Schäden bei erster Gelegenheit reparieren, bevor die Probleme größer werden.

haben, die über die Anhängerkupplung des Zugfahrzeugs gelegt wird, um im Notfall eine feste Verbindung zu gewährleisten. Bei größeren Trailern mit eingebauter Bremse sorgt die Schlinge für sofortiges mechanisches Anziehen der Bremse, falls sich der Trailer selbstständig abkuppelt.

Persenninge

Normalerweise werden Persenninge lediglich als Planen betrachtet, die Regen und Frost von Booten abhalten. Oft wird dabei ihre Funktion als UV-Blocker übersehen. Ultraviolettes Licht verursacht über die Zeit erhebliche Schäden am Boot. Die beliebtesten Materialien für Persenninge sind Polycotton und PVC. Letzteres wird oft auf Polyester laminiert oder unter Druck in das Gewebe imprägniert. Bei dem zweiten Verfahren entsteht ein leicht atmungsaktives Textil, das länger als Laminate hält, es ist aber dennoch günstiger als Mischgewebe. Für Jollen gibt es drei Arten von Persenningen. Eine Hochpersenning, die über Mast und Baum gespannt wird, bietet während der Saison Schutz, wenn das Boot aufgetakelt bleibt. Bei rigglosen Booten leistet eine Flachpersenning das Gleiche, während eine Unterpersenning den Rumpf vor Straßendreck schützt.

Wartung von Radlagern

Rad und Schutzkappe abnehmen, während der Trailer sicher auf Stützen steht.

Sicherungssplint aus der Mutter ziehen, dann die Mutter herausdrehen.

Das äußere Lager abziehen. Dann die Kappe von der Achse ziehen, um ans innere Lager zu gelangen.

Lager neu fetten. Wichtig: langsam drehen, während die Mutter angezogen wird.

Schlauchboote

Aufblasbare Boote müssen sich unter harschen Bedingungen behaupten. Ihr Einsatz bedingt jedoch eine leichte und flexible Bauweise. Trotz dieses Widerspruchs können qualitativ hochwertige Beiboote bei guter Pflege lange halten.

Schlauchmaterial

Zwei Grundmaterialien werden für die Herstellung der meisten Beiboote verwendet: Hypalon und PVC. Hypalon gilt weitgehend als die bessere Wahl, weil es für seine Langlebigkeit bekannt ist. Viele dreißig Jahre alte Hypalon-Boote leisten noch einen guten Dienst. Vinyl ist günstiger, aber anfälliger für ultraviolette Strahlung, und Reparaturen der glatten Oberfläche sind schwieriger. Bei billigen Beibooten aus PVC sind die Nähte nur verklebt, bei höherwertigen Modellen sind sie verschweißt, was sie ähnlich langlebig wie Boote aus Hypalon macht.

Pflege der Schläuche

Abrieb ist der größte Feind von Schläuchen. Deshalb sollten Beiboote an der Slipbahn nicht über den Boden geschleift werden, Abrieb ist sonst programmiert. Wenn das Beiboot an Bord verpackt wird, werden kleine Ecken, an denen das Material scheuert, oft übersehen. Bewegt sich die Verbindung vom großen zum kleinen Boot bei Schwerwetter, gibt es garantiert Probleme mit Abrieb.

Ultraviolettes Licht schadet insbesondere Beibooten aus PVC. Also, wenn möglich, das Boot nie über längere Zeiträume dem Sonnenlicht aussetzen.

Ein Löffel ist ein ideales Werkzeug, um Luftblasen unter einem Flicken auf einem Schlauchboot herauszustreichen und ihn zu glätten.

Viel Verschleiß findet sich oft an der Verbindungsnaht zwischen Schläuchen und fester Heckplatte. Dieses Beiboot ist deshalb in diesem Bereich besonders verstärkt.

Beide Schläuche und den Boden regelmäßig auf Schäden kontrollieren.

Bevor ein Beiboot eingelagert wird, sollten Sie es gründlich mit klarem Wasser reinigen. Im harten Bordalltag werden Boote oft in die hinterste Ecke der kleinsten Backskiste gequetscht. Das fördert zweifellos Knicke und Schwächen im Material. Das Boot sollte möglichst an Land verstaut werden, am besten ausgerollt und leicht aufgeblasen.

Lecks reparieren

Um die Schläuche zu reparieren, werden sie aufgeblasen und mit einer leicht schäumenden Lösung aus mit Geschirrspülmittel versetztem Wasser benetzt. So entstehen garantiert in der Nähe jeglicher Lecks Blasen. Ist die undichte Stelle lokalisiert, wird der Bereich mit Sandpapier aufgeraut (etwa 100er-Körnung), anschließend gründlich gereinigt und entfettet. Idealerweise sollte die Stelle jetzt zweimal mit Methyl-Ethyl-Keton (MEK) gereinigt werden, Aceton reicht für weniger kritische Stellen auch. Wichtig: das für die Oberfläche richtige Reparaturset benutzen und die Anweisungen zur Verarbeitung genau befolgen. Niedrige Luftfeuchtigkeit und moderate Temperaturen (15 bis 23 °C) sind ebenso wichtig, damit die Reparatur lange hält. Üblicherweise ist die Haltbarkeit des Klebers begrenzt: Ein Jahr ist keine Seltenheit. Außerdem absorbieren geöffnete Dosen Wasser, also sollte man einmal geöffnete Gebinde nicht für späteren Gebrauch aufbewahren. Wenn kein Reparaturset an Bord ist, kann ein Schaden provisorisch mit Sikaflex 291 behoben werden.

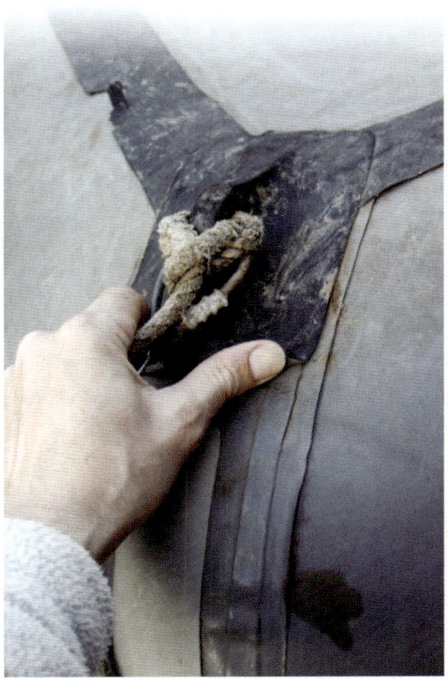

Die Heckpartie eines Beibootes wird schnell ramponiert, wenn es mit dem Spiegel auf der Slipbahn schleift (ganz links).

Überprüfen Sie regelmäßig, ob der Aufhängepunkt für die Vorleine fest mit dem Boot verbunden ist (links).

Pflege von Holzjollen

Holzboote verlangen generell mehr Pflege als Boote aus GFK oder geschleudertem Kunststoff. Die Farb- und Lackschichten müssen stets in einem guten Zustand gehalten werden, ansonsten kann Süßwasser ins Holz dringen und dort Strukturschäden verursachen.

Schäden durch Süßwasser

Vor den 1950er-Jahren wurden die meisten Jollen traditionell mit Vollholz aufgeplankt. Weil das Verfahren jedoch teuer ist, werden heute nur noch eine Handvoll Boote für Liebhaber auf diese Weise gebaut; die Sperrholzbauweise ist weitaus üblicher. Süßwasser ist der größte Feind von Holzbooten, vor allem Regenwasser ist ein ständiges Problem. Damit kein Wasser einsickert, müssen sämtliche Macken im Lack sofort behandelt werden. Eine Lage schnell trocknender Primer und eine oder zwei Schichten Topcoat reichen üblicherweise aus, um Sickerwasser eine Zeit lang vom Holz fernzuhalten.

Auf vielen Booten finden sich stark exponierte Ecken und Kanten, die im Alltag leicht abscheuern. Diese müssen gut mit Lack geschützt werden, weil sonst Wasser ins Holz dringen kann. Auf hochwertigen Booten schützen Verkleidungen aus Hartholz die Ecken und Kanten.

Persenninge

Auch die besten Persenninge lassen ein Minimum an Wasser hindurch, und wenn es nur das Rinnsal ist, das durch den Mastkragen sickert. Vor allem Holzboote sollten daher so gelagert werden, dass das Wasser jederzeit wieder entweichen kann.

Deck und Innenteile von Holzbooten verrotten schnell, wenn sie nicht ständig vor Sonne und Salzwasser geschützt werden.

Das Boot mit erhöhtem Bug abstellen, damit jegliches Wasser im Rumpf in Richtung der Lenzlöcher am Heck fließen kann.

Farb- und Lackschichten immer in gutem Zustand halten! Sämtliche kleine Macken so schnell wie möglich durch Auftupfen versiegeln.

An Land gelagerte Boote sollten mit erhobenem Bug abgestellt werden, damit Wasser aus den Lenzern fließen kann. Die Persenning sollte atmungsaktiv und so geschnitten sein, dass immer für gute Lüftung gesorgt ist.

Wird das Boot für längere Zeit nicht bewegt: umdrehen! Auf diese Weise kann sich kein Wasser sammeln und eine gute Belüftung ist gewährleistet.

Geplankte und geklinkerte Boote

Boote aus Sperrholz sollten generell möglichst trocken gehalten werden. Traditionell geklinkerte oder geplankte Boote müssen etwas Feuchtigkeit aufnehmen, damit das Holz nicht schrumpft und sich keine Spalten zwischen den Planken bilden. Liegt das Boot in Salzwasser, verhindert ein normaler Sommer bei gemäßigtem Klima bereits, dass es schrumpft. Salzwasser wirkt dann, anders als Süßwasser, wie eine mild konservierende Schicht.

Schraubenlöcher verfüllen

Ein häufiger Fehler beim Ersetzen von Beschlägen ist, die alten Schraubenlöcher nicht zu verfüllen. Dadurch kann Wasser in die Struktur des Bootes sickern. Alte Löcher sollten deshalb zumindest ausgebohrt (mit einem Bohrer, der einen etwas größeren Durchmesser hat als das Loch) und mit einem Mix aus Epoxidharz und Mikroballons aufgefüllt werden. Schöner ist es jedoch, einen Pfropfen aus Hartholz anzufertigen, der exakt in das Loch passt. Der Pfropfen wird mit Epoxid im Loch verklebt. Sobald das Harz angezogen ist, das überschüssige Material mit scharfem Beitel abschneiden.

Idealerweise wird das Boot im Winter umgedreht gelagert. So kann kein Wasser eindringen und die Luftzirkulation ist optimal.

Außenbord-motoren

11

Tipps zum Starten

Für Benzinmotoren, die mit einem Zündfunken den Kraftstoff entzünden, ist das maritime Umfeld besonders kritisch. Außenbordmotoren sind daher von Natur aus störungsanfälliger als fest eingebaute Dieselmotoren. Bei regelmäßiger Pflege können sie jedoch über Jahrzehnte zuverlässig laufen.

Außenbordmotor – Grundlagen

Große, moderne Motoren mit ausgefeilten Motormanagement-Systemen sind zuverlässig und einfach zu starten, aber ältere Modelle, insbesondere Zweitakter mit Vergasern anstelle von Kraftstoffeinspritzung, können unzuverlässig sein. In allen Fällen ist ein ordnungsgemäß gewarteter Motor leichter zu starten als ein vernachlässigter. Die Inbetriebnahme mit einem Starterseil ist bei Motoren mit moderner Technik viel einfacher. Wenn Sie nicht gerade ein Bodybuilder sind, ziehen Sie das Starterseil nicht mit Ihren Armmuskeln, sondern fassen Sie den Seilgriff mit beiden Händen und verwenden

Funktionsweise

Alle Benzinmotoren funktionieren durch Vermischen der Luft mit Kraftstoff, Verdichten der Mischung, Entzünden mit einem Funken und Entfernen der Abgase. Wenn der Motor nicht gut läuft, ist einer dieser Vorgänge beeinträchtigt. Fast alle Außenbordmotoren werden durch angesaugtes Seewasser gekühlt. Nur wenige, kleinere Modelle sind luftgekühlt. Bei Zweitakt-Motoren muss dem Kraftstoff ein Schmieröl beigemischt werden, entweder direkt in den Tank oder bei anspruchsvolleren Modellen durch automatisches Injizieren aus einem separaten Ölbehälter. Viertakt-Motoren sind komplexer und etwas schwerer als ihre Zweitakt-Konkurrenten, aber sie haben den Vorteil des geringeren Kraftstoffverbrauches und der höheren Zuverlässigkeit. Das Schmieröl befindet sich in einem separaten Ölsumpf, wie bei jedem modernen Auto. Seit 2007 unterbinden strengere Umweltauflagen in der Europäischen Union und in Nordamerika den Verkauf kleinerer Zweitakt-Motoren. Größere Modelle mit weiterentwickelter Motorsteuerung entsprachen den Vorgaben der neuen Gesetzgebung bereits.

Ein Hochleistungs-Kraftstofffilter, wie der Einbau in diesem RIB (Festrumpfschlauchboot), vermeidet durch verunreinigten Kraftstoff verursachte Probleme.

Sie Ihr Körpergewicht, um das Starterseil zu ziehen. Bei einigen Modellen muss der manuelle Choke sofort eingeschoben werden, wenn der Motor anspringt, andere Motoren bevorzugen eine progressivere Vorgehensweise. Wie Ihr eigener Motor am besten gestartet wird, können Sie nur durch Ausprobieren ermitteln.

Überflutete Vergaser

Wiederholtes, erfolgloses Starten eines Motors kann zur Kraftstoffüberflutung des Vergasers führen. Wenn der Motor nach fünf oder sechs Startversuchen nicht anspringt, stellen Sie den Choke auf die Warm-Position und öffnen Sie den Gashebel voll. Hierdurch wird mehr Luft angesaugt und das Kraftstoff-Luft-Gemisch abgemagert. Alternativ können Sie auch fünf bis zehn Minuten warten, bevor Sie den nächsten Startversuch unternehmen.

Für den echten Notfall, wenn die Sicherheit des Bootes auf dem Spiel steht, kann eine Dose Aerosolspray auf Etherbasis mitgeführt werden. Lassen Sie den Gebrauch des Start-

Wichtige Bauteile eines modernen 25-PS-Viertakt-Motors mit Elektrostarter.

Eine gute Starttechnik

Gute Technik ermöglicht bei Zugstart-Motoren ein viel einfacheres Starten. Umfassen Sie den Startgriff ganz mit beiden Händen ...

... und legen Sie sich beim Ziehen zurück. Nutzen Sie Ihr Körpergewicht sowie Ihre Armmuskeln.

Wenn es der Platz erlaubt, bewegen Sie sich weit zurück, um die volle Länge des Starterseils zu nutzen. Die meisten sind überraschend lang.

Tipps zum Starten (2)

hilfesprays aber nicht zur Gewohnheit werden. Die starken Lösungsmittel waschen das Öl von den Zylinderwandungen und beschleunigen den Verschleiß.

Größere Motoren mit Elektrostartern sind auf eine gut geladene Batterie und saubere, trockene elektrische Kontakte angewiesen. Einige kleinere Elektrostart-Motoren haben zusätzlich eine rudimentäre Zugstartvorrichtung unter der Motorabdeckung. Diese ist jedoch meistens nicht sehr stabil und nur für den Notfall vorgesehen.

Rückstandsprobleme

Benzin hat eine relativ kurze Haltbarkeit, vor allem nach dem Mischen mit Zweitaktöl. Dies kann zu Problemen bei einem Vergasermotor führen, der nur gelegentlich verwendet wird. Wenn der Kraftstoff im Vergaser verdampft, bleiben klebrige Rückstände übrig, die die Hauptdüse verstopfen. Die klassischen Symptome sind ein Motor mit Fehlzündungen und rauem Motorlauf sowie wenig Leistung auch im warmen Zustand. Etwas Verbesserung bringt das Ziehen des Choke. Die Lösung ist, den Vergaser zu zerlegen und die Düsen zu reinigen (siehe S. 270 und 271). Wenn der Motor wöchentlich genutzt oder mit der Handpumpe eines externen Kraftstoffbehälters einige Male gespült wird, treten solche Probleme seltener auf. Es empfiehlt sich, den Kraftstoff mittels Ablassschraube aus dem Vergaser zu entfernen oder den Vergaser bei abgeklemmter Kraftstoffversorgung trocken laufen zu lassen.

Kraftstofffilter und Wasserabscheider

Eine Versorgung des Motors mit sauberem Kraftstoff ist besonders wichtig, vor allem für Motoren mit Einspritzsystem. Deshalb werden Kraftstofffilter verwendet, um Schmutzteilchen zu entfernen. Wenn der Filter verstopft, ist der Motor schwer zu starten und kann keine volle Leistung bringen. Es ist daher wichtig, Ersatz-Kraftstofffilter und das entsprechende Werkzeug mitzuführen. Kleinere Motoren haben einen kleinen Kraftstofffilter unter der Motorabdeckung, während bei größeren Motoren ein großvolumiger Wechselfilter installiert ist. Einige Wechselfilter sind mit einem Wasserabscheider kombiniert, der das Wasser im Kraftstoffsystem am Boden des Abscheiders separiert.

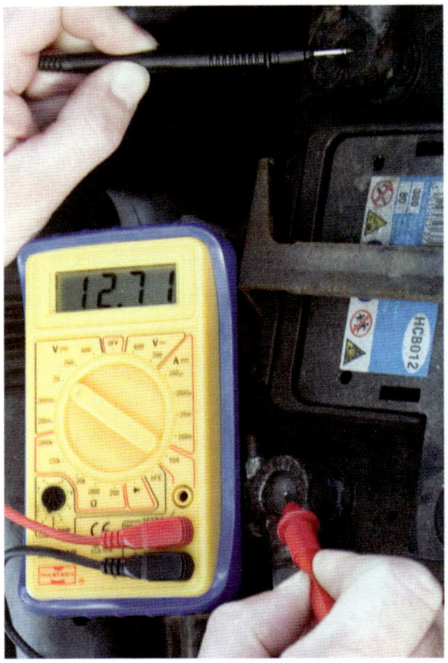

Prüfen Sie die Batterie, wenn der elektrische Anlasser nicht startet. Die Batteriespannung sollte oberhalb 12,2 Volt liegen. Unterhalb dieses Wertes muss die Batterie geladen werden.

Kontrolle des Zündfunkens

Dies ist ein schneller Weg, um festzustellen, ob ein nicht startender

Für Motoren aller Größen gelten die gleichen Methoden zur Fehlerbehebung.

Motor Probleme mit dem Kraftstoffsystem oder der Elektrik hat. Bauen Sie die Zündkerze aus (siehe S. 268 und 269) und stecken Sie das Zündkabel (Hochspannungsleitung zur Übertragung der Zündspannung an die Zündkerze) wieder auf die ausgebaute Zündkerze. Dann halten Sie die Zündkerze mit einer Zange und einem dicken Handschuh gegen den Motorblock, während Sie den Motor starten. Bei einer intakten Zündkerze sehen Sie einen dicken, blauen Zündfunken, der eine bis zu 10 mm lange Strecke überbrücken kann, oder 5 mm bei älteren Motoren ohne elektronische Zündung.

Um den Zündfunken zu kontrollieren, halten Sie die Zündkerze mit aufgestecktem Zündkabel im Abstand von 5–10 mm gegen den Motorblock, während Sie den Motor starten (oben).

Unter der Motorabdeckung eines typischen kleinen Zweitakt-Außenborders. Es lohnt sich, die wichtigsten Komponenten zu kennen (links).

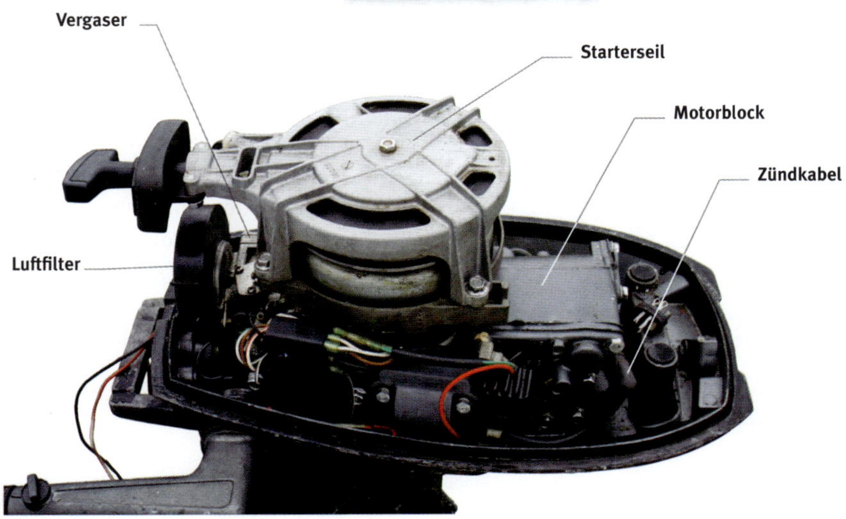

Wenn der Motor nicht läuft

Kein Motor ist unfehlbar. Ein wichtiger Grundsatz der Seemannschaft ist daher, mehr als nur eine Antriebsmöglichkeit zu haben. Auf kleineren Beibooten ergänzen Ruder den Motor. Segler verwenden die Segel, wenn der Motor ausfällt. Für größere Boote ist es sinnvoll, einen kleinen Zweitmotor mitzuführen, um im Notfall zum Hafen zurückzukehren. Wenn alle Stricke reißen, ist ein Anker eine gute Sicherung, während Sie auf Hilfe warten.

Wechsel der Zündkerzen und Scherstifte

Saubere Zündkerzen sind wichtig für eine optimale Motorleistung, während gebrochene Scherstifte oder eine beschädigte Gummi-Propellernabe die Motorleistung am Propeller reduzieren.

Zündkerzen

Zündkerzen sollten bei der regelmäßigen Inspektion getauscht oder gereinigt werden. Bei einigen älteren Zweitaktern kann es zwischen den Inspektionsterminen Probleme mit Ölschlammbildung geben, insbesondere wenn der Motor lange mit niedrigen Drehzahlen läuft. Bevor Sie die Zündkerze ausbauen, sollten Sie den Bereich um die Zündkerze reinigen, damit kein Schmutz in den Zylinder gelangt – am besten geht das mit einem alten Pinsel. Dann ziehen Sie den Kerzenstecker ab und schrauben die Zündkerze mit einem passenden Kerzenschlüssel heraus.

Der Zustand der Elektroden gibt einen nützlichen Hinweis auf den Zustand des Motors. Ideal ist eine hellbraun-graue Farbe, Zweitakter tendieren zu etwas dunkleren Elektroden. Eine weiße Elektrode deutet auf einen zu heißen Motor hin, verursacht entweder durch Kühlprobleme oder durch ein zu mageres Gemisch. Eine dunkle Farbe deutet auf ein zu fettes Gemisch oder Ölschlammbildung hin. Die Elektroden können mit Schleifpapier oder einer Drahtbürste gereinigt werden. Der Elektrodenabstand vergrößert sich mit der Zeit. Prüfen Sie den Abstand mit einer Fühlerlehre, den vorgegebenen Wert entnehmen Sie der Betriebsanleitung. Ziehen Sie die Zündkerzen beim Einbau nicht zu fest an: handfest plus eine achtel Umdrehung des Kerzenschlüssels ist ausreichend. Anschließend stecken Sie den Kerzenstecker wieder fest auf.

Scherstifte

Bei vielen kleineren und älteren Motoren sind diese leicht zu wech-

Verschmutzte Zündkerzen sind eine häufige Ursache für schlechte Motorleistung, besonders bei Zweitaktern.

Auswechseln eines Propeller-Scherstiftes ist eine Fünf-Minuten-Arbeit, aber halten Sie reichlich Ersatzstifte bereit.

selnden, schwachen Verbindungen zwischen dem Propeller und dem Getriebe eingebaut. Sie sollen Motorschäden vermeiden, wenn ein größerer Gegenstand in den Propeller gerät. Wenn der Motor gut läuft, aber keinen Schub bringt, ist ein defekter Scherstift wahrscheinlich. Bevor Sie den Scherstift erneuern, ziehen Sie den Kerzenstecker ab oder klemmen Sie die Batterie ab, um die Gefahr von Verletzungen durch einen versehentlich gestarteten Motor zu vermeiden. Bei kleineren Motoren wird der Propeller nur durch einen Splint gehalten, während bei größeren Motoren der Propeller durch eine Kronenmutter mit Splint gesichert wird. Stellen Sie sicher, dass sich an dem abgebauten Propeller keine Reste des alten Scherstiftes befinden, bevor Sie den neuen einschieben. Wenn Sie den Propeller einbauen, ziehen Sie die Kronenmutter mit einem Schlüssel nur so weit an, dass die Löcher für den Splint übereinstimmen.

Anstelle des Scherstiftes haben viele neuere Motoren eine Gumminabe im Propeller, die kleinere Schläge ohne Beschädigung abfängt. Größere Grundberührungen können aber das Gummi zerreißen und den Propeller vom Motor entkoppeln. Ein Spezialist für Propellerreparaturen kann eine neue Nabe einbauen, vorausgesetzt, die Flügel sind nicht zu stark beschädigt. Dennoch ist es sinnvoll, einen Ersatzpropeller mitzuführen, um Unannehmlichkeiten mit einer defekten Nabe zu vermeiden.

Reinigung einer Zündkerze

Stellen Sie vor dem Ausbau sicher, dass der Bereich um die Zündkerze frei von losem Schmutz ist.

Reinigen Sie die Zündkerze mit feinem Schleifpapier, und entfernen Sie anschließend gründlich den Schleifstaub.

Prüfen Sie den Elektrodenabstand mit einer Fühlerlehre auf den vorgegebenen Wert.

Ziehen Sie die Zündkerze nicht zu fest an: handfest plus eine achtel Umdrehung mit dem Kerzenschlüssel.

Wartung, Kontrolle und Fehlerbehebung

Eine routinemäßige Instandhaltung gewährleistet die Zuverlässigkeit von Außenbordern, unabhängig von Alter oder Größe. Jeder Motor erfordert eine unterschiedliche Wartung, aber allgemein gilt Folgendes:

Tägliche Routinen

- Kontrolle des Kraftstofffüllstandes.
- Prüfen des Kraftstoffwasserabscheiders (falls vorhanden).
- Prüfen der Batteriepole (bei elektrischen Anlassern).
- Kontrolle des Ölstandes mit dem Messstab (nur bei Viertaktern).
- Nach dem Motorstart muss das Kühlwasser sichtbar ausfließen.
- Prüfen Sie den Zustand und die Funktion der Notstoppleine.
- Kontrollieren Sie die sichere Befestigung des Motors.

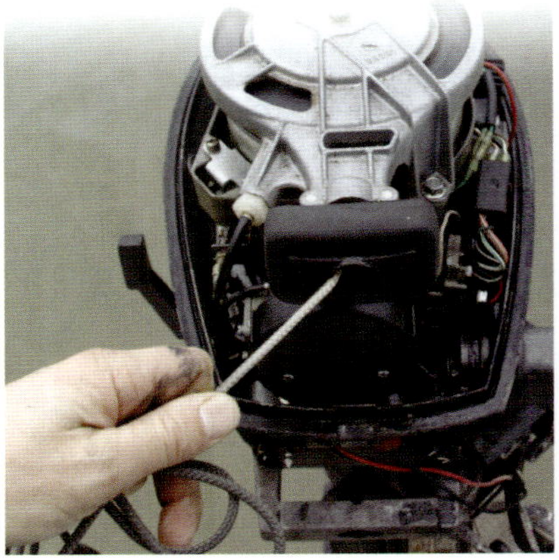

Der Zustand des Starterseils sollte regelmäßig überprüft werden (oben).

Verwenden Sie eine Vakuumpumpe, um bei größeren Viertaktmotoren das Motoröl über das Ölmessstabrohr abzusaugen (links).

Alle 100 Stunden oder 12 Monate

- Motorölwechsel mit Filter (nur bei Viertaktmotoren).
- Reinigen oder Ersetzen der Zündkerze nach Herstellerangabe.
- Kraftstofffilter wechseln und Kraftstoffsystem prüfen.
- Den Impeller der Wasserpumpe wechseln.
- Anoden des Kühlsystems wechseln.
- Allgemeiner Funktionstest.
- Getriebeölstand prüfen und gegebenenfalls nachfüllen.
- Zustand des Starterseils prüfen.
- Überprüfung und Reinigung aller elektrischen Kontakte.
- Falls vorhanden, Überprüfung des elektro-hydraulischen Trimm- und Kipp-Systems (Motorhalterung).
- Überprüfung der Lenkung und ihrer Schmierung.
- Gelenke an Schalt- und Gaszug schmieren.

Vergaser reinigen

Nach dem Ausbau drehen Sie den Vergaser um und schrauben die Schwimmerkammer ab.

Ziehen Sie den Schwimmer vorsichtig ab und stellen Sie ihn beiseite.

Entfernen Sie den Bolzen aus der Schwimmernadel-Halterung.

Heben Sie die Schwimmernadel ab, um die Hauptdüse freizulegen. Reinigen Sie alles mit Vergaserreiniger.

Vergaser reinigen

Vor Arbeitsbeginn besorgen Sie sich einen Dichtungssatz und andere Ersatzteile für Vergaser. Zunächst bauen Sie den Vergaser vom Motor ab, dann zerlegen Sie ihn. Notieren Sie sich, wo die Teile hingehören (Fotos von jedem Arbeitsschritt helfen beim Zusammenbau). Reinigen Sie die Düsen mit Vergaserreiniger. Wenn eine dicke schwarze Beschichtung vorhanden ist, hilft das Einweichen in flüssigem Vergaserreiniger.

Der Vergaser eines Zweitaktmotors mit Blick auf die Hauptdüse.

Ölwechsel mit Filter (Viertakt-Motor)

Lassen Sie den Motor für mindestens 10 Minuten warmlaufen. Dadurch ändert sich die Viskosität des Öls, und es lässt sich besser entfernen. Saugen Sie das Motoröl über das Messstabrohr ab, dann entfernen Sie den Ölfilter durch Drehen der Filterpatrone entgegen dem Uhrzeigersinn.

Bevor Sie den neuen Filter einbauen, benetzen Sie die Gummidichtung leicht mit Motoröl. Ziehen Sie den neuen Filter nicht zu fest an. Drehen Sie den Filter, bis er nicht mehr frei dreht, dann noch eine achtel Umdrehung. Dann füllen Sie den Motor mit frischem Motoröl bis zur oberen Markierung des Messstabs auf (beachten Sie, dass viele kleinere Motoren sehr wenig Öl brauchen). Prüfen Sie den Filter nach dem Motorstart und nochmals nach den ersten Stunden Laufzeit.

Getriebeöl

Das Getriebe am Ende des Motorschaftes hat zwei Schrauben für den Ölwechsel. Bei senkrecht stehendem Motor lassen Sie das Motoröl durch Entfernen der beiden Schrauben in einen Behälter ab. Dann drücken Sie die vorgeschriebene Menge Getriebeöl in die untere Bohrung, bis es aus der oberen Bohrung austritt. Hierdurch wird vermieden, dass sich Luftblasen bilden, wenn das Getriebe befüllt wird. Schrauben Sie die obere Verschlussschraube ein, bevor Sie die Einfüllflasche von der unteren Öffnung entfernen. Dann setzen Sie die untere Schraube ein.

Wartung, Kontrolle und Fehlerbehebung (2)

Das Kühlwasser sollte wie hier einen kontinuierlichen Strahl haben (ganz links).

Ein unterbrochener Strahl deutet auf ein Problem des Kühlsystems hin (links).

Überprüfen der Kühlwasser-Kontrollöffnung

Eine Pumpe oberhalb des Motorschaftes fördert Seewasser zum Motor. Nachdem das Wasser den Motor umspült hat, verlässt der Hauptstrom den Motor unter Wasser durch den Schaft. Ein Kontrollstrahl unter dem Motor oder am Motorschaft zeigt eine korrekte Kühlwasserzirkulation an. Sollte hier kein Kühlwasser austreten, prüfen Sie durch Freistechen mit einem spitzen Gegenstand, ob diese Bohrung verstopft ist. Liegt keine Verstopfung vor, ist es ein ernsteres Problem: ein defekter Impeller oder eine generelle Blockierung der Kühlwasserkanäle durch Salz- und Kalkablagerungen.

Austausch des Wasserpumpen-Impellers

Durch die Einbaulage der Wasserpumpe ist das Wechseln des Impellers umständlicher als bei Innenbord-Dieselmotoren. In den meisten Fällen muss das Getriebe vom Schaft abgeschraubt werden, um an die Wasserpumpe oberhalb des Getriebes zu gelangen. Das kann durch Korrosion zwischen dem Alugehäuse und den Bolzen ziemlich mühsam sein. Wenden Sie bei der Demontage keine Gewalt an, dies führt häufig zu Beschädigungen. Stattdessen helfen bei dieser Arbeit Hitze, Kriechöl und Geduld.

Opfer-Zinkanoden schützen den Motor vor Zersetzung durch das aggressive, heiße Salzwasser, das durch den Motor gepumpt wird. Diese sollten jährlich oder alle 100 Betriebsstunden getauscht werden.

Spülung des Kühlsystems

Eine Spülung des Kühlsystems mit frischem Wasser reduziert bei Motoren, die in Salzwasser verwendet werden, die Rückstandsbildung in

Um den Impeller zu erreichen, drehen Sie zunächst die Schrauben heraus, die das Getriebe am Schaft halten.

Bei abgebautem Getriebe kann der Impeller kontrolliert und bei Bedarf für den Austausch von der Welle abgezogen werden.

Der sogenannte »Ohrenschützer«, verbunden mit einem normalen Gartenschlauch (oben).

Für das Kühlsystem größerer Motoren werden »Ohrenschützer« verwendet, über die das Kühlwasser in die Einlassgitter geführt wird (rechts).

den Motor-Kühlkanälen. Es ist wichtig, dass vorher der Motor ausreichend auf Betriebstemperatur gebracht wird, da sonst ein geschlossener Thermostat das Erreichen der meisten Kühlkanäle verhindert.

Einen kleineren Motor können Sie zu diesem Zweck in einem Fass laufen lassen. Bei größeren Motoren brauchen Sie einen Schlauch. Dieser wird am Motor über einen Aufsatz an den beiden Kühlwasser-Eingangsgittern am Schaft angeschlossen. Dieser Aufsatz wird wegen seines Aussehens als »Ohrenschützer« bezeichnet und ist im Handel erhältlich. Wenn möglich, sollte dies nach jedem Gebrauch des Motors durchgeführt werden, aber meistens wird es nur beim Einwintern gemacht.

Fehlerbehebung

Zwei Grundprinzipien helfen bei der Fehlersuche an einem Motor. Erstens: Warten Sie nicht, bis der Motor nicht mehr läuft – unternehmen Sie bereits bei den ersten Anzeichen etwas. Zweitens: Ein systematisches und logisches Vorgehen führt Sie meistens zu der Fehlerquelle.

Sicherheits-ausrüstung

12

Rettungswesten, Sicherungsleinen, Signalraketen

Vernachlässigen Sie niemals die Sicherheitsausrüstung. Sie muss regelmäßig überprüft werden, damit gewährleistet ist, dass sich alles in einem guten Zustand befindet, dass das Verfallsdatum noch nicht abgelaufen ist und dass bei Bedarf alles ordnungsgemäß funktioniert.

Rettungswesten

Oft sehen Rettungswesten so aus, als seien sie in einem guten Zustand. Untersuchungen haben jedoch gezeigt, dass etwa ein Drittel aller Westen defekt ist. Erschreckend häufig versagen Pressluftpatronen ihren Dienst. Daher ist es ratsam, mit den Patronen vor dem Anziehen der Weste einen Schnelltest durchzuführen. Darüber hinaus sollten die folgenden Serviceprozesse eine verlässliche Funktion der Rettungswesten gewährleisten.

Monatliche Prüfung

- Prüfen Sie, ob die Pressluftpatrone vollständig eingeschraubt ist.

Prüfung – alle drei Monate

- Kontrollieren Sie die Pressluftpatrone auf Korrosion.
- Kontrollieren Sie das Material und die Pressluftpatrone auf Beschädigungen.
- Überprüfen Sie Gurtband, Nähte, Reißverschlüsse, Schnallen und andere Befestigungen auf mögliche Beschädigungen.

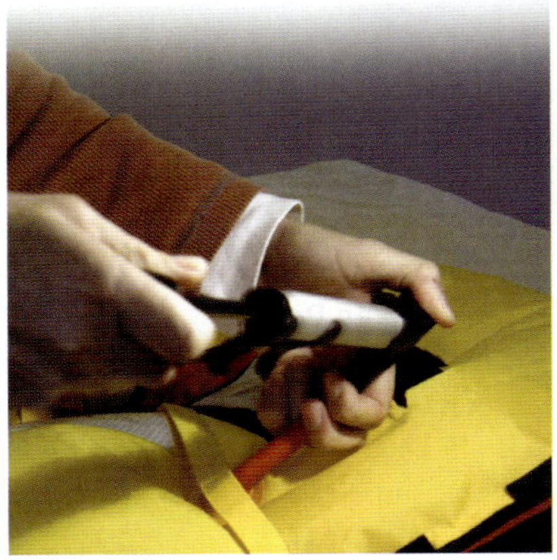

Blasen Sie die Rettungswesten alle sechs Monate auf. Die Luft muss mindestens 24 Stunden halten.

- Überprüfen Sie die Verschlüsse auf ihre Funktion.

Prüfung – alle sechs Monate

- Füllen Sie die Rettungsweste mit einer Handpumpe, um zu sehen, ob die Luft für mindestens 24 Stunden hält.
- Prüfen Sie alle Bereiche des Gewebes auf Schäden.

Die Pellets, die ermöglichen, dass sich die Schwimmweste selbstständig aufbläst, sollten jährlich ausgetauscht werden, da sie eine endliche Haltbarkeit haben und nicht mehr verwendet werden sollten, wenn das Verfallsdatum erreicht ist. Die Pressluftpatronen von Rettungswesten mit hydrostatischem Aufblassystem befinden sich innerhalb der Luftkammer und sind damit besser geschützt als die Patronen konventioneller Rettungswesten. Hydrostatische Aktivierungssysteme haben auch eine längere Haltbarkeit und müssen nur alle drei bis fünf Jahre ersetzt werden. Die Ersatzteile sind im Handel erhältlich.

Sicherheitstipp: Immer eine Rettungsweste tragen!

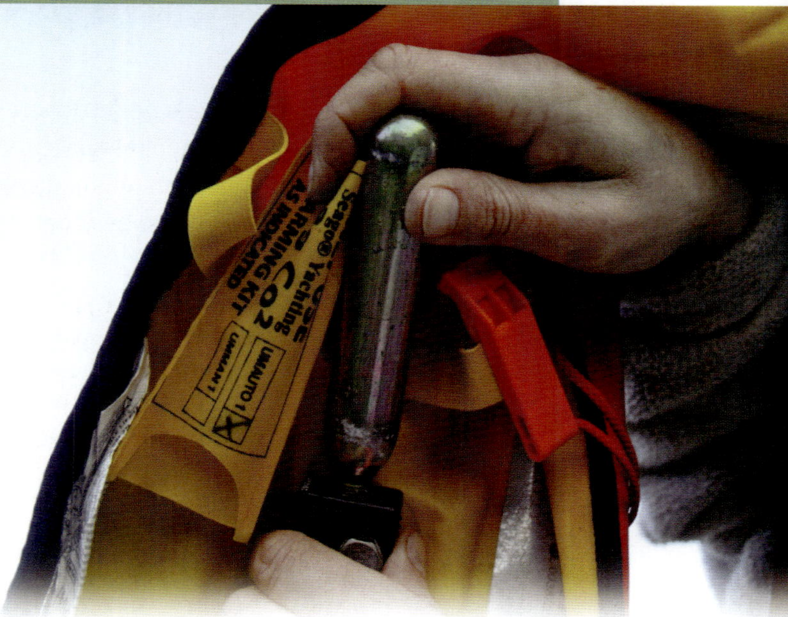

Eine korrekte Lagerung verlängert die Haltbarkeit der Westen. Zum Saisonende sollten sie etwas aufgeblasen werden, um Falten zu vermeiden, und anschließend auf einen Kunststoffbügel gehängt werden.

Strecktaue an Deck

Strecktaue sollten monatlich geprüft werden, da sich die Bolzen und Schraubbügel lösen können. Das hintere Ende jedes Strecktaus sollte mit Tauwerk gesichert sein, das durchgeschnitten werden kann, um die Bergung einer Person zu erleichtern. Das Tauwerk sollte auf Scheuerstellen und auf sicher sitzende Knoten kontrolliert werden. Strecktaue aus Gurtband müssen überraschend hohen Lasten standhalten, daher ist bei den meisten eine zulässige Arbeitslast von zwei Tonnen angegeben. Sie sollten monatlich auf Scheuerstellen und auf den korrekten Sitz der Enden kontrolliert werden. Durch ultraviolette Strahlung werden die Nähte geschwächt, diese sollten nach fünf Jahren nachgenäht werden. Nach zehn Jahren sollten die Gurtbänder (Jackstays) ausgetauscht werden. In heißen Klimazonen sollten diese Intervalle halbiert werden.

Bevor Sie die Rettungsweste anziehen, sollten Sie sicherstellen, dass die Patrone fest montiert ist. Eine lockere Patrone ist der häufigste Grund für das Versagen von Rettungswesten.

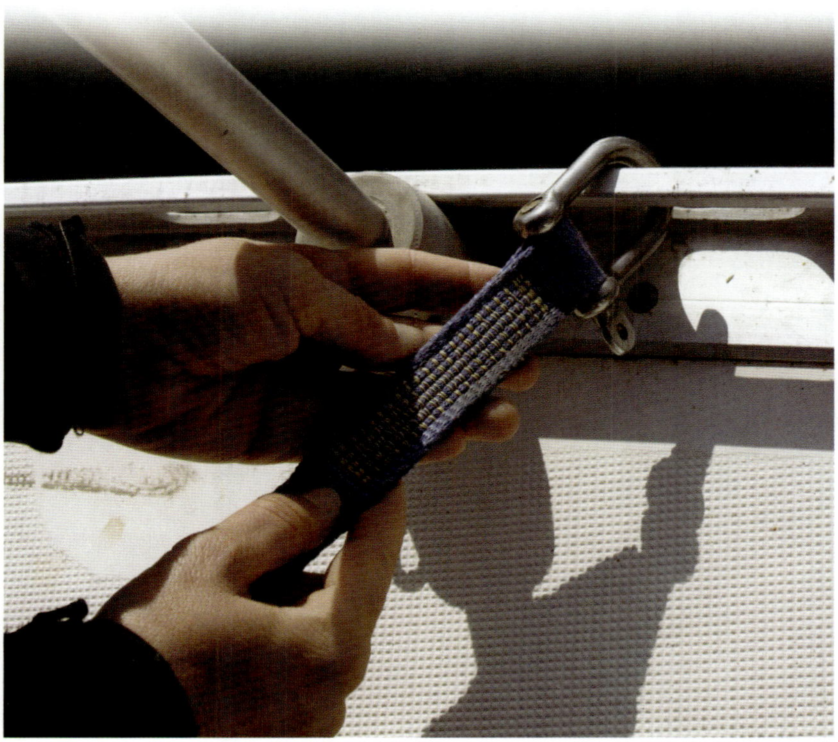

Signalraketen

Signalraketen halten nur begrenzt und sind deshalb mit einem Haltbarkeitsdatum versehen. Abgelaufene Signalraketen werden vom Fachhandel entsorgt.

Radar-Reflektoren

Auch einfache Radar-Reflektoren sind nicht immer fehlerfrei. Die Halterungen und die Oberfläche sollten jährlich auf Risse und andere Beschädigungen überprüft werden.

Tipp

Beachten Sie bei der Wartung der Sicherheitsausrüstung immer die Empfehlungen der Hersteller.

Prüfen Sie die Strecktaue monatlich auf Scheuerstellen, und ziehen Sie lose Schäkelbolzen wieder fest.

Brandbekämpfung, Erste Hilfe & EPIRBs

Wir hoffen, dass die Notfallausrüstung niemals benutzt werden muss – deshalb wird ihr häufig keine Beachtung geschenkt und sich entwickelnde Schäden werden nicht erkannt. Um sicherzustellen, dass sich alles zu jeder Zeit in einem ordnungsgemäßen Zustand befindet, müssen wir bei der Wartung methodisch vorgehen.

Löschmittel

Ein Brand auf dem Wasser kann eine schreckliche Erfahrung sein, trotzdem warten viele Bootsbesitzer ihre Feuerlöscher nicht ordnungsgemäß. Alle Feuerlöscher müssen jährlich von einem Fachbetrieb gewartet werden. Dabei wird die Funktion der Anzeige geprüft, die Menge des Löschmittels durch Wiegen ermittelt und alles auf Korrosion untersucht. Auch bei jährlicher Wartung haben Pulver- und Schaumlöscher eine Lebensdauer von nur fünf Jahren.

Tipp

Listen Sie auf der Rückseite Ihres Logbuches die Verfallsdaten aller an Bord befindlichen Löscheinrichtungen auf. So wird kein Gerät vergessen.

Feuerlöscher werden allzu schnell vergessen, aber sie müssen regelmäßig überprüft und gewartet werden.

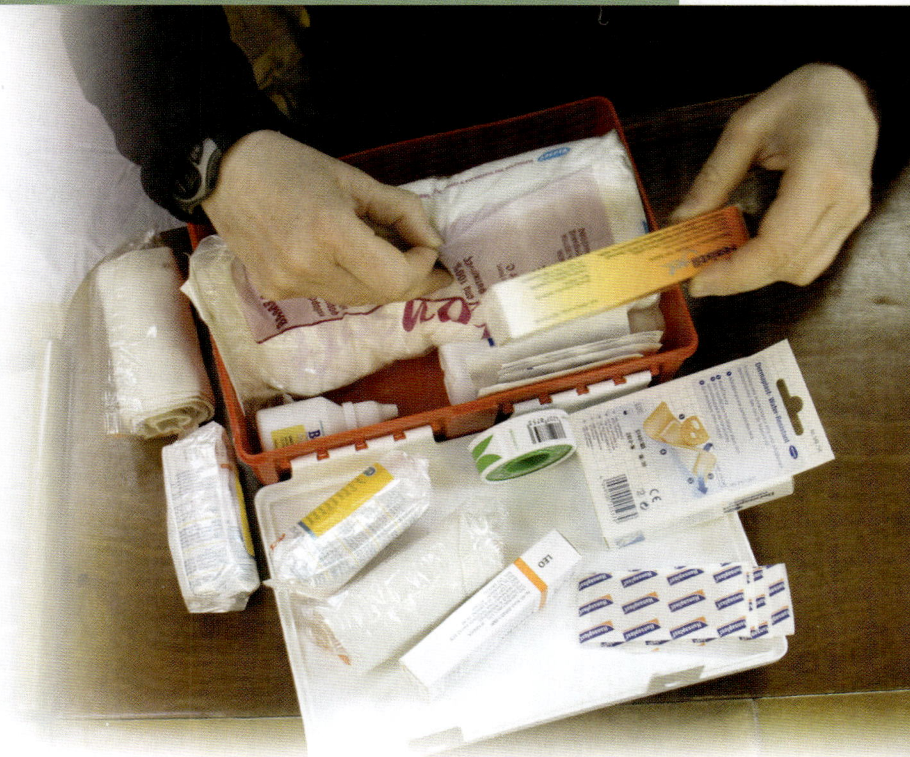

Erste-Hilfe-Sets sind anfällig für Feuchtigkeit, und der Inhalt hat eine kurze Haltbarkeitsdauer. Prüfen Sie das Verfallsdatum.

Notfallelektronik

EPIRBs (emergency position-indicating radio beacon) und SARTs (search and rescue transponder) enthalten Batterien, die fünf Jahre halten und vom Benutzer nicht ausgetauscht werden können. Die Geräte müssen für den Batteriewechsel an einen Servicebetrieb gegeben werden. Folgendes sollte jährlich an EPIRBs kontrolliert werden:

- Führen Sie eine Sichtprüfung auf Mängel aus.
- Machen Sie den Selbsttest laut Herstellerangaben.
- Prüfen Sie, dass die 15-stellige Identifizierungsnummer deutlich erkennbar ist.
- Prüfen Sie die korrekte Registrierung des Gerätes bei der örtlichen Küstenwache.
- Kontrollieren Sie das Haltbarkeitsdatum der Batterien.
- Falls vorhanden, überprüfen Sie das hydrostatische Ablaufdatum.
- Nach dem Check setzen Sie das Gerät wieder in die Halterung und vergewissern sich, dass keine Datenübertragung gestartet wurde.
- Stellen Sie sicher, dass eine Kopie der Bedienungsanleitung an Bord ist.

Gaslöscher halten doppelt so lange. Löschdecken sollten jährlich überprüft werden, weil moderne Modelle aus Glasfaser mit der Zeit Löcher in den Falten entwickeln können. Sollten Sie noch eine ältere Löschdecke mit Asbest an Bord haben, nehmen Sie diese nicht aus ihrem Koffer, da gefährliche Partikel freigesetzt werden können. Entsorgen Sie die gesamte Einheit bei einem dafür lizensierten Betrieb, und ersetzen Sie die Löschdecke.

Erste Hilfe

Erste-Hilfe-Sätze sollten jährlich überprüft werden, um sicherzustellen, dass keine Feuchtigkeit eingedrungen ist. Teile mit Verfallsdatum sollten rechtzeitig ersetzt werden, das gilt insbesondere für Medikamente. Für Erste-Hilfe-Anleitungen gibt es regelmäßig neue Hinweise, sorgen Sie deshalb für eine aktuelle Version.

UKW-Funk

Moderne UKW-Handfunkgeräte sind komplett wasserdicht und beinhalten die Antenne und den Akku. Nach dem Kontakt mit Salzwasser sollte das Gerät mit Frischwasser abgespült und vollständig getrocknet werden. Halten Sie das Gerät immer trocken, wenn es nicht mehr dicht ist – zum Beispiel aufgrund von Schäden am Gehäuse oder weil das Gerät fallen gelassen wurde.

Aktivieren Sie den Selbsttest der EPIRBs jeden Monat gemäß der Herstelleranweisung.

Rettungsinseln & Mensch-über-Bord

Bei der Pflege von Rettungsinseln denken die meisten Bootbesitzer nur an die regelmäßigen Wartungstermine. Allerdings muss die Rettungsinsel auch an Bord stets sorgfältig behandelt werden, um in einem einwandfreien Zustand zu bleiben.

Lagerung von Rettungsinseln

Schlechte Lagerung von Rettungsinseln führt oft zu unnötigen Schäden. Einige Modelle dürfen nicht an Deck verstaut werden, da ihre Tasche nicht wasserdicht ist. Darüber hinaus müssen sie scheuerfrei gelagert werden, was bei rauer See nicht immer einfach ist. Rettungsinseln in einem Kunststoffbehälter können an Deck lagern, aber die Dichtung zwischen den beiden Hälften des Behälters ist gefährdet, wenn die Rettungsinsel als bequeme Stufe oder als Sitzgelegenheit benutzt wird.

Wartung von Rettungsinseln

Traditionell müssen Rettungsinseln jährlich gewartet werden. Das gilt auch immer noch für die meisten handelsüblichen Modelle. Viele auf dem Freizeitmarkt angebotene Rettungsflöße sind aber vakuumverpackt, wodurch sich das Wartungsintervall auf drei Jahre verlängert. Einige Modelle sind mit hydrostatischen Auslösern ausgestattet, die die Rettungsinseln automatisch aufstellen, wenn das Boot sinkt. Diese für den Sportbootmarkt konzipierten Auslöser erfordern keine Wartung, aber sie müssen alle zwei Jahre getauscht werden. Der Inhalt jeder Packtasche sollte einmal im Jahr vorsichtig geprüft werden.

Mensch-über-Bord-Ausrüstung

Festschaum-Rettungsringe sind langlebig und benötigen außer der Reinigung mit schwacher Seifenlösung nur eine minimale Wartung. Allerdings ist das bei ihren Signallichtern schon anders. Modelle mit

Wartung von Rettungsinseln

Die Wartung sollte von Spezialisten ausgeführt werden. Sie beinhaltet:

- Kontrolle des Behälters auf Schäden. Anschließend öffnen und den Gaszylinder entschärfen.
- Entfalten des Floßes und Entfernen des Notfallbehälters.
- Ausbau des Füllzylinders und Kontrolle der Schläuche und Kupplungen auf Schäden.
- Aufblasen der Insel mit einer Pumpe und Kontrolle auf Undichtigkeiten.
- Kontrolle des Notfallbehälters, um sicherzustellen, dass alle darin befindlichen Produkte bis zum nächsten Service halten.
- Wiegen des Gaszylinders, um seine volle Ladung zu bestätigen, anschließend Wiedereinbau.
- Funktionsprüfung der Ventile. Floß wieder zusammenpacken.

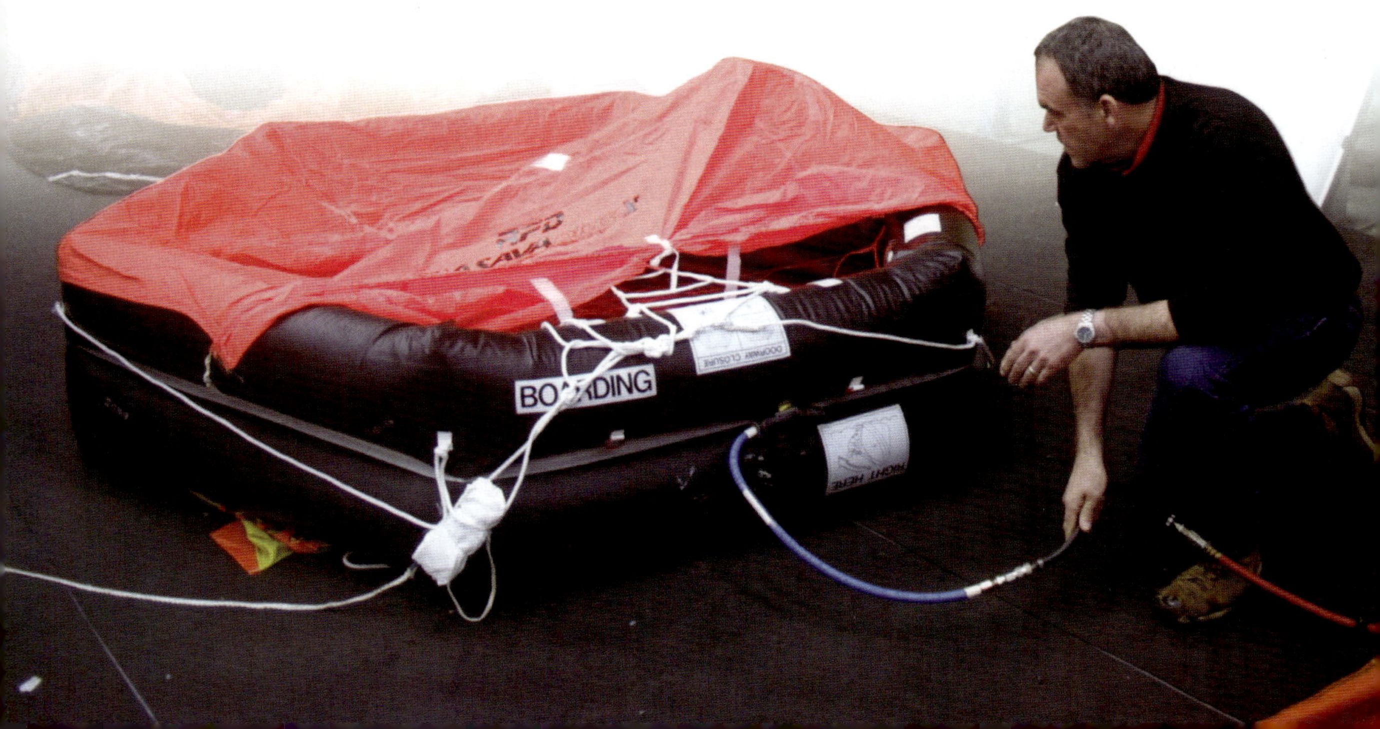

Servicebetriebe blasen Rettungsinseln mit Druckluft auf. Der Gaszylinder wird zur Überprüfung des Füllstands gewogen.

Hydrostatische Auslösemechanismen für Rettungsinseln sind in der Regel zwei Jahre haltbar. Notieren Sie sich das Verfallsdatum.

austauschbaren Batterien sind störanfällig. Sie sollten daher zu Beginn jeder Fahrt kontrolliert werden. Komplett versiegelte Lichter sind von Natur aus zuverlässig, aber der Selbsttest sollte monatlich aktiviert, und die Batterien sollten alle drei bis fünf Jahre getauscht werden. Aufblasbare Rettungsringe und Markierungsbojen sollten jährlich, am besten zusammen mit den Rettungsinseln, kontrolliert werden. Solide Markierungsbojen sind im Allgemeinen robust, aber ihre Fahnen können innerhalb weniger Wochen zerreißen. Ein kurzes Kunststoffrohr am Achterstag verhindert, dass sich die Fahne selbstständig entfaltet. Wurfleinen aus Polypropylen altern im Sonnenlicht schnell. Wenn Teile der Leine in der Halterung ständig der Sonne ausgesetzt sind, sollte sie jährlich überprüft werden.

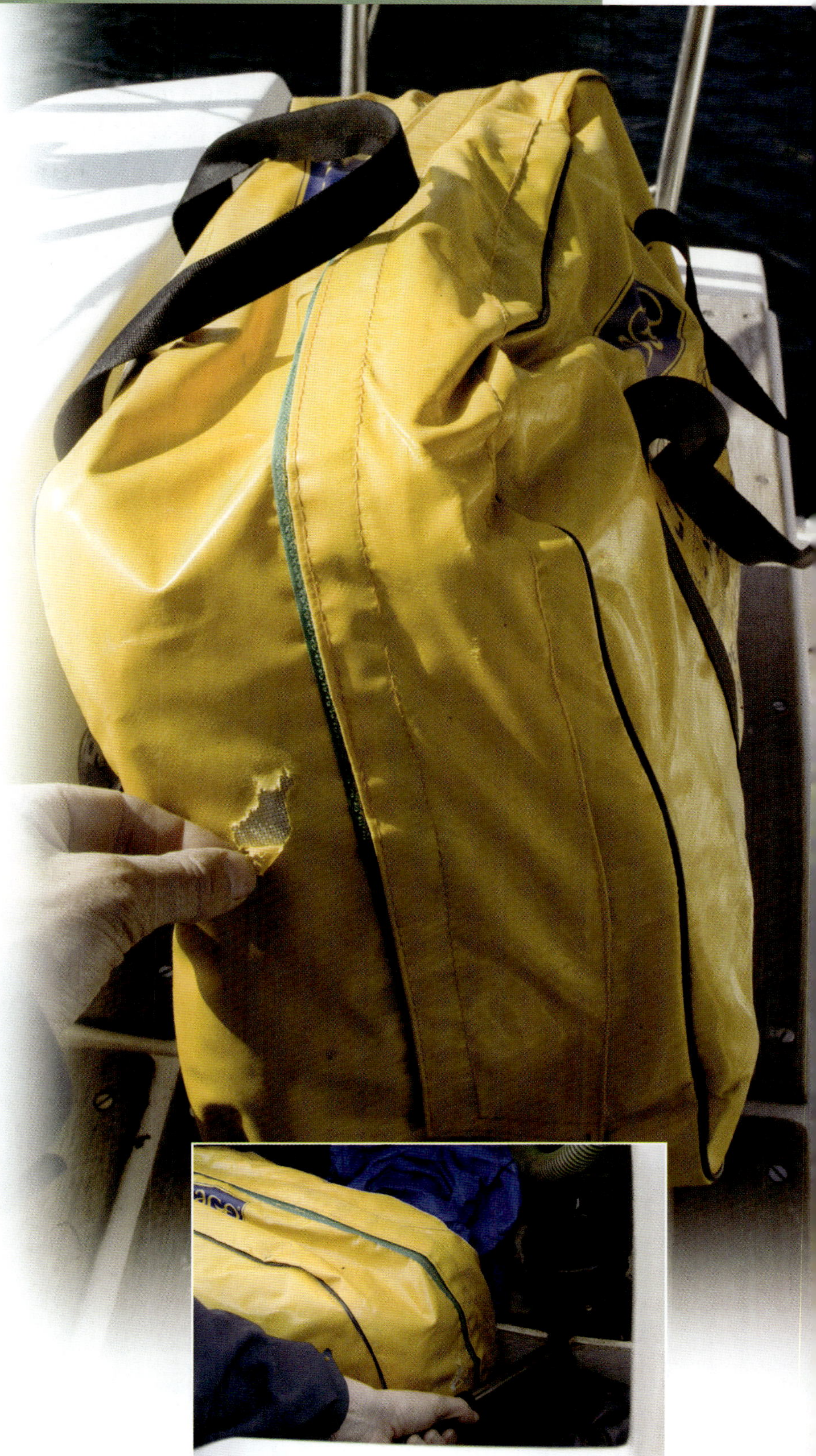

In einer Tasche verstaute Rettungsinseln sind anfällig für Schäden (rechts). In diesem Fall wurde die Tasche beim Betrieb der Bilgepumpe durchgescheuert (kleines Bild).

Vom Hafen ins Winterlager

13

Kranen und Slippen

An Land kann eine Yacht am besten überwintern. Hier können die jährlichen Wartungsarbeiten, vorzugsweise in einer Halle, fachgerecht erledigt werden. Per Kran, Travellift oder auf einer Slipanlage kommt das Schiff aus dem nassen Element ins Trockene.

Die Yacht kommt an Land

- **Mit einem Kran:** Die Yacht wird mit einem Travellift, stationären Kran oder mobilen Kranwagen aus dem Wasser genommen. In festen Gurten, gestellt vom Kranunternehmen, wird sie angehoben und auf einem Stahlbock abgesetzt.
- **Auf einer Slipbahn:** Der Slipwagen wird zunächst ins Wasser gefahren, dann wird die Yacht passgenau in die Rahmenführung verholt und vertäut. Anschließend kann ein Traktor das Boot aus dem Wasser ziehen und in das Winterlager bringen.

Marinas nutzen in der Regel Kräne oder Travellifte. Die tragfähigen Gurte werden wegen der Versicherung niemals (!) vom Bootseigner gestellt (rechts).

Die Stahlrahmen des Trailers halten das Boot beim Slippen in seiner Position. Zusätzlich wird es vertäut (unten).

Leitern immer gegen Umfallen sichern und mit zirka 60° Neigung anstellen.

Den Rumpf abstützen

Wenn die Yacht auf dem Trailer oder Transportbock liegt, müssen bei Kurzkielern nicht nur seitlich, sondern auch vorn und achtern (mit Teppich gepolsterte) Stützen angesetzt werden. Unter den Kiel werden vor dem endgültigen Absetzen der Yacht kurze Balken zur sicheren Lagerung und Abfederung gelegt. Erst jetzt, wenn die Yacht sicher auf dem Bock steht, wird das Unterwasserschiff inspiziert. Nicht schon früher unter schwebende Lasten treten! Mit einer Leiter gelangt man an Deck. Eine Person hält die Leiter, eine zweite zurrt sie mit einem Zeising an der Fußreling fest.

Den Rumpf reinigen

Sofort nach dem Slippen oder Kranen wird das Unterwasserschiff gesäubert – vorzugsweise mit einem Hochdruckreiniger, solange das Boot noch nass ist. Angetrocknete Muscheln, Pocken und Schleim lassen sich sonst nur sehr schwer entfernen. Das Waschwasser und die Bewuchsrückstände dürfen nicht in das Hafenwasser gelangen, sondern müssen aufgefangen und sachgerecht entsorgt werden. Anschließend nochmals nach Pocken und Muscheln suchen, diese mit einem Stahlspachtel abstoßen und den Rumpf erneut reinigen.

Unterwasserbewuchs

Tierische Organismen: Muscheln, Pocken und ähnliche Kreaturen suchen am Schiffsboden festen Halt.

Algen: Pflanzlicher Bewuchs ist immer zu befürchten, wenn die Wirkung des Antifoulings nachlässt und wenn das Schiff wenig bewegt wird.

Schleim: Diese Einzeller kommen in fast allen Wassersorten vor. Sie lassen sich sehr leicht abwaschen.

Das Unterwasserschiff wird, sobald es sicher liegt, mit einem Hochdruckreiniger abgespritzt. Erst im nächsten Frühjahr wird neues Antifouling aufgetragen. Es gibt auch Unterwasserfarben, die schon im warmen Herbst verwendet werden können.

Schutz vor Frost und Schimmel

Wenn eine Yacht eingewintert wird, muss sie in unbeheizten Hallen oder im Freien gut vor Frostschäden geschützt werden. Um Schimmel zu vermeiden, sollte generell so wenig Feuchtigkeit wie möglich im Schiff sein.

Bei offener Lagerung für eine gute Zirkulation alle Türen und Schapps öffnen.

Gewappnet für das Schlimmste

Wer seine Yacht gut einwintert, verhindert Schäden durch Frost und Feuchtigkeit. Dadurch fallen im Frühjahr weniger Arbeiten an. Die erste Maßnahme: die Bilge absolut trocken legen! An warmen Herbsttagen so lange wie möglich das Schiff öffnen und trocknen, notfalls mit einem Heizlüfter nachhelfen.

Anschließend hat man zwei Möglichkeiten: Entweder man hüllt die getrocknete Yacht nach den Einwinterungsarbeiten luftdicht in eine Kunststoffplane ein, oder man stellt eine sehr gute Dauerbelüftung (siehe S. 56/57) her. Dafür sollte das Schiff in einer relativ trockenen Halle stehen. Man bedenke, dass Yachten im Winterlager oft sehr eng liegen und die Luft wenig zirkuliert. In solchen Fällen sollten Sie die Yacht luftdicht und trocken einpacken. Die offene Lagerung ist besser, wenn man noch öfter an Bord gehen möchte.

Alle Teile, die im Winter von Bord genommen werden können, sollten zu Hause trocken gelagert werden. Das gilt insbesondere für Rettungswesten, Ölzeug und alles Textile. Möglichst auch alle Polster und

Ungeladene Akkus können bei Frost Schaden nehmen, deshalb alle 2 bis 3 Monate nachladen und kontrollieren.

Kissen ausräumen. Ganz wichtig: Alle Salzreste des Sommers müssen aus Teppich und Polstern entfernt werden, weil Salz Feuchtigkeit magisch anzieht.

Trinkwassersysteme

Tanks, Pumpen und Schläuche können beschädigt werden, wenn Wasser darin gefriert. Entleeren Sie die Frischwassertanks noch im Hafen und entsorgen Sie die Inhalte des Fäkalientanks fachgerecht. An Land werden die Leitungen und Pumpen entwässert. Dazu den Schlauch am Tankausgang abnehmen und die Pumpen so lange laufen lassen (alle Zapfstellen aufdrehen), bis nur noch Luft kommt. Danach die Schlauchverbindung wieder schließen. Anschließend den Boiler entwässern, die Bilge im Duschraum leeren und den Schlauch der Cockpitdusche entwässern. Der Duschkopf könnte sonst auffrieren.

Ein Warmwasser-Heizungssystem sollte man bereits zum Ende des Sommers checken, damit es funktioniert, wenn die Tage kälter werden. Beim Einwintern entweder ganz entwässern oder mit einer frostsicheren Wassermischung füllen. Beachten Sie dabei genau die Vorgaben des Heizungsherstellers. Wasserflaschen ebenfalls von Bord nehmen; auch sie könnten bei Frost platzen.

Wenn die Polster an Bord bleiben müssen: zur Belüftung lose aufstellen.

Pflege der Batterie

Akkus sind nur frostsicher, wenn sie geladen sind. Da sich eine intakte Batterie pro Monat um 2 bis 3 Prozent selbst entlädt, sollte sie vor Verlassen des Schiffes elektronisch geregelt voll aufgeladen werden. Anschließend die Batterie mindestens alle zwei bis drei Monate nachladen. Auf keinen Fall darf eine feste Stromverbindung mit einem Dauerladegerät hergestellt werden. Wenn man das Schiff verlässt, muss die 230-Volt-Stromversorgung aus Sicherheitsgründen unterbrochen werden! Der Hauptschalter für das Bordnetz muss vor dem Verlassen herausgezogen werden.

Maschine einwintern

Viele Wartungsarbeiten können gut im Winterlager erledigt werden. Darüber hinaus muss man sicherstellen, dass die Maschine auch strenge Frostperioden übersteht, damit im Frühjahr keine schwerwiegenden Probleme auftreten.

Wechseln/Auffüllen von Flüssigkeiten

Wenn Öl altert, bilden sich Verbrennungsrückstände, die die Maschine von innen angreifen können. Die beste Zeit für einen Ölwechsel (siehe S. 188/189 für Innenborder, S. 270/271 für Außenborder) ist der Herbst, wenn das Schiff noch im Wasser liegt. Bei Maschinen mit Zwei-Kreis-Kühlung wird im Hafen das Kühlwasser abgelassen und an Land durch Wasser mit Frostschutzmittel ersetzt.

In den Wintermonaten kann sich im zum Teil geleerten Tank Kondenswasser bilden, das sich dann unterhalb des Treibstoffs sammelt und das Wachstum von Bakterien fördert. Diese sogenannte »Dieselpest« kann den Treibstofffilter verstopfen. Weniger Kondenswasser bildet sich, wenn der Tank ganz befüllt wird (dazu Hallenvertrag beachten). Oder man setzt dem Treibstoff Schutz-Additive zu, die den Wuchs verhindern. Bei älteren Modellen kann man den Tank auch ausleeren, gründlich säubern und komplett neu befüllen.

Bei Zweitaktern sollte man den Vergaser im Herbst leerfahren und den Treibstofftank vollständig leeren. Andernfalls verdunstet das Benzin im Vergaser und lässt Ölrückstände zurück.

In gefüllten Dieseltanks bildet sich weniger Kondenswasser; die sind aber nicht in jeder Halle erlaubt.

Entnehmen Sie den Wasserpumpenimpeller, damit er sich über Winter nicht in einer Position festfrisst.

Innerer Schutz

Man kann Zylinderinnenräume schützen, indem man bei Dieselmotoren die Einspritzdüsen herausdreht (bei Benzinern die Zündkerzen) und dann stoßweise Schutzöl einsprüht. Anschließend von Hand die Maschine durchdrehen und erneut sprühen. Danach die Düsen/Zündkerzen wieder einsetzen. Dann Öl in den Ansaugkanal sprühen und mit einem ölgetränkten Lappen verschließen. Nicht vergessen: Im Frühjahr muss der Lappen wieder herausgenommen werden!

Mit guter Wartung kann man die Lebensdauer einer Maschine deutlich verlängern. Man kann den Impeller ausbauen (s. S. 194/195) und die Pumpe entwässern. Die Keilriemen von Lichtmaschine und Wasserpumpe kann man entspannen. Das erhöht die Lebensdauer und entlastet die Lager.

Wenn die Yacht im Winter im Wasser bleibt, was generell in nördlichen Breiten nicht zu empfehlen ist, darf die Maschine nicht einfrieren. Mit sogenannten Frostwächtern muss für Temperaturen über dem Gefrierpunkt gesorgt werden (sichere 230 V notwendig).

Außenborder

Für einen Außenborder gilt zusätzlich Folgendes: Wenn er im Seewasser genutzt wurde, sollte man ihn in einer Tonne voller Süßwasser mehrere Minuten lang laufen lassen. Damit wird innere Korrosion verhindert. Außerdem sollten die Vergaser von Zweitaktern leergefahren werden (siehe S. 270 und 271).

Bei Zweikreiskühlung den Wasserstand prüfen und genügend Frostschutzmittel beimischen (oben).

Zur Entlastung des Keilriemens und der Lager kann man die Spannung des Riemens lösen (links).

Mast, Baum und Rigg

Wer den Mast im Winter stehen lässt, setzt ihn einem hohen Risiko aus. Bei Stürmen können schwere Schäden entstehen, insbesondere wenn die Yacht an Land liegt. Ein gelegter Mast kann auch viel besser kontrolliert und gewartet werden.

Segel und Baum

Bevor man den Mast legt, müssen alle Segel trocken unter Deck verstaut werden. Checken Sie bei dieser Gelegenheit auch gleich die Lieken und Nähte. Jetzt im Herbst macht der Segelmacher die besten Preise.

Danach kann der Baum abgeschlagen werden. Zunächst die Großschot, Reffleinen sowie Strecker aufschießen und den Baumniederholer abnehmen – die Dirk verbleibt noch. Nun den Lümmelbeschlag lösen und den Baum vorn ablegen. Dann die Dirk fieren und den Baum komplett auf das Seitendeck heben. Bei Yachten über 9 m Länge macht man das besser zu zweit. Alle Leinen im Mast werden gesichert, aufgeschossen und mit Fähnchen gekennzeichnet.

Bevor der Mast gelegt wird, muss der Baum abgeschlagen werden (oben).

Die Schlinge so am Mast anlegen, dass er nicht topplastig wird! Stehendes und laufendes Gut klarieren (links).

Elektrokabel

Die Kabel für Antenne, Navigationslichter und Instrumente werden auf unterschiedliche Weise unter Deck geführt. Wasserdichte Steckverbindungen machen die Anschlüsse sehr bequem. Auch Goose-Neck-Rohre sind beliebt. Manchmal sind die Kabel durch eine Decksdurchführung gesteckt, und die Stecker befinden sich unter Deck. Hier sind meistens elastische Dichtungen/O-Ringe als Wassersperre eingesetzt. Diese flexiblen Dichtungen leiden unter Salz und UV-Strahlung. Sie sollten für die kommende Saison nicht mehr genutzt werden.

Stehendes Gut

Beim Mastlegen können alle Bolzen, Verschraubungen, Spanner und Lager geprüft werden. Wenn möglich, sollte man die Einstellungen der Spanner kennzeichnen oder mit Tape markieren. Das hilft beim Masttrimm im kommenden Frühjahr. Das Hebeseil des Krans wird unter der Saling angeschlagen. Der Mast darf dabei auf keinen Fall topplastig werden. Die einmal gefundene Marke am Mast am besten für immer markieren. Zwei Personen führen den Mast an Leinen, eine dritte bedient den Kran.

Alle Teile aus rostfreiem Stahl sollte man mit einem petroleumgetränkten Lappen abreiben, auch die Gewinde der Wantenspanner. Alle Salzreste entfernen. Edelstahl auf Alu kann korrodieren, wenn Salz und Feuchtigkeit hinzukommen. Checken Sie, ob Scheuerstellen oder

Den Mast waagerecht und sicher ablegen. Scheuerstellen mit anderen Riggs vermeiden (oben).

Ein Mast wiegt relativ wenig, dennoch muss er sicher hängen und am Mastfuß geführt werden (rechts).

Fleischhaken am stehenden oder laufenden Gut zu erkennen sind. Insbesondere Terminals zum Einhaken (T-Form) an der Unterseite auf Risse untersuchen. Für weitere Hinweise zur Pflege des Riggs siehe S. 230/231.

Tipp

Vermeiden Sie im Winterlager den Kontakt zwischen Leichtmetallmast und Edelstahlteilen. Das ist besonders wichtig, wenn Salz und Feuchtigkeit hinzukommen können.

Planen und Persenninge

Vorausschauende Pflege ist der Schlüssel, um den Wert einer Yacht zu erhalten, und eine gute Plane im Winterlager kann die notwendigen Frühjahrsarbeiten erheblich verringern. Das gilt insbesondere für Yachten mit viel Holz und Lack an Deck.

Ein frei stehendes Zelt ermöglicht Arbeiten bei ungünstigen Wetterlagen.

Winterwetter setzt Lacken und Farben erheblich zu. Wenn eine Yacht Sonne, Regen und Winterfrost im Freien überstanden hat, muss sie im Frühjahr angeschliffen und lackiert werden. Damit diese Arbeiten so gering wie möglich ausfallen, sollte man im Freilager eine gut sitzende Plane anbringen, sodass kein Wasser oder Schnee an oder unter Deck gelangen kann. Aber Planen können auch Probleme mit sich bringen, wenn große Wassermassen abfließen sollen. Deshalb lieber mit einem Schlauch vorab den freien Ablauf checken!

Es gibt zwei Alternativen: Entweder wird die Yacht hermetisch und mit Feuchtigkeitsbindern unter Deck in Folie eingepackt, oder Sie sorgen in einem offenen Lager für eine gute Durchlüftung unter der Plane (siehe S. 286/287). Letzteres empfiehlt sich, wenn noch einige Winterarbeiten zu erledigen sind.

Das richtige Material

Je nach Bedarf muss man sich für das richtige Material entscheiden. Ein Gemisch aus Baumwolle und Kunstfaser ist atmungsaktiv und dampfdurchlässig. Eine PVC-Plane dagegen ist luft- und wasserdicht. Für das belüftete Lager ist eine Baumwoll/Kunstfaser-Plane deutlich besser geeignet.

Eine Ganzpersenning bietet guten Schutz. Sie sollte möglichst aus dampfdurchlässigem Material bestehen.

Diese Persenning bietet guten Regenschutz im Sommer; im Winter kann aber Schnee darunter wehen.

Die lackierten Flächen an Deck bestimmen die Form der Abdeckung. Schon eine einfache Persenning über dem Baum kann erheblich vor Sonne und Regen schützen. Außerdem haben diese Planen den Vorzug, dass sie eine gute Belüftung ermöglichen. Fürs Winterlager taugen sie aber nur bedingt, weil Schnee darunterwehen kann.

Frei stehende Zelte

Wenn im Winterlager große Arbeiten erledigt werden sollen, lohnt sich der Bau eines Planenzeltes. Frei stehend ist es ein guter Schutz für das Schiff und die Baustelle. Es muss allerdings wetter- und sturmfest konstruiert sein. Einige Aufgaben, wie zum Beispiel Lackierarbeiten, erfordern zwar höhere Temperaturen, aber die Vorarbeiten können getrost unter dem Zelt in Angriff genommen werden.

Tipp

Es ist sehr wichtig, dass die Planen gut befestigt sind. Bei Stürmen kann sich eine Plane schnell in ein gefährliches Segel verwandeln und die Yacht umstürzen. Daher niemals die Verzurrleinen am frei stehenden Bock oder Pallholz sichern!

Glossar

A

Achterliek Hintere Kante eines Segels. Gibt es im (symmetrischen) Spinnaker nicht, dort wird zwischen Luv- und Leeliek unterschieden.

Achterstag Teil des stehenden Gutes. Der Draht verläuft vom Heck bis zum Masttopp. Das Achterstag stützt den Mast in Längsrichtung.

Anode Opfermaterial, meist Zink, das andere Materialien, die in Kontakt mit Wasser stehen, vor galvanischer Korrosion schützt, indem es sich anstelle ihrer zersetzt. Anoden sollten bereits getauscht werden, wenn sich ein Drittel ihrer Masse aufgelöst hat.

Ansenkung Flache Bohrung mit einem größeren Durchmesser, um den Kopf einer Schraube im Material zu versenken – zum Beispiel in Teakdecks.

Auszinkung Beschreibt den Vorgang, wenn aus Bronze- oder Messing aufgrund von Elektrolyse Zink austritt und damit die Materialeigenschaften negativ verändert werden. Das ist beispielsweise bei Seeventilen problematisch, da sich diese zersetzen.

B

Babystag Teil des stehenden Gutes. Draht, der zwischen Vorstag und Mast in der Schiffsmitte an Deck angeschlagen ist und zu einem Punkt unterhalb des Vorstages am Mast verläuft. Das Babystag stützt den Mast in Längsrichtung des Schiffes.

Ballast Gewicht im Kiel oder (seltener) in der Bilge, das die Krängung reduziert und dem Druck der Segel entgegenwirkt. Üblicherweise wird das günstigere Gusseisen verwendet. Auf höherwertigen Fahrtenyachten, auf Regattabooten oder gegen Aufpreis kommt Blei zum Einsatz.

Bilge Der niedrigste Teil des Schiffsinneren, in dem sich Wasser sammeln kann. Üblicherweise ist die Bilge in verschiedene Fächer unterteilt, die durch Lenzöffnungen miteinander verbunden sein können. In der Bilge ist in der Regel der Ansaugschlauch einer Pumpe installiert.

Bolzen Kurzes solides Metallstück, das zum Beispiel zum Verbinden von Riggelementen verwendet wird. Besteht aus verzinktem oder rostfreiem Stahl und wird mit einem Splint gesichert.

C

Cockpitsüll Erhöhte Umrandung eines Cockpits, die die Crew vor Wasser und vorm Abrutschen von Deck schützt. Geht meist in den Aufbau über.

D

Deckshaus Erhöhter hinterer Teil eines Kajütaufbaus. Heutzutage werden hohe Aufbauten so bezeichnet.

Dichtungsmasse Flexible Paste aus verschiedenen Bestandteilen je nach Verwendungszweck.

Drosselklappe Regelt die Drehzahl eines Motors.

Druckminderventil Reduziert den Druck in einer Gasflasche in verwendbaren Arbeitsdruck.

E

Eloxieren Chemische Behandlung zum Schutz von Aluminium, die elektrolytisch in einem Bad aufgebracht wird. Wenn die Eloxierung beschädigt ist, kann sich darunter Korrosion verbreiten. Also sollte jede Schadstelle sofort mit Farbe abgedeckt werden.

EPIRB Emergency Position Indicating Radio Beacon. Elektronisches Gerät, das automatische Notsignale via Satellit versendet.

F

Fäkalientank Behälter im Toilettensystem in dem das Abwasser gesammelt wird. Der Inhalt wird auf See oder an Absaugstationen entsorgt. Hier gibt es weltweit unterschiedliche Bestimmungen.

Fall Leine, Draht oder eine Kombination aus beiden, womit ein Segel am Mast hochgezogen werden kann.

Fehlerschutzschalter Auch Personenschutzschalter genannt. Vorrichtung, die die Landstromzufuhr unterbricht, wenn ein Teil des Systems schadhaft ist und nicht einwandfrei arbeitet.

Flüssiggas Ein flüssiger Kraftstoff, der unter Druck gespeichert und bei Druckverlust gasförmig wird. Flüssiggas wird an Bord zum Kochen oder auch zum Heizen oder zur Wassererwärmung verwendet.

G

Galvanische Korrosion Elektrochemischer Prozess, der auftritt, wenn zwei unterschiedliche Metalle miteinander Kontakt haben oder über einen Leiter, wie beispielsweise Seewasser, miteinander verbunden sind. Das »edlere« Metall (zum Beispiel Bronze oder rostfreier Stahl) lässt dann das »unedlere« Material (Aluminium, Baustahl) korrodieren. Dies verhindert man durch Kunststoffdichtungen oder Isolierpaste. Für den Unterwasserbereich verwendet man Opferanoden aus Zink, die anstelle der anderen Metallteile zersetzt werden.

Galvanisieren Auch Verzinken genannt. Einfacher Baustahl wird mit einer Schutzschicht aus Zink überzogen. Dafür wird das Stahlteil in ein Bad aus geschmolzenem Zink getaucht.

GPS Global Positioning System. Das GPS-Gerät an Bord berechnet aus den Signalen mehrerer Satelliten den eigenen Standort und nennt diesen als Position oder stellt ihn in einer elektronischen Seekarte (GPS-Plotter) dar.

H

Hals Vordere untere Ecke eines Segels.

Hubkiel Senkrecht in einem Gehäuse aufholbare Ballastflosse, mit der sich der Tiefgang reduzieren lässt. Hydrodynamisch die beste Lösung für variablen Tiefgang, jedoch aufwendig zu bauen und meist schwierig mit dem Innenausbau zu kombinieren.

Hydrostatischer Auslöser Vorrichtung, die eine Rettungsinsel oder ein EPIRB automatisch aktiviert, wenn diese Rettungsmittel ins Wasser geworfen werden oder wenn die Yacht sinkt.

K

Kabeldurchführung Sie besteht aus weichem Gummi und schützt Kabel vor Abrieb, die durch Schotten oder Bleche geführt werden.

Kajüthimmel Unterseite des Kajütaufbaus.

Kalfatern Traditionelle Methode, um die Spalten zwischen Holzplanken abzudichten. Dabei wird Baumwolle oder mit Pech oder Teer getränktes Werg in die Plankenstöße eingeschlagen.

Kardanik Doppelachsige Aufhängung, um ein Teil, wie beispielsweise einen Kompass, trotz der Schiffsbewegungen horizontal schwingen zu lassen. Einachsige (halbkardanische) Systeme dienen beispielsweise zum Ausrichten eines Kochers bei Schräglage des Bootes.

Karweel (auch kraweel). Bootsbaumethode, bei der die Planken nicht überlappen wie in der Klinkerbauweise, sondern aneinanderstoßen. Die Stöße werden kalfatert.

Kausch Ring oder Auge in einem Segel oder einer Persenning.

Kettennuss Sie befördert auf einer Ankerwinsch die Kette. Kettendurchmesser und Nuss müssen zueinander passen.

Kiel Im modernen Bootsbau die zentrale Flosse unter dem Rumpf, die den Ballast trägt und der Abdrift entgegenwirkt. Im Holzbau das Holz zwischen Ballast und Rumpf.

Klampe Decksbeschlag, der zum Belegen der Festmacher benutzt wird und daher sehr hohen Kräften ausgesetzt ist. Kleinere Klampen werden auch zum Belegen von Schoten, Flaggenleinen, Lazy Jacks und Fallen benutzt.

Klinkerbauweise Eine Methode im Holzbootsbau, bei der die jeweils untere Kante einer Planke mit der oberen Kante der darunter liegenden Planke überlappt. Die Planken können miteinander verleimt sein, oder der Bootsbauer vertraut darauf, dass die Hölzer direkten Kontakt haben und dadurch wasserdicht sind.

Kohlebürsten Kleine Kohlestifte, über die am rotierenden

Glossar

Anker eines Elektromotors der Strom fließt. Die Kohlebürsten werden durch eine Feder gehalten und müssen bei Verschleiß ausgetauscht werden.

Komposit-Bauweise Kombiniert zwei Materialien, wie zum Beispiel Kunststoff und Kohlefaser. Kommt im Bootsbau auch zunehmend für Winschen und Blöcke zum Einsatz.

Kopf Obere Ecke eines Segels.

Körner Gehärteter, spitzer Metallbolzen, mit dem per Hammerschlag auf einer Metallfläche ein zu bohrendes Loch markiert wird. Die Markierung dient auch als Ansatz für die Bohrspitze. Es gibt federbelastete Körner, die einen Hammer obsolet machen.

Kronenmutter Die Kronenmutter hat Kerben, durch die ein Sicherungssplint gesteckt wird. Sie wird nur leicht angezogen. Mit Kronenmuttern werden Propeller auf der Antriebswelle befestigt.

L

Laufendes Gut Fallen, Schoten und Strecker. Sämtliche Leinen, mit denen Segel bedient werden.

Lichtmaschine Eine an der Maschine montierte Vorrichtung, die Wechselstrom erzeugt. Dieser wird dann in einen niedrigen Gleichstrom umgewandelt, der die Bootsbatterien lädt und das Bordnetz der Yacht versorgt. Die Lichtmaschine wird von einem Keilriemen angetrieben.

Liek Kante eines Segels.

Liektau Leine, die am Liek eines Segels festgenäht ist, um es in einer Nut führen zu können. Gibt es für Groß- und Vorsegel im Vorliek sowie für das Unterliek des Großsegels.

Log, Logge Geschwindigkeitsmesser eines Bootes. In der Regel werden die Umdrehungen eines unter Wasser montierten Paddelgebers von einem elektronischen Gerät, der Logge, gezählt und in die zurückgelegte Distanz und Geschwindigkeit umgerechnet. Ein Display nennt dann die Distanz in Seemeilen und die Geschwindigkeit in Knoten.

Lümmellager Drehbarer Beschlag am Mast, an dem der Großbaum angeschlagen (befestigt) wird.

M

Madenschraube Auch Gewindestift genannt. Schraube ohne Kopf, die in ein Gewinde (mittels Schlitz oder Innensechskant) gedreht werden kann, ohne dass Teile der Schraube überstehen.

Magnetventil Über einen Elektromagneten wird ein elektrisches Signal in eine mechanische Bewegung umgesetzt.

Markierungsboje Stange mit Fahne, Licht und Schwimmkörper, die einem überbordgegangenen Crewmitglied hinterhergeworfen wird, um es zu markieren und so besser finden zu können.

Mastfall Winkel, in dem der Mast seitlich gesehen nach vorn oder achtern aus der Senkrechten geneigt ist. Normalerweise stehen Masten gerade oder leicht nach achtern geneigt. Mastfall nach vorn kann zu Bruch führen.

Mikroballons Kleine und leichte Körper, mit denen sich Harze andicken lassen, die damit auch als schleifbare Spachtelmasse verwendbar sind.

Mikrofasern Kleine Fasern, mit denen Epoxid angedickt werden kann. Dadurch entsteht ein struktureller Kleber.

N

Nasszelle Allgemeiner Begriff für Toilettenräume an Bord.

Niedergang Haupteingang in das Schiffsinnere.

O

O-Ring Weicher Dichtungsring aus Gummi mit kreisrundem Querschnitt.

P

Pütting Mit der Rumpfstruktur verschraubter oder einlaminierter Beschlag, an dem ein Wantenspanner befestigt wird und der Kräfte des Riggs in den Bootskörper einleitet.

Q

Quadrant Beschlag an einem Ruderschaft, an dem die Steuerseile, die Schubstange oder die Hydraulik für die Kraftübertragung ansetzen.

R

Reffleine Mit einer Reffleine wird ein Segel verkleinert (gerefft). Es gibt dafür verschiedene Systeme.

Regler (am Motor) Ein Dieselmotor hat keine Drosselklappe. Die Drehzahl wird durch einen Regler an der Einspritzpumpe bestimmt.

Regler (an der Lichtmaschine) Steuert die Ladeströme bzw. Spannungen, die die Lichtmaschine liefert, sodass die Akkus immer optimal geladen werden.

Relais Einrichtung, die ein geringes, elektrisches Signal in ein stärkeres umwandelt. Mit geringem Strom wird ein Elektromagnet betätigt, der einen Kontakt schließt, über den eine größere Strommenge fließen kann.

RIB Auch im Deutschen gebräuchliche Abkürzung für Rigid-hulled Inflatable Boat. Steht für Schlauchboote mit festem Boden, meist aus GFK gefertigt. RIBs sind beliebte kleine Motorboote, sowohl als Beiboot als auch für die Rettung.

Rückschlagventil Einwegventil, das verhindert, dass Flüssigkeiten in einer Leitung zurückfließen.

S

Saildrive Antriebssystem, bei dem der Propeller an einem kurzen Schaft sitzt, der aus dem Rumpf ragt. Eine große Gummidichtung verschließt das Loch im Rumpf.

Salinge Seitlich am Mast montierte, kurze Stangen, die den Winkel der Wanten oben am Mast vergrößern.

SART (Search and rescue transponder) Radarantwortbake, die an Bord geführt wird, um die Yacht im Seenotfall per Radar lokalisieren zu können.

Schäftung Lange Verbindung von zwei verjüngten Holzteilen, die eine große Fläche zum Verkleben ermöglicht und so mehr Festigkeit liefert. Die Schäftung sollte mindestens acht Mal so lang sein wie das Bauteil dick ist.

Scheerstift Ein dünner Bolzen, der als Sollbruchstelle zwischen dem Propeller und einem kleineren Außenborder dient. Wenn der Propeller einen festen Gegenstand berührt, bricht der Stift und verhindert so Schäden am Getriebe. Bei größeren Maschinen kommen heutzutage meistens Gummisicherungen zum Einsatz.

Schleifpapier Trocken oder mit Wasser geschmiertes abrasives Papier in verschiedenen Körnungen, mit dem Oberflächen aufgeraut oder geglättet werden.

Schneidring Schneidet beim Anziehen einer Überwurfmutter in ein Rohr und erzeugt somit eine dichte Verbindung.

Schneidringverbindung Wird hergestellt, um Rohre miteinander zu verbinden. Zum Abdichten wird ein Schneidring verwendet.

Schoten Leinen, mit denen die Segel dicht geholt oder gefiert werden. Mit Schoten werden die Winkel der Segel zum Wind justiert.

Schothorn Hintere Ecke eines Segels.

Schott Eine »Wand«, die quer durch das Schiff verläuft, die durch eine Tür oder ein Luk vollflächig oder teilweise unterbrochen sein kann. Ein Schott dient oft auch dazu, die einzelnen Innenräume zu separieren. Schotten sind wichtige Teile der aussteifenden Struktur eines Bootes. Das Hauptschott befindet sich in der Regel unter oder in der Nähe des Mastes.

Schwert Flosse, die der Abdrift entgegenwirkt. Wird durch den Schwertkasten ins Wasser gesteckt oder ist drehbar in einem Kasten gelagert. Ein Kielschwert wird in einen Ballastkörper geschwenkt, der unter dem Boot montiert ist. Auf Integralschwertbooten dreht das Schwert ins Schiff, der Ballast ist im Schiff gelagert.

Segellatten Das Achterliek konventioneller Großsegel wird mit Latten aus Kunststoff ausgesteift, die dem Segel eine aerodynamisch bessere Form verleihen, eine größere Fläche durch Überrundung ermöglichen und das Schlagen reduzieren, was für eine längere Lebensdauer des Tuchs sorgt. Meist sind vier bis fünf Latten vorgesehen. Auf älteren Booten kommt auch Holz zum Einsatz, auf Regattayachten Kohlefaser oder andere hochwertige Materialien. Segellatten können kurz oder bis zum Vorliek durchgehend sein.

Selbstschneidende Schrauben Schrauben, die keine Gewinde benötigen und sich beim Hereindrehen selbsttätig in das (relativ weiche) Material schneiden. Geeignet für Aluminium, Holz und GFK, aber nicht sehr stark belastbar.

Sicherung Die schwächste Stelle in einem elektrischen Bordnetz, die das System abschaltet, wenn es überlastet wird. Die Sicherung verhindert, dass der Draht selbst schmilzt, wenn beispielsweise ein Kurzschluss auftritt.

Spachtelmasse Eine weiche Paste zum Füllen von Rissen, Kratzern und Löchern. Sie härtet an der Luft aus und kann geschliffen werden.

Sperrklinke Mechanisches Teil, das die Bewegung einer Achse nur in einer Richtung zulässt. Es verhindert in Winschen, dass diese ihre Last ungewollt freigeben und zurückdrehen.

Spieren Oberbegriff für Masten, Bäume, Gaffeln etc.

Splint Geschlitzter Metallstift, der Bolzen und Wantenspanner sichert. Der Splint wird in das Loch gesteckt, und anschließend werden die herausragenden längeren Teile aufgebogen.

Steckschotten Herausnehmbare Flächen aus Holz, GFK oder Plexiglas, mit denen der Niedergang geschlossen wird.

Stehendes Gut Die Wanten und Stagen, die den Mast halten. Normalerweise kommen hier Draht oder solide Stangen (Rodrigg) zum Einsatz. Auf Regattayachten kann das stehende Gut auch aus Karbon oder anderen Fasern bestehen.

Stopfbuchse Diese Abdichtung verhindert, dass Flüssigkeiten wie Öl oder Wasser an einer rotierenden Welle eindringen.

Strecktaue An Deck laufende Drähte oder starke Gurtbänder, in die man die Sicherungsleine des Rettungsgurtes (Lifebelt) oder der Rettungsweste einpicken kann. Strecktaue erlauben der Crew jeden Punkt an Deck zu erreichen ohne sich aushaken zu müssen.

U

Unterliek Untere Kante eines Segels. Großsegel können ein loses Unterliek haben, sie sind dann nur am Hals und am Schothorn befestigt, oder sie werden mit einem Liektau in einer Nut gefahren.

V

Vorförderpumpe Eine kleine Niederdruckpumpe, über die der Kraftstoff aus dem Tank an die Einspritzpumpe gelangt. Mit einem kleinen Hebel kann die Pumpe zum Entlüften des Kraftstoffsystems betätigt werden.

Vorliek Vordere Kante eines Segels.

Vorstag Vorderster Draht, der vom Bug bis zum Masttopp oder einem darunter liegenden Punkt verläuft und den Mast in Längsrichtung sichert. Teil des stehenden Gutes.

Vorstagsprofil Teil aus Aluminium oder Kunststoff, umgibt das Vorstag. Das Profil hat eine oder zwei Nuten, in

die das Vorliek des Vorsegels hineingezogen wird. Bei Rollreffanlagen lässt sich das Profil per Leine drehen, und so wird das Segel aufgewickelt. Auf Regattayachten dienen die zwei Nuten dazu, ein anderes Vorsegel setzen zu können, bevor das bisherige geborgen wird.

W

Walzterminal Endbeschlag an einem Draht, der unter hohem Druck hydraulisch aufgewalzt wird.

Wanten Teile des stehenden Gutes. Beidseits des Mastes verlaufende Drähte, die den Mast seitlich halten. Oberwanten laufen vom Deck bis zur obersten Wantenaufhängung, Unterwanten bis zur untersten Saling am Mast.

Wantenaufhängung Stelle, wo die Wanten am Mast befestigt werden.

Wantenspanner Schraubstange, die zwei Gewindehülsen zusammenzieht, die am Ende des Wants und am Pütting befestigt sind. Mit Wantenspannern wird der Mast justiert.

Warmwasserboiler Der Behälter ist Teil des Trinkwassersystems an Bord einer Yacht. Im Boiler wird Wasser durch den Motor oder einen Landstromanschluss erhitzt und vorgehalten. Es gibt auch Systeme, die mit Diesel- oder Gasheizungen arbeiten.

Wellenanlage Antriebssystem, bei dem die Schraube an einer Stange (Welle) montiert ist, die in einem flachen Winkel aus dem Rumpf ragt und die mit einem Wellenbock gelagert ist.

Windmessanlage (auch Anemometer) Vorrichtung, um die Windgeschwindigkeit zu messen. Wenn das Boot fährt, misst die Anlage die scheinbare und nicht die wahre Windgeschwindigkeit. Letztere lässt sich ausrechnen, oder die Anlage übernimmt dies, wozu aber auch die Windrichtung und die Bootsgeschwindigkeit eingehen müssen. Auf einem Segelboot wird der Geber, meist ein Schalenkreuz, auf dem Mast montiert, wo der Wind am wenigsten gestört ist.

Z

Z-Antrieb Am Heck von zumeist gleitfähigen Motorbooten montierter Antrieb, an dem der Propeller direkt befestigt ist. Oft ist der Winkel zum Spiegel des Bootes elektrisch oder hydraulisch einstellbar.

Zahnkranz Welle mit einer Reihe von Ausbuchtungen, die in entsprechende Kerben auf einem Bauteil passen, das durch die Welle angetrieben wird.

Zahnriemen Ein Kunststoffriemen, über den von der Kurbelwelle des Motors die Nockenwelle angetrieben wird. Der Zahnriemen muss regelmäßig nach Herstellerangaben ausgetauscht werden.

Zerhacker Vorrichtung im Toilettensystem, die Fäkalien zerkleinert bevor sie in den Tank oder außenbords gepumpt werden.

Zündkabel Elektrische Leitung, die hohe Spannungen an die Zündkerze eines Benzinmotors liefert. Die Zündspannung kann mehrere tausend Volt betragen.

Register

Register

Danksagung

Die Autoren bedanken sich bei folgenden Personen und Organisationen für die zur Verfügung gestellten Fotos (Abkürzungen: o = oben, u = unten, r = rechts, l = links):

Nic Compton 31 (ur), 80, 90-91, 160-161, 248-249, 299

Sarah Doughty 6-7, 8, 9, 237, 250 (or), 251, 284 (u), 285

Nick Gates 228

Rupert Holmes 2-3, 4-5, 26, 27, 28, 29, 30 (o & ul), 31, 32, 33, 34, 35, 36, 37, 38, 39, 40, 41, 68 (u), 69 (u), 92, 93, 94, 95, 97 (o), 99, 102, 103, 104, 105, 106, 107, 108, 109, 110, 111 (ol), 112, 113, 134, 218, 219, 220, 221, 222, 223, 224-225, 226, 227, 229, 230, 231, 232, 233, 234, 235, 238, 239, 240, 242, 243, 245, 246, 247, 252, 253, 254, 255, 257, 258, 259, 260, 261, 262-263, 264, 265, 266, 267, 268, 269, 270, 271, 272, 273, 274-275, 276, 277, 278, 279, 280, 281, 282-283, 286, 287, 288, 289, 290, 291, 292, 293, 296

istockphoto: 236, 250 (ul), 284 (or)

Richard Johnstone-Bryden 10-11, 24-25, 50 (u), 52, 58, 70 (u), 72, 81, 82, 83, 84, 85, 86, 87, 88 (o), 89, 114-115, 116, 126, 132 (u), 134, 146, 148 (u), 154, 176 (u), 186-187, 216-217, 256, 295

Jake Kavanagh 55, 56, 62, 64 (l), 66, 67, 74 (u), 75, 76 (u), 96, 97 (u), 98, 100, 101, 118, 208, 294, 297,

Pat Manley 12, 13, 14, 15, 16, 17, 18, 19, 20, 21, 22, 23, 42-43, 44, 45, 46, 47, 48, 49, 50 (o), 51, 53, 54, 57, 59, 60, 61, 63, 64 (r), 65, 68 (o), 69 (o), 70 (o), 71, 73, 74 (o), 76 (o), 77, 78, 79, 88 (u), 111 (or & u), 117, 119, 120, 121, 122, 123, 124, 125, 126, 127, 128, 129, 130, 131, 132, 133, 135, 136, 137, 138, 139, 140, 141, 142, 143, 144, 145, 147, 148 (o), 149, 150, 151, 152, 155, 156, 157, 158, 159, 163, 164, 165, 166, 167, 168, 169, 170, 171, 172, 173, 174, 175, 176 (o), 177, 178, 179, 180, 181, 182, 183, 184, 185, 188, 189, 190, 191, 192, 193, 195, 196, 197, 198, 199, 200, 201, 202, 203, 205, 206, 207, 209, 210, 211, 212, 213, 214, 215,

M Shepherd 194

Illustrationen von KJA Artists. Dank an Pat Manley und Rupert Holmes für ihre Hinweise auf die entsprechenden Vorlagen.

Ebenfalls Dank an:

Aquafax Ltd (Hamble), 12–13 Mitchell Point, Ensign Business Park, Hamble, SO31 4R, für die Unterstützung der Fotoaufnahmen von Seeventilen und Toiletten.

Krueger Limited, Krueger House, New Milton, Hampshire, BH25 5NN, für die Unterstützung der Fotoaufnahmen von Bootsheizungen.

Marine Power Ltd, Deacons Boatyard, Bridge Road, Bursledon, Southampton, SO31 8AW, für die Unterstützung der Fotoaufnahmen von Motorkomponenten und Wartungsroutinen.

The Elephant Boatyard Ltd, Lands End Road, Old Bursledon, Hampshire SO31 8DN, für die Unterstützung der Fotoaufnahmen von Holzbootreparaturen.

Seaward Marine Ltd, Prospect Road, Cowes, Isle of Wight PO31 7AD, für die Bereitstellung von Fotos in Bau befindlicher GFK-Schiffsrümpfe.

E P Barrus Ltd, Launton Road, Bicester, Oxon. OX26 4UR, für die Bereitstellung von Motor-fotografien.

R G Marine Services Hythe für die Ermöglichung von Fotoaufnahmen.

Colin Bridle Marine Services in der Hythe Marina für die Ermöglichung von Fotoaufnahmen.

Michael Thomas, Mike Shepard, Carlton Douglas, David Gray, Ken Manley und Gareth King, Malcolm Hammond und Roy Stoner; Bootseigner, denen keine Mühe zu groß war, um uns Fotoaufnahmen zu ermöglichen.

Barry Watkin von der Cowes Harbour Commission, Katie Ashcroft von Laser Performance, Graham Sunderland von Winning Tides, Seaweather – Sicherheits- und Überlebensausrüster – in Southampton, Sunsail in Milina/Griechenland, Ben Willows und Gareth Ely von UKSA in Cowes, Kevin Burke von Westminster Boating in London und Malena Feldt von CM Hammar in Schweden.

Alekos Steffan, Alison Molyneaux, Graham Hawkesley, Kass Schmidt, Kevin Mole Outboards, Martin Morris und Roma Griffin.

Andrew Simpson für seine Worte der Weisheit.

Jane Utting für ihr unbestechliches Auge.